電気電子工学シリーズ 1

［編集］ 岡田龍雄　都甲 潔　二宮 保　宮尾正信

電磁気学

岡田龍雄
船木和夫［著］

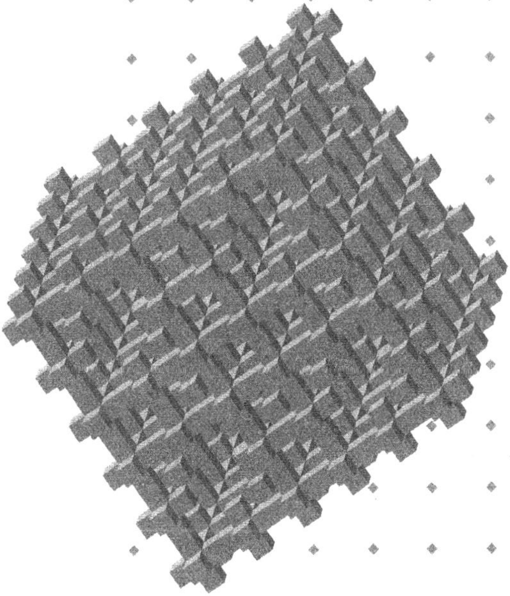

朝倉書店

〈電気電子工学シリーズ〉

シリーズ編集委員

岡田龍雄	九州大学大学院システム情報科学研究院・教授
都甲　潔	九州大学大学院システム情報科学研究院・教授
二宮　保	前 九州大学教授
宮尾正信	九州大学大学院システム情報科学研究院・教授

執　筆　者

岡田龍雄	九州大学大学院システム情報科学研究院・教授
船木和夫	九州大学大学院システム情報科学研究院・教授

まえがき

現在の我々の身の回りを見渡してみると，電灯，テレビ，冷蔵庫，エアコン，パソコン，電話，電車など，生活のあらゆるシーンで電気を利用した機器のお世話になっている．いずれ自動車さえも，ガソリンエンジンに代わって電気モーターで動く電気自動車が主流になると想像される．未来社会で活躍が期待されているロボットも，電気がなければただの人形にすぎないであろう．このように，現在あるいはこれからの我々の生活に電気は不可欠なものであり，水や空気と同じようにその存在すら意識しないほど当たり前の存在といえる．このような状況は，電磁気学の知識を元にした電気電子工学技術による絶妙な設計によってはじめて可能になったものである．すなわち，電気電子工学技術は現代社会を支える基盤技術であるとともに，これからの新しい技術社会の発展を牽引するのに必要不可欠な技術でもある．この電気電子工学技術の最も根本を支える基本的知識体系の１つが，本書で学ぶ電磁気学である．

本書は，４年制大学の低学年あるいは工業高等専門学校の高学年において，電気電子系学科を専攻する学生諸君の電磁気学の教科書として執筆した．電磁気学は，より専門的な科目を学ぶ上で必要な基本知識となるものであるから，大学では１年生から学ぶことが多いと予想される．一般に，電磁気学を学ぶ前には数学的な知識としてベクトル解析についてあらかじめ学んでおくことが望ましい．このため，電磁気学の教科書の中には最初にベクトル解析について説明したものも多い．しかし，本書では，ベクトル解析は別の講義で事前に学習していることを前提に執筆した．ベクトル解析については，付録に必要最小限の演算公式とその意味について記述してあるので，必要に応じて参照してほしい．詳細については，本シリーズの「17．ベクトル解析とフーリエ解析（柁川一弘，金谷晴一著）」を参照してほしい．

本書は，静電気のクーロンの法則から始めて，定常電流界，定常電流が作る磁界，電磁誘導の法則と記述し，その集大成としてマクスウェルの方程式へと辿り着く構成になっている．これは，静電気や定常電流界は，ベクトル解析の手法を取り込みながら，電気現象を現実と対応させて理解するのが比較的容易なためである．一方，最近は計算機の発達により，数値計算による解法が飛躍的に進歩しており，各種の解析ソフトツールを利用できるようになっている．今後ますますその傾向は強まると予想される．しかし，数値計算結果の妥当性を評価し，解析ソフトを有効に利用するには，物理的な内容をしっかり理解しておくことがいっそう必要になる．このような観点から，数式的な記述や解法よりも，できるだけ物理的なイメージが浮かぶような記述を心がけた．

また，本書は各所に「例題」を設けた．これは，具体的な問題としての位置づけをはっきりさせて，本文の記述をよりよく理解するために別項目としてある．したがって，「例題」も本文と同様に省略することなく学習されることを希望する．

2008年8月

岡田龍雄
船木和夫

目　　次

1. 電磁気学を学ぶ

1.1 電磁気学の生い立ち

日常の生活で電気の存在を意識するのは，プラスチック製品を摩擦して静電気を発生させて遊ぶときや，あるいは冬の乾燥した日にドアのノブなどに触ったときしばしば経験する電気ショックを受けたときではないだろうか．これらは摩擦電気に関係した現象である．摩擦電気については，すでにギリシャ時代から，天然のプラスチックである琥珀が摩擦電気をよく発生することが知られていた．ギリシャ人は，琥珀のことを“elektron”と呼んでいて，これが電気（電子）の語源になったといわれている．また，磁気についても磁石遊びなど子供のときより馴染み深いものである．磁石も古代に鉄器の製造が行われた頃から知られており，中国では紀元前より方位を指示するものとして知られていたといわれている．

このように，電気・磁気に伴うある種の現象は，古くから知られていたわけである（もちろん電気・磁気という言葉はなかったが）．しかし，現在のような科学の対象としての電気・磁気の考察は，18 世紀のクーロンによる研究を待たなければならなかった．クーロンが，今日「クーロンの法則」と呼ばれる法則を報告したのは 1785 年で，ニュートンの万有引力の法則が報告されてからおおよそ 100 年後であった．クーロンの法則については，第 2 章で詳しく述べる．

その後の電気・磁気の研究に大きく寄与したのは，1800 年にボルタが発明したいわゆる「ボルタの電池」である．今日の言葉でいえば直流電源であり電池である．これを利用して定常的に電流を流すことが可能になった．この電池を利用して，エルステッドは電流によって磁界が発生すること発見した．電流による磁界の発生と「ファラデーの電磁誘導の法則」の発見と併せて，電気と磁気がお互いに結び付いていることが示された．そして，それまでに発見された多くの電気・磁気に関する法則は，今日「マクスウェルの方程式」と呼ばれる一組の方程式に定式化された．マクスウェルの方程式は，彼の着想になる変位電流を取り入れたことによって，空間を伝搬する電磁波の存在を予言した．その正しさは，1888 年のヘルツによる電磁波の発見によって証明された．マクスウェルの方程式は光が電磁波であることを示すとともに，光が示すさまざまな物理現象を統一的に説明することに成功した．たった 4 つの微分方程式からなるマクスウェルの方程式によって，今日，またこれからも電気電子工学で用いられるであろう，あらゆる電磁気現象のすべてを正しく説明することができるのである．

1.2 電磁気学を学ぶ

1.2.1 電界と磁界をイメージする

電磁気現象は，電気的あるいは磁気的な作用を，電荷や電流に働く力を通して理解されてきた．このとき重要なのは，電荷や電流に力が働くのは，空間自身がある条件では電荷や磁界に力を及ぼすような性質を持つと考え，それぞれ「電界(電場)」とか「磁界（磁場)」と名付けられた概念が導入されたことである．

例えば，ある場所に置かれた静止した電荷 Q に力 $\boldsymbol{F}$ が働いているとき，その場には $\boldsymbol{F}$ に比例した電界 $\boldsymbol{E}$ が存在していると考える．このとき，力 $\boldsymbol{F}$ は大きさと向きをもったベクトル量であり，それに対応して電界 $\boldsymbol{E}$ もベクトル量となる．電流（動いている電荷)に働く磁界の力の及ぼし方は電界の場合より複雑であるが，やはりベクトル量である磁束密度 $\boldsymbol{B}$ の存在によっていると考える．電磁気学では，電界や磁界の性質を理解することが，全体の基礎となっている．

ここで厄介なのは，電界や磁界を直接目でみたり触ったりできないことである．そのような電界や磁界をあたかも目でみたように表すのには，「力線」を考えるのが便利である．ベクトル量である電界や磁界について，各場所でのベクトルの向きをつなぎ合わせていくと，ちょうど川の流れに浮かんで流れていく木の葉の軌跡のように，1 本の線ができる．これが「力線」である．電界や磁界は，電荷や電流に働く力を通して感じることができ，力線によってその様子を目にみえるように表すことができる．電界や磁界を考えるとき，いつも力線を頭に描きながら考えると理解しやすい．逆に，自由に力線を思い描くことができれば，電磁気学の理解が深まったといえる．

1.2.2 ベクトル解析について

電磁気学を学ぶとは，ベクトル量である電界や磁界の性質を学ぶことである．このため，ベクトル量を数学的に扱うためには「ベクトル解析」の知識がある程度はどうしても必要となる．本書では，式の変形や導出に必要なベクトルの演算や種々の公式を巻末に付録としてまとめているので適宜参照されたい．

1.3 電磁気量の単位

我々の普段の生活に馴染みの深い基本単位は，長さを表すメートル [m]，重さを表すキログラム [kg]，時間を表す秒 [s] である．これはしばしば **MKS 単位系**とも呼ばれている．力の大きさの単位であるニュートン [N] や，エネルギーの単位であるジュール [J] など，他の多くの単位も MKS 単位のみで表すことができる．

しかし，電磁気量は [MKS] の単位のみでは表すことができず，新たな単位を導入する必要がある．ちょうど，温度を表すのにケルビン [K] を用いるのと同じである．電磁気学では電流 [A] が基本単位として定義されている．**MKS 単位系**に基本単位として [A] を加えたものは **MKSA 単位系**と呼ばれている．付録 B に，基本単位をまとめて示してある．

さて，MKSA 単位系では，1 A は，次のように定義されている．真空中に間隔 d で平行に張られた 2 本の導体にそれぞれ電流 I を流したときに，導体の単位長さ当たりに働く力の大きさ F は，第 7 章で述べるように，

$$F = \frac{\mu_0 II}{2\pi d} \tag{1.1}$$

である．ここで，μ_0 は真空の透磁率と呼ばれる．この式で，間隔 d を 1 m として，単位長さ当たりに働く力の大きさ F が 2×10^{-7} N/m であるとき，この電流の大きさを 1 A と約束する．これは，(1.1)式で真空の透磁率 μ_0 を

$$\mu_0 = 4\pi \times 10^{-7} \quad [\mathrm{N/A^2}] \tag{1.2}$$

と置くことに等しい．

一方，真空中に 2 つの電荷が間隔 d で配置されており，それぞれの電荷量が Q であるとき，各電荷に働く力の大きさ F は，後述のクーロンの法則より MKSA 単位系では，

$$F = \frac{QQ}{4\pi\varepsilon_0 d^2} \tag{1.3}$$

と表される．ここで，ε_0 は真空の誘電率と呼ばれる量である．マクスウェルの電磁波理論によれば，μ_0 と ε_0 の間には，

$$c_0 = \frac{1}{\sqrt{\varepsilon_0 \mu_0}} \tag{1.4}$$

の関係があることが知られている．ここで，c_0 は真空中の光速である．

(1.2)式と(1.4)式から，

$$\varepsilon_0 = \frac{1}{4\pi \times 10^{-7} {c_0}^2} \cong 8.854185 \times 10^{-12} \quad [\mathrm{A^2s^2/Nm^2}] \tag{1.5}$$

が定まる．つまり，電荷量が等しい電荷を 1 m の距離で配置したとき，電荷に働く力が $1/4\pi\varepsilon_0$ [N] になる電荷量を 1 C と定義している．また，(1.3)式と(1.5)式より，[C] = [As] であり，1 C の電荷量は 1 A の電流が 1 s 間に運ぶ電荷量に等しい．μ_0 を $4\pi \times 10^{-7}$ という切りのよい数字にしたので，(1.4)式から ε_0 がしわ寄せを受けて端数のある数値になっている．

さて，μ_0 や ε_0 の数値の中になぜ 4π という特別な数値が現れるのだろうか．先に述べたように，μ_0 はそのように約束したものである．ε_0 は，わざわざ 4π を除いて定義されている．これは，あとでわかるように 4π を別に表しておくと，式の変形や計算上で都合がよいためである．このような単位系は，**MKSA 有理単位系**と呼ばれている．

電磁気学では，電荷の持つ電荷量から電界や磁界の大きさまで，あらゆる電磁気量を [MKSA] の基本単位のみで表すことができる．その中で，電位や磁束密度など実用上重要な電磁気量には，電磁気学発展の功労者の名にちなんで，ボルト [V] やテスラ [T] のように先人の名前が冠されている．これらの単位はまとめて付録 B に示してある．

なお，電磁気学では，MKSA 有理単位系以外にもいくつかの単位系が使われてきた．いまでも，古い教科書では MKSA 有理単位系以外による表記がみられる．しかし，1960 年の国際度量衡委員会において，国際的に統一された実用的な単位系についての議論がなされ，国際単位系すなわち **SI 単位系**(Le Systeme International d'Unites) と今日呼ばれている単位系が採用された．例えば，長さについてはヤード，マイル，寸など国ごとに異なる単位があるが，これでは実用

上不便なのでSI単位ではメートルを採用している．MKSA有理単位系も，SI単位系として採用されたものである．現在普及している電磁気学の教科書はMKSA有理単位系によって記述されている．無用の混乱を避けるため本書でもMKSA有理単位系による表記のみとした．

1.4　電磁気学と現代生活

さて以上のように電磁気学の生い立ちを説明すると，電磁気学は100年以上前に出来上がった古い学問のように感じたのではないだろうか．確かに，本書で学ぶ電磁気学の内容はすでに確立しており，今後100年いや何百年経とうと付け加えるべきことはないであろう．しかし逆にいえば，すべての電磁気現象や電気・磁気を利用するすべての機器は，これから何年経過しようと，どのように新しい機器を開発しようと，本書で述べる電磁気学の法則によって理解され，電磁気学の法則に従って動作するのである．電磁気学が電気電子工学の根幹をなす知識体系の1つといわれるゆえんである．

最近の生活からいくつか例をあげてみよう．現代の生活必需品である携帯電話は，日々いっそうの小型化と多機能化が進んでいる．これは高感度なアンテナの設計，安定した高集積なLSI回路の設計など，まさにマクスウェルの方程式，すなわち電磁気学の知識に基づく最適化により実現されているのである．ただ，電気電子工学技術があまりにも高度に進歩したおかげで，これらの機器が単なるブラックボックスと化して電気の匂いがしないのは皮肉なことではある．

また最近，省エネルギーで環境に優しい車として，ハイブリッド車や電気自動車が注目を集めている．この動力源として，あるいは機械エネルギーを電気エネルギーに変換して回収する装置として，モーターあるいは発電機が利用されている．最近話題の人型ロボットでも，その関節を動かすのにモーターが使われる．効率のよいモーターあるいは発電機の設計の要は，まさにマクスウェル方程式に基づく電磁界の解析にあるといっても過言ではない．

一方，我々の日常生活では多くの電気エネルギーを利用している．電気エネルギーは大変クリーンで使いやすいエネルギーであるが，唯一の欠点は，石油をタンクに貯めるように，余っているからといって簡単に貯めておくことができない点である．これについては最近，超伝導コイルに永久電流を流して磁気エネルギーとして蓄え，停電や電気の足りないときに利用しようという研究が始まっている．

このように，電磁気学は，いつでもどこでも気軽に情報通信機器を利用できる社会（しばしばユビキタス情報社会と呼ばれている），安全で快適な生活を送れる社会，省エネルギーで環境に優しい技術社会，などの新しい社会の構築に不可欠な最先端の電気電子工学技術を牽引する知識基盤である．電磁気学に基づく知識は，これから何百年経っても不変であると同時に，新しい電気電子技術の創出に不可欠なものである．本書で電磁気学を学ぶ学生の皆さんは，数年後には大学や高専を卒業して，以後数十年の長い期間にわたってこれからの技術社会の発展を牽引することになる．本書で学ぶ知識は，その間いつでも変わることなく役立つ知識となるであろう．そういう意味で，当初は難解であっても，ある意味で気長に，ぜひ繰り返し学ぶことをお勧めしたい．

2. 真空中の静電界

電界は目でみることはできないが，電荷に働く力を通してその存在を体感することができる．電荷に働く力についての実験的経験に基づいて導出されたクーロンの法則から，電磁気学の学習を始めよう．

2.1 点電荷とクーロンの法則

18 世紀の終わり頃，フランスの物理学者クーロンは，絹糸の捩れを利用した精密な天秤ばかりを使って**電荷**（electric charge）に働く力を詳しく測定し，今日静電気の**クーロンの法則**（Coulomb's law）と呼ばれている法則を発表した．これが電磁気学の理論的体系化の第一歩となった．

静電気のクーロンの法則は次のように要約できる．

① 電荷には，電荷量の符号が異なる正負の 2 種類がある．

② 電荷の符号が同じ場合は斥力が，異なる場合には引力が働き，力の向きは互いの電荷を結ぶ線上にある．

③ 力の大きさは，それぞれの電荷量の積に比例し，電荷間の距離の 2 乗に反比例する．

このとき電荷に働く力を**静電力**（electrostatic force），あるいは**クーロン力**（Coulomb force）と呼ぶ．

これらの静電力に関するクーロンの法則を定式化するため，図 2.1 のように真空中で原点 O から $\boldsymbol{r}'$ の位置に置かれた電荷量 Q の電荷と，$\boldsymbol{r}$ の位置に置かれた電荷量 q の電荷を考えよう．ここでは，電荷の大きさを無視して電荷は点状の存在であると考えることにする．このような理想化した電荷を**点電荷**（point charge）とい

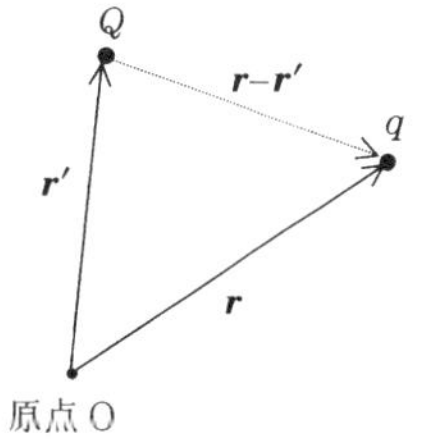

図 2.1 点電荷とクーロンの法則

う．このとき，電荷 Q が電荷 q に及ぼす力 $\boldsymbol{F}$ は，上記①〜③のクーロンの法則によって次のように表される．

$$\boldsymbol{F} = k\frac{qQ}{|\boldsymbol{r}-\boldsymbol{r}'|^2}\frac{(\boldsymbol{r}-\boldsymbol{r}')}{|\boldsymbol{r}-\boldsymbol{r}'|} \tag{2.1}$$

ここで，k は比例定数である．また，$(\boldsymbol{r}-\boldsymbol{r}')/|\boldsymbol{r}-\boldsymbol{r}'|$ は電荷 Q から q の方向に向かう単位ベクトルを表す．電荷量の単位をクーロン[C]，距離をメートル[m]，力をニュートン[N]とするSI単位系では，第1章で述べたように、k を

$$k = \frac{1}{4\pi\varepsilon_0} \tag{2.2}$$

で表す．ε_0 の単位は，(2.1)式から $[\varepsilon_0] = [\mathrm{C}^2/\mathrm{Nm}^2]$ であるが，これを[F/m]と約束している．ここで，$[\mathrm{F}] = [\mathrm{C}^2/\mathrm{Nm}]$ はファラッドと呼ばれる．ε_0 は真空の**誘電率**（permittivity）と呼ばれ，その値は $\varepsilon_0 \fallingdotseq 8.854 \times 10^{-12}$ F/m である．

2.2　点電荷が作る電界

何もない真空中に離れて置かれた2つの電荷の間に力が働くという事実を解釈するため，次の2つの考え方がある．1つは，電荷間では空間を飛び越えて直接力が作用すると考える**遠隔作用論**（theory of action at a distance）である．もう1つは，電荷の周りにはある変化が生じて，電荷はこの変化した空間から力を受けると考える**近接作用論**（theory of action through medium）である．今日では，さまざまな電磁気現象を普遍的に説明できる考え方として近接作用論が広く受け入れられている．

電荷の周りに作られるある変化を**電界**（電場，electric field）と呼び，電荷量1Cの単位電荷に働く力として電界を定義する．すなわち，電界 $\boldsymbol{E}$ の中に置かれた電荷量 q の電荷に働く力 $\boldsymbol{F}$ は，

$$\boldsymbol{F} = q\boldsymbol{E} \tag{2.3}$$

で表される．電界 $\boldsymbol{E}$ は，電荷に働く力と同じ向きを持つベクトル量である．電界を直接みることはできないが，電荷に働く力の大きさと向きからその存在を知ることができる．

(2.1)〜(2.3)式をまとめると，原点から $\boldsymbol{r}'$ の位置に置かれた電荷量 Q の点電

荷が原点から $\boldsymbol{r}$ の位置に作る電界 $\boldsymbol{E}$ は，次式で与えられることがわかる．

$$\boldsymbol{E} = \frac{1}{4\pi\varepsilon_0}\frac{Q}{|\boldsymbol{r}-\boldsymbol{r}'|^2}\frac{(\boldsymbol{r}-\boldsymbol{r}')}{|\boldsymbol{r}-\boldsymbol{r}'|} \tag{2.4}$$

2.3　クーロンの法則と重ね合せの理

多数の電荷があるときの電界は，各電荷による電界をベクトル的に足し合わせて求めることができる．これを**重ね合せの理**（principle of superposition）と呼ぶ．いま，図 2.2 のように原点から $\boldsymbol{r}'_i$ の位置に Q_i の点電荷があるとき，$\boldsymbol{r}$ の位置に作られる電界 $\boldsymbol{E}$ は，重ね合せの理より各電荷 Q_i が作る電界を足し合わせて，次のように表される．

$$\boldsymbol{E} = \sum_{i=1}^{n}\frac{Q_i}{4\pi\varepsilon_0}\frac{1}{|\boldsymbol{r}-\boldsymbol{r}'_i|^2}\frac{(\boldsymbol{r}-\boldsymbol{r}'_i)}{|\boldsymbol{r}-\boldsymbol{r}'_i|} \tag{2.5}$$

さらに，図 2.3 のように電荷が連続的に分布していて，ある点の電荷密度が $\rho(\boldsymbol{r}')$ である場合は，$\boldsymbol{r}$ の位置に作られる電界 $\boldsymbol{E}$ は次のように表される．

$$\boldsymbol{E} = \frac{1}{4\pi\varepsilon_0}\int_{V'}\frac{\rho(\boldsymbol{r}')}{|\boldsymbol{r}-\boldsymbol{r}'|^2}\frac{(\boldsymbol{r}-\boldsymbol{r}')}{|\boldsymbol{r}-\boldsymbol{r}'|}dV' \tag{2.6}$$

このように，電荷の分布があらかじめわかっていれば，任意の電荷分布に対してこれらの関係式から電界を求めることができる．

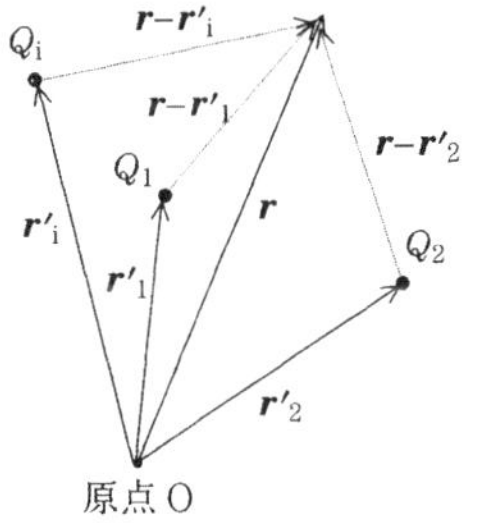

図 2.2　多数の電荷がある場合

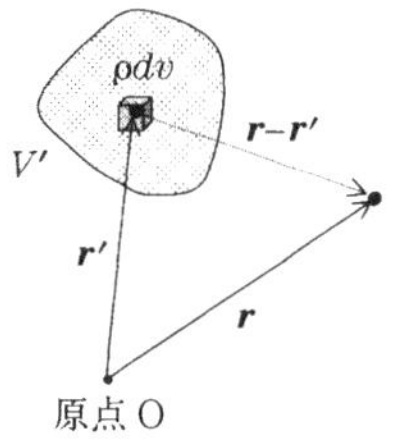

図 2.3　電荷が連続的に分布している場合

例題 2.1　図 2.4 のように $z = -a$，$z = a$ にそれぞれ電荷 $-Q$ と Q が置かれている．$z = 0$ の x 軸上での電界を求めよ．

［解］ x 軸上での電荷 Q による電界の大きさ E_+ は，

$$E_+ = \frac{Q}{4\pi\varepsilon_0 (a^2 + x^2)}$$

である．このうち，x 軸成分は図 2.4 からわかるように，$-Q$ の電荷の x 成分と打ち消し合う．したがって，合成電界は $-z$ 方向の成分のみとなり，電界の大きさ E は，各電荷が作る電界の z 成分を足し合わせればよい．図のように θ をとれば，

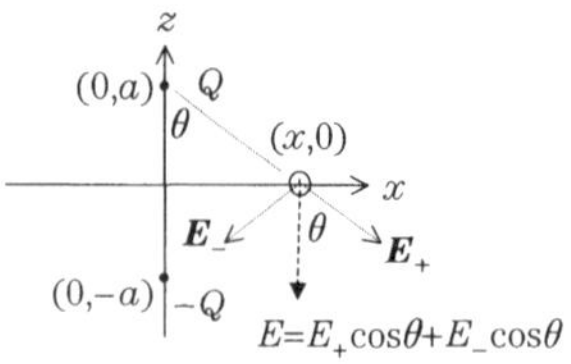

図 2.4　2 つの電荷が作る電界

$$E = 2 \times E_+ \cos\theta = \frac{Q}{2\pi\varepsilon_0 (a^2 + x^2)} \frac{a}{\sqrt{a^2 + x^2}} \qquad (2.7)$$

と求められる．■

例題 2.2　図 2.5 のように $z = -a$ から $z = a$ まで線電荷密度 λ [C/m] の線状電荷が分布しているとき，$z = 0$ の平面内で z 軸から x の点 P の電界を求めよ．

［解］ 図 2.5 で，長さが $z \sim z + dz$ の微小領域の電荷 λdz を点電荷とみなすと，P 点の電界の大きさ $\varDelta E$ は

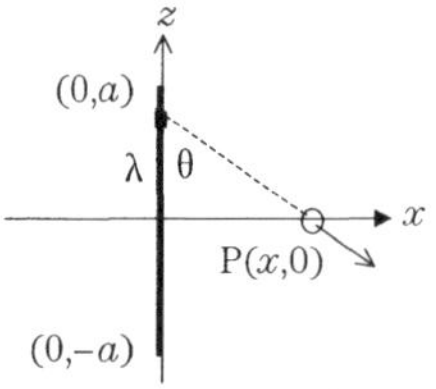

図 2.5　線状の電荷分布が作る電界

$$\varDelta E = \frac{1}{4\pi\varepsilon_0} \frac{\lambda dz}{x^2 + z^2}$$

である．P 点の電界を成分に分けて考えると，z 軸に沿った $\varDelta E_z$ 成分は z 軸上の正負の部分の電荷が作る電界で互いに打ち消し合うので，全電荷による x 軸方向の電界成分についてのみ重ね合わせればよい．θ を図のようにとれば，P 点の電界の x 軸方向成分 E_x は，

$$E_x = \int_{-a}^{a} \varDelta E \sin\theta = \frac{\lambda x}{4\pi\varepsilon_0} \int_{-a}^{a} \frac{dz}{(x^2 + z^2)^{3/2}} = \frac{\lambda a}{2\pi\varepsilon_0 x (x^2 + a^2)^{1/2}} \qquad (2.8)$$

となる．■

2.4　電　気　力　線

電界中に電荷を置いて，電荷に働く力に沿って電荷を動かしていくと 1 本の線が描かれる．この線を**電気力線** (line of electric force) という．電気力線は目

にみえない電界の様子を可視化するのに便利である．例として図 2.6 に点電荷が作る電気力線を示す．

電気力線は，次のような性質をもっている．まず，電気力線は正の電荷から発して，負の電荷で終わる．決して途中で消えることはない．電気力線の向きは力の働く向きを表しているが，1つの点にある電荷に働く力の向きは1つであるから，電気力線はお互い交差することはない．同時に電気力線の線素の成分を (dx, dy, dz) とすれば，線素の向きは電界の向きに等しいので，

$$\frac{E_x}{dx}=\frac{E_y}{dy}=\frac{E_z}{dz} \tag{2.9}$$

の関係がある．

電気力線の大きさを表すのには，微小面 dS を横切る電界の総量，すなわち $\boldsymbol{E}\cdot d\boldsymbol{S}$ を微小面 dS を通り抜ける電気力線の本数と定義する．$\boldsymbol{E}\cdot d\boldsymbol{S}$ は**電界の束**（flux of electric field）とも呼ばれる量である．この様子を図 2.7 に示す．面ベクトルは，向きが面に垂直な方向で，大きさが面積に等しいベクトルとして定義される．面ベクトルの向きと電気力線のなす角を θ とすると，図 2.7 のように $\boldsymbol{E}\cdot d\boldsymbol{S}=EdS\cos\theta$ となる．$dS\cos\theta$ は，$\boldsymbol{E}$ と交差する実効的な面積を表す．また，電気力線は交わることはないので，ある面を通過した電気力線をたどると1本の管ができる．この管を**電気力管**（tube of electric force）と呼ぶ．

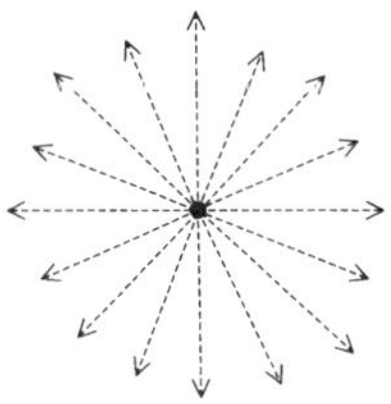

図 2.6　点電荷が作る電気力線

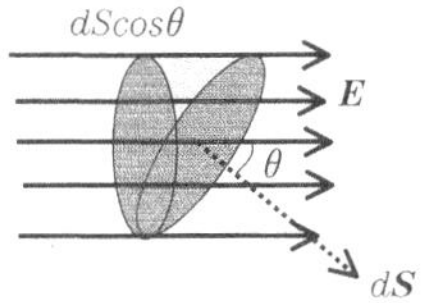

図 2.7　面ベクトルと電気力線

例題 2.3　点電荷 Q から半径 r の球面を横切って出ていく電気力線の総数が Q/ε_0 となることを示せ．

［**解**］　電荷からの半径が r の球面を考える．球面上では，電界の大きさはどこでも一定で $E=Q/(4\pi\varepsilon_0 r^2)$ である．また，電界の向きと球面の向きは，ともに半径方向で平行である．したがって，半径 r の球面上の微小面積 dS から

出ていく電気力線の本数は，$\boldsymbol{E}\cdot d\boldsymbol{S}=\dfrac{Q}{4\pi\varepsilon_0 r^2}dS$ である．全電気力線の本数は，球面全体について積分して，

$$\int_s \boldsymbol{E}\cdot d\boldsymbol{S}=\frac{Q}{4\pi\varepsilon_0 r^2}\int_s dS=\frac{Q}{\varepsilon_0} \tag{2.10}$$

となる．■

2.5　ガウスの法則

閉曲面を貫く電気力線の本数と閉曲面の内部に含まれる電荷量の間には，**ガウスの法則**（Gauss's law）と呼ばれるある一定の関係がある．いま，図2.8(a)のように点電荷 Q を含む任意の閉曲面 $\boldsymbol{S}$ をとり，閉曲面から出ていく電界の束を計算してみよう．曲面 S 上の微小面 $d\boldsymbol{S}$ から出ていく電気力線の本数は，その場所での電界を $\boldsymbol{E}$ とすると，定義より $\boldsymbol{E}\cdot d\boldsymbol{S}$ である．

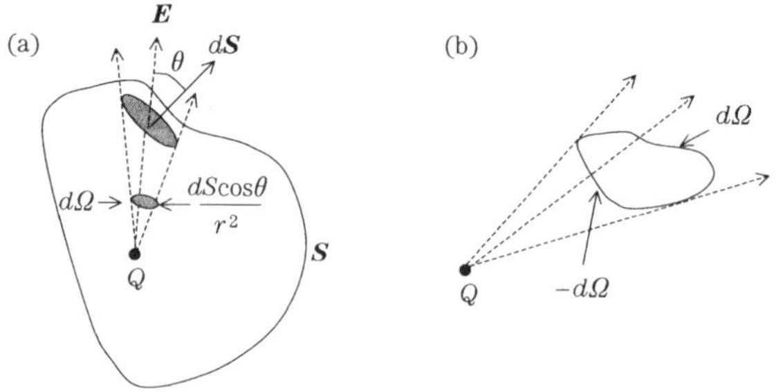

図2.8　ガウスの法則

いま，電界と面ベクトルのなす角を θ とすると，

$$\boldsymbol{E}\cdot d\boldsymbol{S}=EdS\cos\theta=\frac{Q}{4\pi\varepsilon_0}\frac{dS\cos\theta}{r^2} \tag{2.11}$$

となる．ただし，r は点電荷から微少面 $d\boldsymbol{S}$ までの距離である．ここで，

$$\frac{dS\cos\theta}{r^2}\equiv d\Omega \tag{2.12}$$

は立体角と呼ばれる量である．立体角は，図2.8(a)に示すように，距離 r の位置にある面 $d\boldsymbol{S}$ を見込む円錐で切り取られる半径1の球の表面積に等しい．この立体角を用いると(2.11)式は，

$$\boldsymbol{E}\cdot d\boldsymbol{S}=\frac{Q}{4\pi\varepsilon_0}d\Omega$$

となる．$\int d\Omega=4\pi$ であるから，曲面 $\boldsymbol{S}$ 全体から流出する電気力線の本数は，

$$\int_s \boldsymbol{E}\cdot d\boldsymbol{S}=\frac{Q}{4\pi\varepsilon_0}\int_s d\Omega=\frac{Q}{\varepsilon_0} \tag{2.13}$$

となる．球面の場合にはすでに(2.10)式で確認したが，電荷を内包する任意の閉曲面について一般的に成り立つことが示された．

電荷が密度 ρ で分布している場合は，重ね合せの理より Q を閉曲面内に含まれる電荷量に置き換えればよい．すなわち，

$$\int_s \boldsymbol{E}\cdot d\boldsymbol{S}=\frac{1}{\varepsilon_0}\int_V \rho dV \tag{2.14}$$

の関係がある．これらは，電界に関するガウスの法則と呼ばれている．

閉曲面の内部に電荷がない場合には，(2.14)式より $\int_s \boldsymbol{E}\cdot d\boldsymbol{S}=0$ である．このことは，次のような考察からもわかる．図 2.8(b)のように，点電荷が閉曲面 $\boldsymbol{S}$ の外部にある場合を考えてみよう．電荷がなければ電気力線は途中で消えることはないので，図 2.8(b)で立体角 $-d\Omega$ の一方の曲面から入った電気力線は立体角 $d\Omega$ の裏側からそのまま流れ出ていく．したがって，$\int \boldsymbol{E}\cdot d\boldsymbol{S}=0$ となる．

ガウスの法則は，ある閉曲面から流れ出る電気力線の総量は，電気力線の湧き出しの元である内部に含まれる電荷の総量を ε_0 で割ったものに等しいことを示している．

例題 2.4 半径 a の球内に電荷密度 $\rho\,[\mathrm{C/m^3}]$ で電荷が一様に分布している．電界の大きさを中心からの半径 r の関数として表せ．

［**解**］ 電荷分布の対象性より，電界は点対象となり半径方向の成分のみもつこと，球面上では電界の大きさは等しいことに注意しよう．このとき，球の中心より半径 r の球面 $\boldsymbol{S}$ に対してガウスの法則を適用する．$a>r$ の領域の電界の大きさ E_1 は，$\int_s \boldsymbol{E}_1\cdot d\boldsymbol{S}=E_1\int_s dS=4\pi r^2E_1=\frac{1}{\varepsilon_0}\int_V \rho dV=\frac{1}{\varepsilon_0}\frac{4\pi r^3}{3}\rho$ より，

$$E_1=\frac{\rho r}{3\varepsilon_0} \tag{2.15}$$

となる．$r > a$ の電界の大きさ E_2 は，球内の全電荷量を $Q = 4\pi a^3\rho/3$ とすれば，

$\int_s \boldsymbol{E}_2 \cdot d\boldsymbol{S} = 4\pi r^2 E_2 = \frac{1}{\varepsilon_0}\int_V \rho dV = \frac{Q}{\varepsilon_0}$ より

$$E_2 = \frac{Q}{4\pi\varepsilon_0 r^2} = \frac{a^3\rho}{3\varepsilon_0 r^2} \tag{2.16}$$

となる．これは，中心に $Q = 4\pi a^3\rho/3$ の点電荷がある場合と同等の電界である．■

例題 2.5　単位長さ当たり λ [C/m] の線電荷密度をもつ無限に長い線状電荷が作る電界を求めよ．

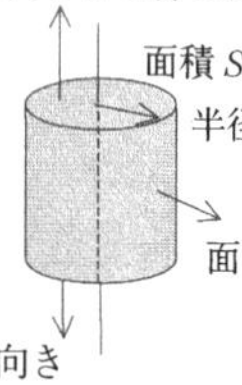

図 2.9　線状電荷とガウスの法則

［**解**］　図 2.9 のように，閉曲面 S として，線状電荷を取り囲むように長さが L で底面積 S の同軸円筒面を考える．この円筒面に対して(2.14)式のガウスの法則を適用しよう．このとき，面積分は円筒の側面と円筒の上下の面の 3 つに分けて考えられる．すなわち，

$$\int_s \boldsymbol{E} \cdot d\boldsymbol{S} = \int_{側面} \boldsymbol{E} \cdot d\boldsymbol{S} + \int_{上面} \boldsymbol{E} \cdot d\boldsymbol{S} + \int_{底面} \boldsymbol{E} \cdot d\boldsymbol{S}$$

である．電荷分布の対称性から，電界 $\boldsymbol{E}$ は電荷からの半径 r 方向成分のみであることに注意すると，上下の面について $\boldsymbol{E} \cdot d\boldsymbol{S} = 0$ であり，上下の面積分の寄与はゼロである．側面の面積分については，電界 $\boldsymbol{E}$ は面ベクトルと平行であり，$\boldsymbol{E} \cdot d\boldsymbol{S} = EdS$ となる．また，側面上では電界の大きさは一定なので，結局

$$\int_s \boldsymbol{E} \cdot d\boldsymbol{S} = E\int_{側面} dS = 2\pi rLE = \frac{1}{\varepsilon_0}\int_V \rho dV \Rightarrow 2\pi rLE = \frac{L\lambda}{\varepsilon_0} \tag{2.17}$$

となり，電界の大きさ E として

$$E = \frac{\lambda}{2\pi\varepsilon_0 r} \tag{2.18}$$

が得られる．この値は，(2.8)式で a を ∞ にしたものに等しい．電荷分布が有限の場合でも，$a \gg r$ であれば，よい近似で成り立つ．(2.18)式は直線状電荷による電界を見積もるのに大変有用である．■

例題 2.6　面電荷密度 σ [C/m²] の無限に広い面状電荷分布が作る電界を求めよ．

［**解**］ 図 2.10(a)のように電荷分布の両側で対称な，底面積が S の円筒面に対してガウスの法則を適用する．このとき，電荷分布の対称性より電界は電荷分布面に対して垂直成分のみもつことに注意すると，円筒の側面より流出する電気力線はゼロとなる．したがって，

$$\int_s \boldsymbol{E}\cdot d\boldsymbol{S} = 2SE = \frac{1}{\varepsilon_0}\int_V \rho dV = \frac{1}{\varepsilon_0}S\sigma$$

より，

$$E = \frac{\sigma}{2\varepsilon_0} \tag{2.19}$$

となって，場所によらず一様な電界となる．

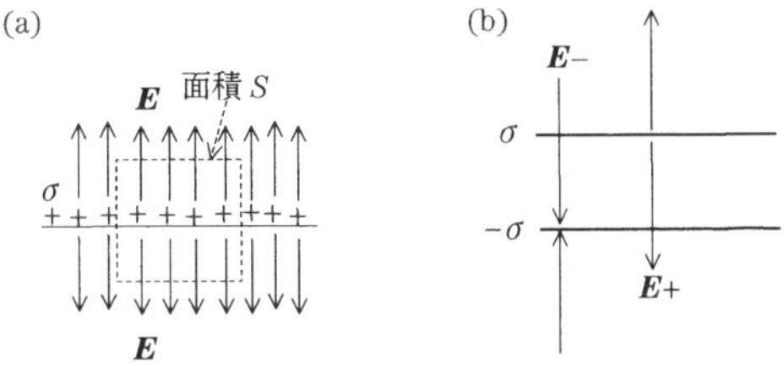

図 2.10　平面状電荷とガウスの法則

次に，図 2.10(b)のように単位面積当たりの電荷密度 σ と $-\sigma$ の平面電荷が平行に配置されているときの電界を求めてみよう．(2.19)式より，電荷 σ からは発散する一様な電界 $\boldsymbol{E}_+$ が，$-\sigma$ の電荷からは電荷に向かう一様な電界 $\boldsymbol{E}_-$ ができる．両電荷分布による電界は，重ね合せの理より，電荷に挟まれた領域では強め合い，その外側ではお互いに打ち消し合う．したがって，電界の大きさは次のようになる．

$$\begin{aligned} &E = \frac{\sigma}{\varepsilon_0} \quad \text{（電荷に挟まれた領域）} \\ &E = 0 \quad \text{（外側の領域）} \end{aligned} \tag{2.20}$$

2.6　ガウスの法則と微分形式の法則

ベクトル解析のガウスの定理（付録 A の(付.27)式）によれば，任意の閉曲面

$\boldsymbol{S}$ とその閉曲面で囲まれた空間を V とするとき，ベクトル量 $\boldsymbol{E}$ について次の関係がある．

$$\int_S \boldsymbol{E} \cdot d\boldsymbol{S} = \int_V \nabla \cdot \boldsymbol{E} dV \tag{2.21}$$

(2.14)式と(2.21)式を比べると，(2.14)式のガウスの法則は次のような微分方程式で表すこともできる．すなわち，

$$\nabla \cdot \boldsymbol{E} = \frac{\rho}{\varepsilon_0} \tag{2.22}$$

である．これは，$\nabla \cdot \boldsymbol{E}$ がその場所での電気力線の湧き出しの元になる電荷密度を ε_0 で割ったものに等しいことを表している．

例題 2.7　電界 $\boldsymbol{E}$ が x の関数として $\boldsymbol{E} = (x^{4/3}, 0, 0)$ で表されるとき，電荷密度分布を求めよ．

［**解**］　電荷密度 ρ は，$\rho = \varepsilon_0 \nabla \cdot \boldsymbol{E}$ より，$\rho(x) = 4\varepsilon_0 x^{1/3}/3$ となる．

次に，(2.6)式のクーロンの法則の両辺の回転 $(\nabla \times)$ を計算してみる．微分は関数 $\boldsymbol{r}$ に対して行うので，∇ を $\boldsymbol{r}'$ についての積分の中に入れることができる．

$$\nabla \times \boldsymbol{E} = \frac{1}{4\pi\varepsilon_0}\int_{V'} \nabla \times \frac{\boldsymbol{r}-\boldsymbol{r}'}{|\boldsymbol{r}-\boldsymbol{r}'|^3}\rho(\boldsymbol{r}')\,dV' = -\frac{1}{4\pi\varepsilon_0}\int_{V'} \nabla \times \left(\nabla \frac{1}{|\boldsymbol{r}-\boldsymbol{r}'|}\right)\rho(\boldsymbol{r}')\,dV'$$

となる．ここで，任意のスカラ関数 f について，ベクトル解析の公式(付.46)より $\nabla \times (\nabla f) \equiv 0$ であるから，右辺はゼロとなり，

$$\nabla \times \boldsymbol{E} = 0 \tag{2.23}$$

が常に成り立つ．さらに，線素ベクトル $d\boldsymbol{s}$ をもつ閉曲線 C とそれを外周とする曲面 $\boldsymbol{S}$ に対して，任意のベクトル $\boldsymbol{E}$ に関するストークスの定理(付.35) $\oint_c \boldsymbol{E} \cdot d\boldsymbol{s} = \int_s (\nabla \times \boldsymbol{E}) \cdot d\boldsymbol{S}$ を適用すると，

$$\oint_c \boldsymbol{E} \cdot d\boldsymbol{s} = 0 \tag{2.24}$$

と積分型でも表すことができる．

(2.23)式や(2.24)式は，クーロンの法則が逆2乗則であることによっている．(2.24)式は，1Cの電荷を閉曲線 C に沿って1周動かしたときの仕事量がゼロ

であること示している．これは，電界が重力界と同様に**保存界**（conservative field）であることを表している．■

2.7 電　　位

さて，$\nabla \times \boldsymbol{E} = 0$ であることから，ベクトル解析の公式(付.46)より，

$$\boldsymbol{E} = -\nabla \phi \tag{2.25}$$

を満たすスカラ関数 ϕ が常に存在する．このとき，ϕ を**電位**（electric potential）と呼ぶ．電位には定数 ϕ_0 だけの任意性がある．すなわち，$\phi' = \phi + \phi_0$ は ϕ と同じ電界を与える．通常，電位は，ある点Aの電位を基準にして決められる．電位 ϕ は(2.25)式を積分して，

$$\phi_{\mathrm{AB}} = -\int_{\mathrm{A}}^{\mathrm{B}} \boldsymbol{E} \cdot d\boldsymbol{s} \tag{2.26}$$

と定義される．このとき，ϕ_{AB} を点Aに対する点Bの**電位**あるいはAとBの間の**電位差**（electric potential difference）という．ϕ_{AB} は1Cの電荷を，電界 $\boldsymbol{E}$ に逆らって，経路 $d\boldsymbol{s}$ に沿って点Aから点Bまで動かすときに要する仕事量に等しい．(2.26)式右辺の負符号は，電界に逆らって仕事をしたとき，電位を正とすることによる．

また，(2.24)式より，電荷を任意の曲線に沿って1周動かしたときの仕事量がゼロであることに注意すると，図2.11のように点Aから点Bに電荷を動かすときの仕事量は，

$$-\oint \boldsymbol{E} \cdot d\boldsymbol{s} = -\int_{\mathrm{A}}^{\mathrm{B}} \boldsymbol{E} \cdot d\boldsymbol{s}_1 + \left(-\int_{\mathrm{B}}^{\mathrm{A}} \boldsymbol{E} \cdot d\boldsymbol{s}_2\right) = -\int_{\mathrm{A}}^{\mathrm{B}} \boldsymbol{E} \cdot d\boldsymbol{s}_1 - \left(-\int_{\mathrm{A}}^{\mathrm{B}} \boldsymbol{E} \cdot d\boldsymbol{s}_2\right) = 0$$

である．ゆえに，

$$-\int_{\mathrm{A}}^{\mathrm{B}} \boldsymbol{E} \cdot d\boldsymbol{s}_1 = -\int_{\mathrm{A}}^{\mathrm{B}} \boldsymbol{E} \cdot d\boldsymbol{s}_2$$

である．経路 C_1 および C_2 は任意にとれるので，電位 ϕ_{AB} は電荷を動かす経路にはよらず，最初と最後の点のみで決まることがわかる．

電位の単位は，1Cの電荷を動かしたときに要した仕事量が1Jのとき，1Vと定義される．したがって，電界の単位は，(2.25)式より [V/m] となる．

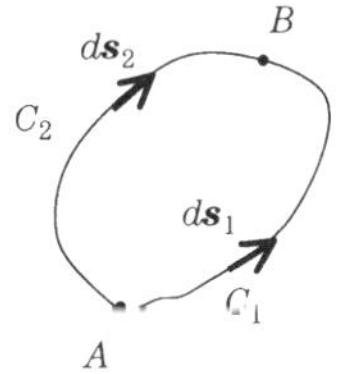

図2.11　電位と積分経路

例題 2.8 点電荷 Q から距離 r の位置での電位を求めよ.

［**解**］ 無限遠点の電位を $\phi=0$ の基準点とする. また, 電位は積分経路にはよらないので, 積分経路を半径方向にとる. このとき, 電位は

$$\phi=-\int_{r=\infty}^{r}\boldsymbol{E}\cdot d\boldsymbol{s}=-\frac{Q}{4\pi\varepsilon_0}\int_{r=\infty}^{r}\frac{\boldsymbol{r}\cdot d\boldsymbol{r}}{r^3}=-\frac{Q}{4\pi\varepsilon_0}\int_{\infty}^{r}\frac{dr}{r^2}=\frac{Q}{4\pi\varepsilon_0 r} \tag{2.27}$$

となる. ■

例題 2.9 例題 2.4 の電荷分布について, 電位を半径 r の関数として表せ.

［**解**］ 電位 ϕ は無限遠点を基準にとると, $r>a$ の領域では

$$\phi=-\int_{\infty}^{r}E_2 dr=\frac{\rho a^3}{3\varepsilon_0 r} \tag{2.28}$$

となり, $r<a$ の領域の電位は次のように求められる.

$$\phi=-\int_{\infty}^{a}E_2 dr-\int_{a}^{r}E_1 dr=\frac{\rho}{6\varepsilon_0}(3a^2-r^2) \tag{2.29}$$

■

例題 2.10 単位面積当たり $\pm\sigma$ の面電荷密度を持つ平面状電荷が距離 d で平行に分布している. 平板間の電位差はいくらか.

［**解**］ 電荷に挟まれた領域での電界は(2.20)式で与えられ, 場所によらず一定である. したがって, 電荷間の電位差 ϕ は,

$$\phi=\frac{d\sigma}{\varepsilon_0} \tag{2.30}$$

となる.

また, 図 2.2 や図 2.3 のように, 多数の電荷がある場合や電荷が分布している場合の電位は, (2.27)式と重ね合せの理より,

$$\phi=\sum_{i=1}^{n}\frac{Q_i}{4\pi\varepsilon_0}\frac{1}{|\boldsymbol{r}-\boldsymbol{r}'_i|} \tag{2.31}$$

$$\phi=\frac{1}{4\pi\varepsilon_0}\int_{V'}\frac{\rho(r')}{|\boldsymbol{r}-\boldsymbol{r}'|}dV' \tag{2.32}$$

となる. 電荷が分布している場合, (2.5)式, (2.6)式から電界を直接求めるより, スカラである電位をまず求めて微分した方が, 一般には楽に電界を求められる. ■

例題 2.11 電荷量が等しい正負の電荷 q および $-q$ が微小な距離 δ だけ隔てて置かれている場合, これを**電気双極子** (electric dipole) と呼んでいる. 電気

双極子が作る電界を求めよ．

［解］ 図 2.12 のように双極子の中心を原点とする極座標を用いて考えよう．双極子を結ぶ直線の周りについては対称であるから，点の座標を図 2.12 のように $(r,\ \theta)$ で表そう．点 $(r,\ \theta)$ と正負の電荷との距離をそれぞれ r_+，r_- と置く．このとき，電位 ϕ は (2.31) 式の多数の電荷が作る電位の式を利用して，

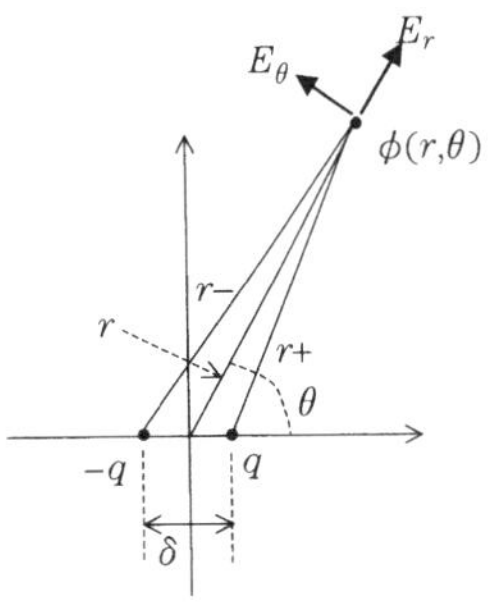

図 2.12 電気双極子

$$\phi = \frac{q}{4\pi\varepsilon_0}\left(\frac{1}{r_+} - \frac{1}{r_-}\right) \tag{2.33}$$

となる．ここで，電荷間の距離を δ とすると，電荷と原点および点 $(r,\ \theta)$ が作る三角形についての余弦定理より，r_+ および r_- は

$$r_+ = \sqrt{r^2 + (\delta\ /\ 2)^2 - r\delta\cos\theta}$$
$$r_- = \sqrt{r^2 + (\delta\ /\ 2)^2 + r\delta\cos\theta}$$

と表される．いま，$r \gg \delta$ とすると，$r_\pm$ は

$$\frac{1}{r_\pm} \fallingdotseq \frac{1}{r}\left(1 \mp \frac{\delta\cos\theta}{r}\right)^{-1/2} \fallingdotseq \frac{1}{r}\left(1 \pm \frac{\delta\cos\theta}{2\,r}\right)$$

と近似できるので，(2.33) 式の電位 ϕ は，

$$\phi = \frac{q\delta\cos\theta}{4\pi\varepsilon_0 r^2} \tag{2.34}$$

となる．ここで，大きさが $q\delta$ で $-q$ の電荷から $+q$ の方向に向かうベクトル $\boldsymbol{p}$ を導入すると，(2.34) 式は

$$\phi = \frac{\boldsymbol{p}\cdot\boldsymbol{r}}{4\pi\varepsilon_0 |r|^3} \tag{2.35}$$

のように表すことができる．このとき，ベクトル $\boldsymbol{p}$ を**電気双極子ベクトル** (electric dipole moment) と呼ぶ．

電界 $\boldsymbol{E}$ は，$\boldsymbol{E} = -\nabla\phi$ より求められる．ただし，極座標であるので ∇ の計算には (付.54) 式の極座標形式を使って，

$$E_r = -\frac{\partial\phi}{\partial r} = \frac{p\cos\theta}{2\pi\varepsilon_0 r^3} \tag{2.36}$$

$$E_\theta = -\frac{1}{r}\frac{\partial\phi}{\partial\theta} = \frac{p\sin\theta}{2\pi\varepsilon_0 r^3} \tag{2.37}$$

と求められる． ■

2.8 等電位面と電気力線

電位が等しい点を結ぶと1つの曲面が得られる．この曲面を**等電位面**（equipotential surface）という．例えば，球対称電荷の場合は，例題2.8や2.9からわかるように，等電位面は球心を中心とする球面となる．等電位面に沿って電荷を動かすときは，電位の定義より仕事量はゼロである．これは，等電位面が力の方向，すなわち電界の向きと直交していることを意味している．すなわち，等電位面は電界あるいは電気力線と必ず直交している．電気力線と等電位面の例を図2.13に示す．

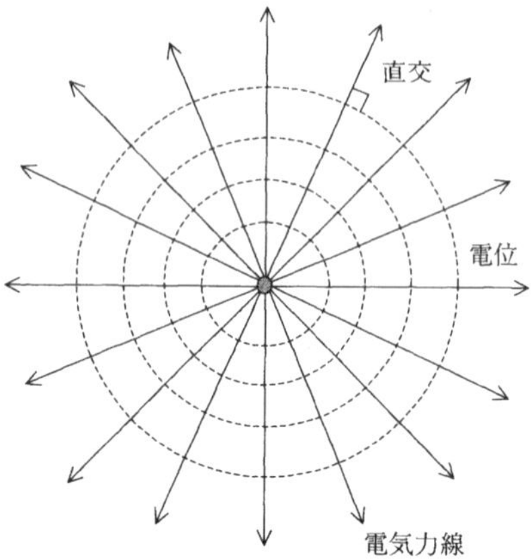

図2.13　点電荷の電気力線と等電位面

2.9 ポアソンの方程式とラプラスの方程式

(2.22)式と(2.25)式より，電位 ϕ について次の関係式が得られる．

$$\nabla^2\phi = -\frac{\rho}{\varepsilon_0} \tag{2.38}$$

これは，**ポアソンの方程式**（Poisson's equation）と呼ばれている．電荷のない空間では $\rho = 0$ であるので，(2.38)式は

$$\nabla^2\phi = 0 \tag{2.39}$$

となる．これは**ラプラスの方程式**（Laplace's equation）と呼ばれている．

これらの式を解析的に解くのは一般的には不可能である．解析解を求める問題は純粋に数学の問題であり，重要な課題であった．特定の問題については，さまざまな工夫をして解析解が求められている．一方，最近の計算機の計算処理能力の急激な向上と，数値計算技法の発達により，数値計算によってこれらの式を解くことが比較的容易になってきた．現在ではソフトウェアも多く市販されるようになっている．

例題2.12　$\nabla^2(1/r) = 0$ となることを示せ．

［**解**］　まず，$\nabla(1/r)$ を求めてみよう．

$$\nabla \frac{1}{r} = \nabla \frac{1}{\sqrt{x^2 + y^2 + z^2}}$$
$$= \left(-\frac{x}{(x^2 + y^2 + z^2)^{3/2}},\ -\frac{y}{(x^2 + y^2 + z^2)^{3/2}},\ -\frac{z}{(x^2 + y^2 + z^2)^{3/2}} \right)$$

次に，$\nabla \cdot \nabla (1/r)$ を計算する．例として，x 成分のみを計算してみよう．

$$\frac{\partial}{\partial x}\left\{ -\frac{x}{(x^2 + y^2 + z^2)^{3/2}} \right\} = \frac{2x^2 - y^2 - z^2}{(x^2 + y^2 + z^2)^{5/2}}$$

同様に計算すると，

$$\frac{\partial}{\partial y}\left\{ -\frac{y}{(x^2 + y^2 + z^2)^{3/2}} \right\} = \frac{-x^2 + 2y^2 - z^2}{(x^2 + y^2 + z^2)^{5/2}}$$

$$\frac{\partial}{\partial z}\left\{ -\frac{y}{(x^2 + y^2 + z^2)^{3/2}} \right\} = \frac{-x^2 - y^2 + 2z^2}{(x^2 + y^2 + z^2)^{5/2}}$$

となって，分子の和がゼロとなる．つまり，点電荷の作る電位は点電荷の場所以外では，ラプラスの方程式を満たす解であることが示された．点電荷の重ね合せである(2.31)式，(2.32)式あるいは(2.35)式も当然ラプラスの方程式を満たす解の一形式である． ■

演 習 問 題

2.1 図2.14のように2つの直線状電荷が平行に分布している．電荷は $x = -d$，$x = d$ の位置にあり，それぞれ一様な線電荷密度 $-\lambda$ および λ [C/m] の電荷が分布している．2つの直線状電荷の中央を通る垂直軸上の電界を求めよ．

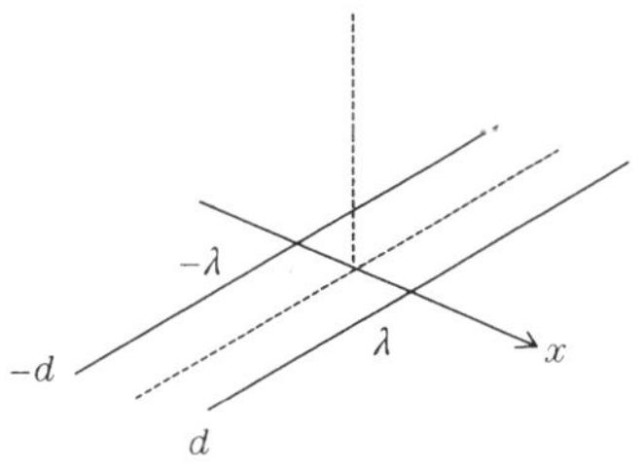

図 2.14

2.2 図2.15のように半径 a の円周に沿って一様な線電荷密度 λ [C/m] の電荷が分布している，円周の中心軸上の電界を求めよ．

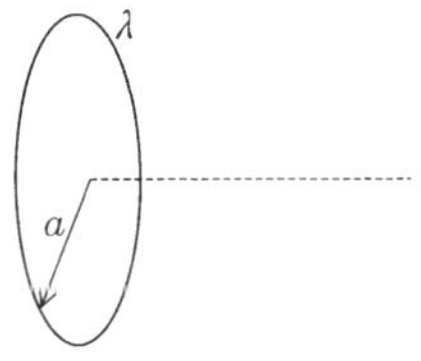

図 2.15

2.3　図 2.16 のように半径 a の円盤上に一様な面電荷密度 $\sigma\,[\mathrm{C/m^2}]$ の電荷が分布している，円盤の中心軸上の電界を求めよ．

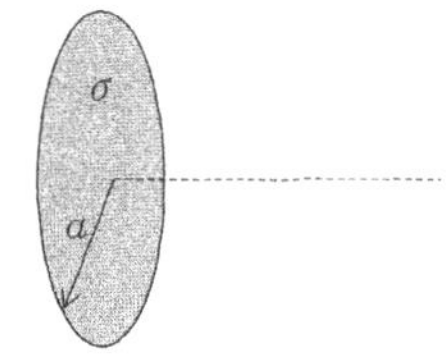

図 2.16

2.4　図 2.17 のように $-d/2 < x < d/2$ の領域に，一様な電荷密度 ρ で電荷が分布している．x 軸上の電界を求めよ．

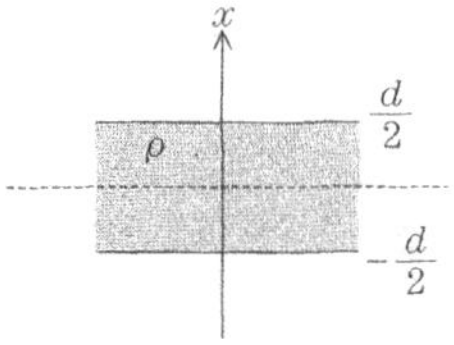

図 2.17

2.5　図 2.18 のように $-d < x < 0$ と $0 < x < d$ の領域に，それぞれ一様な電荷密度 $-\rho$ および ρ で電荷が分布している．x 軸上の電界を求めよ．

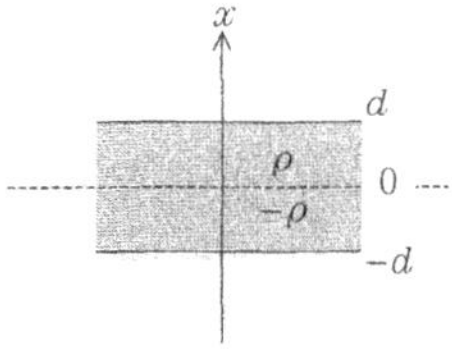

図 2.18

2.6　図 2.19 のように半径 a の長い円筒内に一様な電荷密度 ρ で電荷が分布しているとき，電界を円筒の中心からの距離 r の関数として表せ．

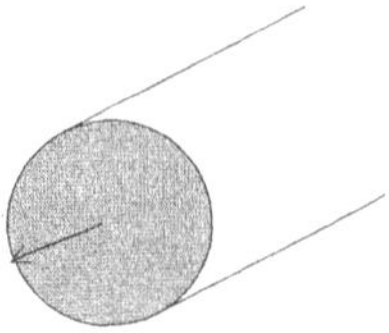

図 2.19

3. 真空中の導体系の静電界

電磁気学では，電気的性質により物質を**導体**（conductor）と**絶縁体**（insulator）あるいは**誘電体**（dielectric materials）に分類する．導体とは，その中を自由に電荷が移動できる物質である．一方，絶縁体あるいは誘電体では電荷は誘電体を構成する原子に束縛されており自由に動くことはできない．ここでは真空中に導体のみが存在する場合の静電界について学ぶ．

3.1 導体の静電気的性質

導体とは，その中を電荷が自由に移動できる物質である．導体の内部は，自由に動くことができる電荷で満たされている．導体に電界を加えると，電荷は電界により移動する．導体の表面には電荷に対して障壁があるので，表面に達した電荷は導体の表面に留まる．導体に外部から電荷を与えていなければ，導体は電気的には中性であるから電荷が移動したあとには逆符号の電荷が残される．電荷が移動するにはある程度の時間が必要であるが，静電気の範囲では電荷の移動が終了し，電荷が静止した定常状態にある場合を考える．金属は導体のモデル物質として大変ふさわしい．金属の場合には，自由に動ける電子が内部を満たしている．ただし，金属といえども電荷が動くときには必ずなにがしかの抵抗を受ける．そこで，電荷が完全に自由に動けると理想化した物質を**完全導体**（perfect conductor）と呼ぶ．

以上の導体の性質から，導体内部の静電界について次のような重要な性質が導かれる．導体の内部では，電荷が自由に動けるにもかかわらず電荷は静止しているのであるから，電荷に働く力はゼロである．すなわち，導体内部の静電界はゼロとなっている．導体内部の静電界がゼロであるということは，静電界のガウスの法則より導体内部の任意の閉曲面に対してその内部の正味の電荷量はゼロであり，導体内部には電荷は存在し得ない．導体に電荷を与えたときも，その電荷は導体の表面にのみ存在する．また，導体内部の静電界がゼロであるということは，導体内ではいたるところ電位が等しく，つまり導体表面は等電位面となっている．電気力線は等電位面に垂直であるから，電界は導体表面に対して常に垂直になっていることがわかる．導体表面では，電荷はちょうど垂直な力で壁に押し付けられたようになって静止している．

3.2　導体表面の静電界

導体が帯電している場合は，図3.1(a)のように電荷は導体の表面のみに存在している．このとき導体の内部の電界はゼロであるが，導体外部には当然電界が誘起される．次に，この電界について考察してみよう．いま，図3.1(b)のように導体表面の一部についてそのごく近傍の電界を考えると，表面を平面電荷分布とみなすことができる．この平面電荷密度を σ とすると，(2.19)式のように電荷の両側の電界は $\sigma/2\varepsilon_0$ となる．しかし，導体表面の他の部分の電荷もいま考えている電荷の周りに電界を作っているはずである．この電界が，$\sigma/2\varepsilon_0$ の電界を打ち消して導体内部では電界がゼロになっていると考えることができる．一方，導体外部では重ね合せの理より電界が強め合って

$$E = \frac{\sigma}{\varepsilon_0} \tag{3.1}$$

の大きさの電界が作られる．導体表面は等電位面であるので，この電界は導体表面に垂直になっている．導体表面の電界の強さがわかれば，(3.1)式より導体表面の面電荷密度を求めることができる．

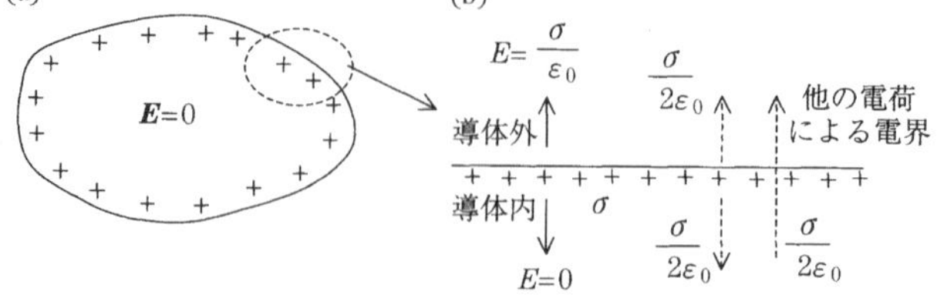

図3.1　導体表面の電荷と電界

3.3　静電誘導と静電遮蔽

図 3.2(a)のように，真空中に置かれた空洞をもつ導体の空洞内に点電荷 Q を置いた場合を考えてみよう．いま，導体の内部に図中の破線のように点電荷を囲む閉曲面をとり，この曲面についてガウスの法則を適用する．導体の内部では電界はゼロであるから，この閉曲面内の電荷の総量はゼロでなければならない．すなわち，導体の内表面に総電荷量 $-Q$ の電荷が誘導される．内面に誘導された電荷は，点電荷から発生した電気力線をすべて吸い込み，導体内への電気力線の侵入を防いでいる．導体全体としては電荷量が保存されているので，$+Q$ の電荷が導体の外表面に現れ，そこから導体の外部に向かって電気力線が延びていく．このように，導体を静電界中に置いたとき，導体の内部の電荷が移動して導体の一部に電荷が発生する現象を**静電誘導**（electrostatic induction）と呼び，静電誘導で現れる電荷を**誘導電荷**（induced charge）と呼んでいる．

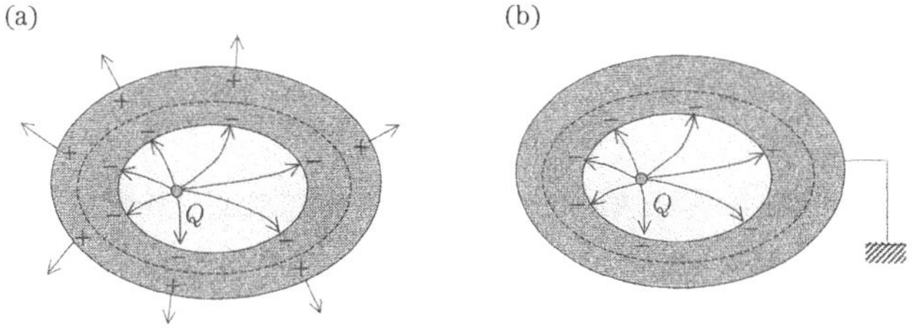

図 3.2　静電誘導と静電遮蔽

次に，図 3.2(b)のように導体を**接地**，あるいはアース（earth）した場合について考えてみよう．接地とは，文字通り導体を電気的に大地に接続することを意味する．大地は自由に電荷を出し入れできる巨大な導体と考えてよい．導体が接地されていると，図 3.2(b)で導体の外表面に誘導された電荷 $+Q$ は大地へと流れ出る．あるいは，大地から負の電荷を吸い込むと考えてもよい．この結果，導体外部では電界はゼロとなり，大地と同電位に保たれる．すなわち，空洞内に置かれた点電荷の作る電界は，導体の外部には影響を及ぼさなくなる．このような現象を**静電遮蔽**（electrostatic shield）と呼んでいる．

例題 3.1　図 3.3 のように球状の内導体と球殻状の外導体が同心状に配置されている．次の場合について，各導体の電位を求めよ．

(1)　内導体に電荷 Q を与えたとき.

(2)　内導体に電荷 Q を与えて，外導体を接地したとき.

(3)　内導体に Q_1，外導体に Q_2 を与えたとき.

(4)　外導体に Q_2 を与えて，内導体を接地したとき.

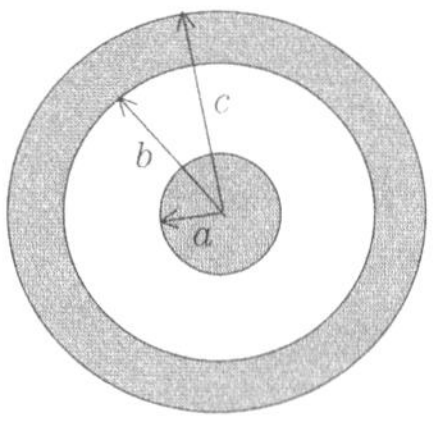

図 3.3　同心球導体

[**解**]

(1)　外導体の内側表面には $-Q$ の電荷が誘導され，これにより外導体の外側表面には Q の電荷が現れる.
中心からの距離を r とすると，$a < r < b$ および $c < r$ では，ガウスの公式により電界の大きさは $Q/4\pi\varepsilon_0 r^2$ であり，導体内では電界はゼロである．無限遠点を基準にとると，
外導体の電位は

$$\phi_c = -\int_\infty^c \frac{Q}{4\pi\varepsilon_0 r^2}\,dr = \frac{Q}{4\pi\varepsilon_0 c}$$

内導体の電位は

$$\phi_a = \phi_c - \int_b^a \frac{Q}{4\pi\varepsilon_0 r^2}\,dr = \frac{Q}{4\pi\varepsilon_0}\left(\frac{1}{c} + \frac{1}{a} - \frac{1}{b}\right)$$

となる.

(2)　導体間の電界は(1)の場合と等しいが，接地により外導体の外側では電界はゼロになり，外導体の電位はゼロになる．したがって，(1)で $\phi_c = 0$ とおけばよい.

(3)　外導体の内側表面には $-Q_1$ の電荷が誘導され，これに伴って外側表面には $Q_2 + Q_1$ の電荷が現れる．したがって，$a < r < b$ の電界の大きさは $Q_1/4\pi\varepsilon_0 r^2$ であるが，$c < r$ の電界の大きさは $(Q_1 + Q_2)/4\pi\varepsilon_0 r^2$ となる．したがって，外導体の電位は，

$$\phi_c = -\int_\infty^c \frac{Q_1 + Q_2}{4\pi\varepsilon_0 r^2}\,dr = \frac{Q_1 + Q_2}{4\pi\varepsilon_0 c}$$

となる．内導体の電位は

$$\phi_a = \phi_c - \int_b^a \frac{Q_1}{4\pi\varepsilon_0 r^2}\,dr = \frac{Q_1 + Q_2}{4\pi\varepsilon_0 c} + \frac{Q_1}{4\pi\varepsilon_0}\left(\frac{1}{a} - \frac{1}{b}\right)$$

となる.

(4)　接地により内導体の電位はゼロになる．すなわち，(3)で $\phi_a = 0$ になる

ように，Q_1 に相当する電荷が内導体に誘導される．内導体に誘導される電荷を Q_1' とすると，

$$Q_1' = -\frac{Q_2}{c}\left(\frac{1}{a} - \frac{1}{b} + \frac{1}{c}\right)^{-1}$$

である．外導体の電位は，(3)の ϕ_c で $Q_1 = Q_1'$，$Q_2 = Q_2$ と置けばよい． ■

3.4 静 電 容 量

導体が帯電しているとき，その電荷量 Q と電位 ϕ の間には比例関係 $Q = C\phi$ がある．比例係数 C を**静電容量**（capacitance）といい，その導体系を**コンデンサ**（condenser）あるいは**キャパシタ**（capacitor）という．静電容量の単位は，定義より [C/V] であるが，これをファラッド [F] と呼ぶ．

例えば，真空中に置かれた半径 a の導体球が電荷 Q で帯電しているとき，導体の電位 ϕ は，

$$\phi = \frac{Q}{4\pi\varepsilon_0}\frac{1}{a} \tag{3.2}$$

であるから，この導体の静電容量 C は

$$C = 4\pi\varepsilon_0 a \tag{3.3}$$

となる．$\varepsilon_0 = 8.854 \times 10^{-12}$ F/m であるので，$a = 1$ m とすれば，$C = 1.11 \times 10^{-10}$ F $= 111$ pF となる．

導体が 2 つ存在するとき，一方の導体に電荷 Q，もう一方の導体に電荷 $-Q$ を与えたときの導体間の電位差が ϕ であるとき，静電容量 C を $C - Q/\phi$ で定義する．例えば，図 3.3 に示した同心球配置では，例題 3.1(2)から導体間の電位差は，

$$\phi = \frac{Q}{4\pi\varepsilon_0}\left(\frac{1}{a} - \frac{1}{b}\right) \tag{3.4}$$

であるので

$$C = \frac{4\pi\varepsilon_0 ab}{b - a} \tag{3.5}$$

となる．これらの例でもわかるように，静電容量は，導体系の配置と導体の大きさなどの幾何学的条件のみで決まる定数である．

例題 3.2 図 3.4 の(a)平行平板，(b)同軸円筒，(c)平行導体（ただし，導体間距離 ≫ 導体の直径とする）の各導体配置について静電容量を求めよ．

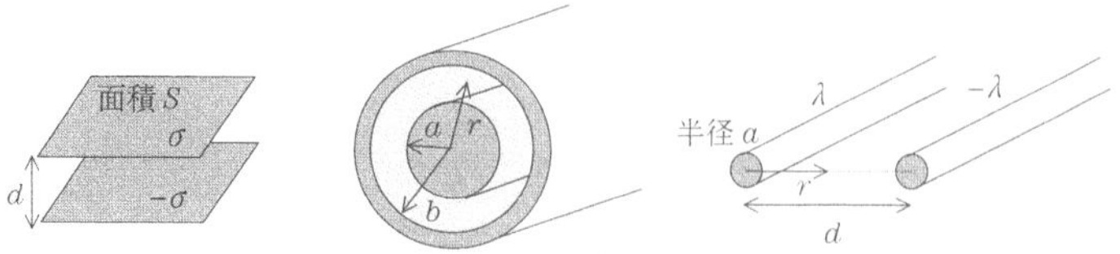

図 3.4　(a) 平行平板，(b) 同軸円筒，(c) 平行導体

[**解**]

(a)　各導体に単位面積当たり σ，$-\sigma$ の電荷を与える．このとき，導体間の電界は一定で(2.20)式より σ/ε_0 であり，導体間の電位差 ϕ は $\phi = \sigma\ d/\varepsilon_0$ となる．したがって，単位面積当たりの静電容量 C は $C = \varepsilon_0/d$ であり，電極の面積が S の場合は，

$$C = \varepsilon_0 S/d \tag{3.6}$$

となる．

(b)　各導体に単位長さ当たり λ，$-\lambda$ の電荷を与える．このとき，導体間の電界は(2.18)式より $\lambda/2\pi\varepsilon_0 r$ であるから，導体間の電位差 ϕ は，

$$\phi = -\int_b^a \frac{\lambda}{2\pi\varepsilon_0 r}\,dr = \frac{\lambda}{2\pi\varepsilon_0}\ln\frac{b}{a}$$

となる．したがって，単位長さ当たりの静電容量 C は

$$C = \frac{2\pi\varepsilon_0}{\ln(b/a)} \tag{3.7}$$

である．

(c)　各導体に単位長さ当たり λ，$-\lambda$ の電荷を与える．導体間の電位差は電荷を動かす経路によらないので，導体の中心間を結ぶ線上の電界を考える．また，導体間距離は導体の直径に比べ十分大きいので，電荷分布は導体上で一様と考える．正に帯電している導体からの距離 r の位置の電界の大きさ E は，(2.18)式と重ね合せの理より，$E = \lambda/2\pi\varepsilon_0 r + \lambda/2\pi\varepsilon_0(d-r)$ である．導体間の電位差 ϕ は，

$$\phi = -\frac{\lambda}{2\pi\varepsilon_0}\int_{d-a}^{a}\left(\frac{1}{r} + \frac{1}{d-r}\right)dr = \frac{\lambda}{\pi\varepsilon_0}\ln\frac{d-a}{a}$$

となるので，静電容量 C は，

$$C \fallingdotseq \frac{\pi\varepsilon_0}{\ln(d/a)} \tag{3.8}$$

となる．ただし，(3.8)式では $d \gg a$ とした．　■

3.5　電位係数，容量係数，誘導係数

導体系が多数ある場合の各導体の電位と電荷の関係を表すのに，**電位係数**（coefficient of electrostatic potential）と**容量係数**（coefficient of electrostatic capaciy），**誘導係数**（coefficient of electrostatic induction）が用いられる．

いま n 個の導体があり，導体 i にのみ Q_i の電荷を与えたときの各導体の電位を，$\phi_1 = p_{1i}Q_i$，$\phi_2 = p_{2i}Q_i$，$\cdots$ $\phi_n = p_{ni}Q_i$ とする．各導体に，それぞれ Q_1，Q_2，$\cdots$ Q_n の電荷を与えたときの各導体の電位は，重ね合せの理より，次のように与えられる．

$$\begin{aligned} \phi_1 &= p_{11}Q_1 + p_{12}Q_2 + \cdots + p_{1n}Q_n \\ \phi_2 &= p_{21}Q_1 + p_{22}Q_2 + \cdots + p_{2n}Q_n \\ &\vdots \\ \phi_n &= p_{n1}Q_1 + p_{n2}Q_2 + \cdots + p_{nn}Q_n \end{aligned}$$

これをまとめて書き下せば，

$$\phi_i = \sum_{j=1}^{n} p_{ij}Q_j \tag{3.9}$$

このとき，係数 p_{ij} を電位係数と呼ぶ．電位係数には，エネルギー保存則より $p_{ij} = p_{ji}$ なる**相反定理**（reciprocity theorem）が成り立つことを証明できる（5.1 節参照）．

また，導体 i にのみ正の電荷を与えた場合を考えると，図 3.5(a) に示すようにすべての電気力線は導体 i から発生して，一部は他の導体を経由して無限遠にいたる．したがって $\phi_i > \phi_{j(j\neq i)} > 0$ であるから

$$p_{ii} > p_{ij(i\neq j)} > 0 \tag{3.10}$$

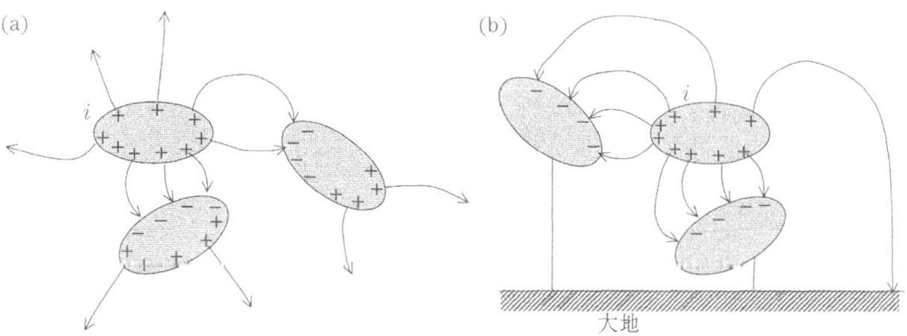

図 3.5　(a) 孤立した導体系と電気力線，(b) 接地された導体系と電気力線

の関係があることもわかる．

一方，導体 i の電位を ϕ_i とし，他の導体を接地したとき，各導体に誘導される電荷を $Q_1 = C_{1i}\phi_i$，$Q_2 = C_{2i}\phi_i$，…，$Q_n = C_{ni}\phi_i$ と表す．次に，各導体の電位を ϕ_1，ϕ_2，…，ϕ_n とすると，重ね合せの理より各導体の電荷は，

$$
\begin{aligned}
Q_1 &= C_{11}\phi_1 + C_{12}\phi_2 + \cdots + C_{1n}\phi_n \\
Q_2 &= C_{21}\phi_1 + C_{22}\phi_2 + \cdots + C_{2n}\phi_n \\
&\ \vdots \\
Q_n &= C_{n1}\phi_1 + C_{n2}\phi_2 + \cdots + C_{nn}\phi_n
\end{aligned}
$$

となる．これをまとめて書き下せば，

$$Q_i = \sum_{j=1}^{n} C_{ij}\phi_j \tag{3.11}$$

このとき，C_{ii} を容量係数，$C_{ij(i \neq j)}$ を誘導係数という．誘導係数にも $C_{ij} = C_{ji}$ の相反定理が成り立つ．また，導体 i のみを電位 ϕ_i として他の導体を接地した場合，i 以外の導体には導体 i の電荷と逆符号の電荷が誘導される．しかし，図3.5(b)のように導体 i から発生した電気力線の一部は，どの導体も経由しないで直接接地面にいたる場合も起こり得る．導体に出入りする電気力線の本数は電荷量に比例するので，

$$Q_i \geq -\sum_{i \neq j} Q_j \tag{3.12}$$

が成り立つ．したがって，

$$C_{ii} > 0, \quad C_{ij} < 0 \tag{3.13}$$

$$C_{ii} \geq -\sum_{i \neq j} C_{ij} \tag{3.14}$$

の関係があることがわかる．

例題 3.3 例題 3.1 の同心球配置の導体系の電位係数を求めよ．

［解］ それぞれの導体に Q_1，Q_2 の電荷を与えたとすると，例題 3.1(3) より各電位は

$$
\begin{aligned}
V_1 &= \frac{Q_1}{4\pi\varepsilon_0}\left(\frac{1}{a} - \frac{1}{b} + \frac{1}{c}\right) + \frac{Q_2}{4\pi\varepsilon_0 c} \\
V_2 &= \frac{Q_1}{4\pi\varepsilon_0 c} + \frac{Q_2}{4\pi\varepsilon_0 c}
\end{aligned}
$$

であるので，

$$p_{11} = \frac{1}{4\pi\varepsilon_0}\left(\frac{1}{a} - \frac{1}{b} + \frac{1}{c}\right), \quad p_{12} = p_{21} = \frac{1}{4\pi\varepsilon_0 c}, \quad p_{22} = \frac{1}{4\pi\varepsilon_0 c} \tag{3.15}$$

となる. ■

例題 3.4 接地された半径 a の球導体の中心から $d\ (d > a)$ の位置にある，大きさが無視できる導体に電荷 q を与えた. 球導体に誘導される電荷を電位係数より求めよ.

[解] 球導体を導体 1，もう一方を導体 2 とする. まず，球導体を接地しないで，両導体にそれぞれ電荷 $q_1 = 1$，$q_2 = 0$ を与える. このとき，各導体の電位は，

$$\phi_1 = \frac{1}{4\pi\varepsilon_0 a} = p_{11} \times 1 + p_{12} \times 0, \quad \phi_2 = \frac{1}{4\pi\varepsilon_0 d} = p_{21} \times 1 + p_{22} \times 0$$

より，

$$p_{11} = \frac{1}{4\pi\varepsilon_0 a}, \quad p_{21} = p_{12} = \frac{1}{4\pi\varepsilon_0 d}$$

を得る. 次に，球導体を接地して，もう一方の導体に q を与えたとき，球導体に誘導される電荷を q_1 とすると，

$$\phi_1 = 0 = \frac{q_1}{4\pi\varepsilon_0 a} + \frac{q}{4\pi\varepsilon_0 d}$$

より，

$$q_1 = -\frac{a}{d}q \tag{3.16}$$

を得る. ■

3.6 導体系の静電界

3.6.1 偏微分方程式と解の一意性

電荷分布があらかじめわかっている場合には，(2.32)式を用いて積分操作により電位を求めることができる. 電位が求まれば，(2.25)式によって電位を微分して電界を求めることができる. しかし，現実の問題としてはあらかじめ電荷分布がわかっている例は少ない. 特に，導体がある場合は，静電誘導により導体に電荷が誘導されるので，一般的に解くのは難しい.

導体がある電位に帯電していて，導体以外に電荷が存在しない場合の電位を求める問題は，数学的にはラプラスの方程式 $\nabla^2\phi = 0$ を与えられた境界条件のもとで解く問題と等しい. ラプラスの方程式の解を得ることは純粋に数学の問題で

あり，これまでさまざまな解析手法が考案されている．その際，何らかの方法で見出した特殊な解が，ラプラスの方程式を満たすとともに境界条件を満たすならばそれは正しい唯一の解である，という数学的に保障された**解の一意性の定理**（principle of unique solution）をよりどころにしている．

しかし，一般的な形状の導体系に対しては解析解を得ることは困難である．そのような場合には，ラプラスの方程式を数値的に解くことが解を得る唯一の方法である．計算機の発達した現在では，これはそれほど困難なことではなく，各種の解析ソフトが市販されている．それでもなお，代表的な導体配置に対して解析解を知っておくことは，さまざまな問題に対して合理的で見通しのよい考察を行うのに不可欠である．代表的な解析的手法である**電気影像法**（electric image method）について次に述べる．

3.6.2 影像法による解法（平面導体と点電荷）

図 3.6 に示すように接地した無限に広い導体から d の位置に点電荷 q を置いたときの電界について考えてみよう．図 3.6 で導体に垂直上側に z 軸をとり，導体の面内に x，y 座標をとる．点電荷は座標（0, 0, d）に置かれている．この場合，導体より上側の電界は，点電荷 q が作る電界と，導体の表面に関して点電荷と対称な位置(0, 0, $-d$）に置いた $-q$ の点電荷との合成電界として求めることができる．

この 2 つの電荷による $z>0$ での電位 ϕ は次式で与えられる．

$$\phi(x,\ y,\ z)=\frac{q}{4\pi\varepsilon_0}\left(\frac{1}{\sqrt{x^2+y^2+(z-d)^2}}-\frac{1}{\sqrt{x^2+y^2+(z+d)^2}}\right) \quad (3.17)$$

この電位は，例題 2.12 で計算したように，$z>0$ の領域と点電荷の場所以外ではラプラスの方程式 $\nabla^2\phi=0$ を満たしていることは明らかである．また，境界として図の破線のように導体表面，無限遠点および点電荷を囲む微小な領域をとると，電位が満たすべき境界条件は次のようになる．(i)導体表面で電位はゼロ，(ii)無限遠点で電位はゼロに漸近，(iii)点電荷の近傍では点電荷の作る電位に漸近する．(i)と(ii)については，$\phi(x,\ y,\ 0)=0$ および $\phi(\infty,\ \infty,\ \infty)=0$ であり境界条件を満たしている．(iii)については，x，y をゼロとし，z を d に漸近させると，(3.17)式の右辺のカッコ内の第 1 項が支配的になって点電荷の電位となり，境界条件を満たしている．したがって，(3.17)式の電位から求められる電界

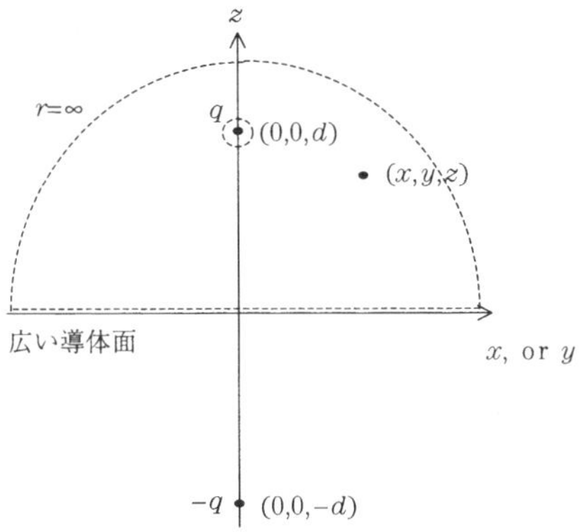

図 3.6 点電荷と影像電荷

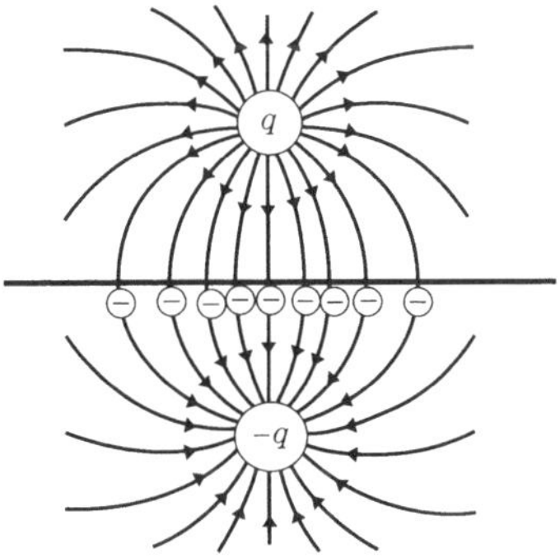

図 3.7 影像電荷と電気力線

は唯一の正しい解を与えることがわかる．$z<0$ に置いた $-q$ の電荷は，導体表面に関して点電荷 q の影像の関係にあり，**影像電荷**（image charge）と呼ばれる．影像電荷を利用して電界を求める方法を影像法と呼んでいる．

さて，電界 $\boldsymbol{E}$ は $\boldsymbol{E}=-\nabla\phi$ より求めることができる．図 3.7 に電界の様子を図示する．点電荷から発生した電気力線は導体表面に誘導された逆符号の電荷に吸い込まれるが，これはちょうど影像電荷があるときの電界の $z>0$ の部分に等しくなっている．さらに，導体の表面 $z=0$ では電界の x，y 成分はゼロで，導体表面に垂直な z 成分のみである．これから，電界が導体表面に垂直になっていることを確認できる．導体表面での電界の z 成分 E_z は，

$$E_z=-\left.\frac{\partial\phi}{\partial z}\right|_{z=0}=\frac{-qd}{2\pi\varepsilon_0(x^2+y^2+d^2)^{3/2}} \tag{3.18}$$

となる．また，導体表面の電荷密度 σ と E_z の間には，$E_z=\sigma/\varepsilon_0$ の関係があるので，導体表面に誘導される電荷密度 σ は，

$$\sigma=\frac{-qd}{2\pi(x^2+y^2+d^2)^{3/2}} \tag{3.19}$$

となる．この誘導電荷と点電荷の間に働く力は，影像電荷と点電荷の間に働く力として求めることができ，**影像力**（image force）と呼ばれる．影像力 $\boldsymbol{F}$ は導体に垂直な引力のみとなり，その大きさは

$$F=\frac{q^2}{4\pi\varepsilon_0(2d)^2} \tag{3.20}$$

である．

例題 3.5　(3.19)式を利用して，導体表面に誘導された電荷の総量は $-q$ に等しいことを示せ．

［解］　$x^2+y^2=r^2$ と置く．$r \sim r+dr$ の円環の面積 $2\pi r dr$ に含まれる電荷 $d\sigma$ は，

$$d\sigma = \frac{-qd}{2\pi(r^2+d^2)^{3/2}} 2\pi r dr$$

したがって，全電荷 Q は

$$Q = -qd\int_0^\infty \frac{rdr}{(r^2+d^2)^{3/2}} = -q \tag{3.21}$$

となる．■

例題 3.6　図 3.8 のように接地された半径 a の球導体から d の位置に点電荷 q が置かれているときの電界を求めよ．

［解］　球導体の中心と点電荷を結ぶ線上で，中心から δ の位置に電荷量 q' の影像電荷を仮定してみよう．これらの電荷が作る電界は，導体内と点電荷のある場所を除けばラプラスの式を満たすことは明らかである．したがって，境界条件を満たすように δ と q' を決めることができれば，正しい電界を求めることができる．

点電荷と影像電荷による電位 ϕ は，図 3.8 のように r，r' を定義すると，

$$\phi = \frac{1}{4\pi\varepsilon_0}\left(\frac{q}{r}+\frac{q'}{r'}\right) \tag{3.22}$$

と表せる．導体表面では電位がゼロであるから，導体表面上では，

$$\frac{r'}{r} = -\frac{q'}{q} \tag{3.23}$$

の関係が成り立つ．2 点からの距離 r，r' の比が等しい点を結ぶとその軌跡は円になることが知られており，アウレニウスの円と呼ばれている．この円が導体表面と一致していれば境界条件が満たされる．そこで，図 3.9 のように導体表面の

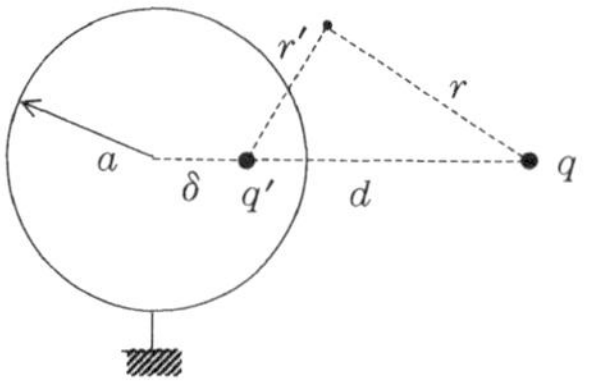

図 3.8　球導体と影像電荷

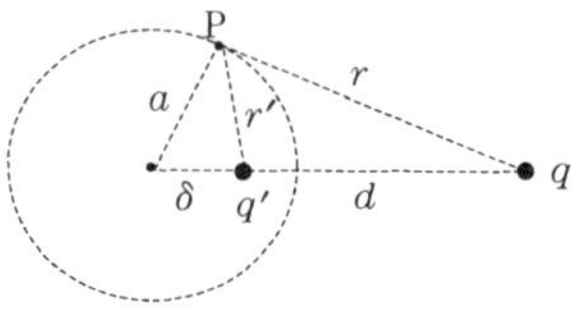

図 3.9　影像電荷の位置

点Pについて，Pと球の中心に対して影像電荷および点電荷を頂点とする2つの三角形が相似の関係にあることに注目すると，次のような関係式が導かれる．

$$a:\delta = d:a \Rightarrow \delta = \frac{a^2}{d},\quad a:d = r':r \Rightarrow \frac{r'}{r} = \frac{a}{d} = -\frac{q'}{q} \Rightarrow q' = -q\frac{a}{d} \quad (3.24)$$

この関係を満たすように影像電荷を置けばよいことがわかる．電荷の値は，例題3.4で求めた値に等しい．(3.24)式より影像電荷量の大きさの絶対値は点電荷の電荷量より小さいので，点電荷から出た電気力線の一部のみが導体に吸い込まれ，一部は直接無限遠点にいたる．

導体球が接地されていない場合に電位が ϕ_0 のときは，

$$\phi_0 = \frac{q''}{4\pi\varepsilon_0 a} \quad (3.25)$$

の関係を満たす点電荷 q'' を導体の中心に置けばよい． ■

例題 3.7 平等電界中に導体球を置いたときの電界を求めよ．

[解] 定性的には，導体表面には図3.10のように誘導電荷が発生するであろう．これは電気双極子に類似であるので，導体外部の電界を平等電界と電気双極子による電界の重ね合せで表してみよう．これまでと同様に，平等電界や電気双極子が作る電位はいずれもラプラスの方程式を満たすので，境界条件を満たすように電気双極子 $\boldsymbol{P}$ を決定できれば解を求めることができる．

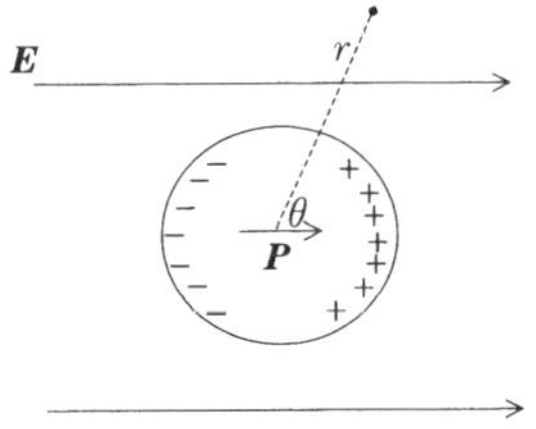

図 3.10 一様電界中の球導体

図3.9のように球の中心を原点として極座標を考えると，点 (r,θ,ϕ) の平等電界と電気双極子による電位 ϕ は，

$$\phi = -E_0 r\cos\theta + \frac{P\cos\theta}{4\pi\varepsilon_0 r^2} \quad (3.26)$$

と表される．ただし，ψ は $\boldsymbol{P}$ の軸周りの方位角であり，対称性より電位は ψ によらない．導体表面で電位がゼロとすると，$r=a$ で　$\phi=0$ と置いて，

$$P = 4\pi\varepsilon_0 a^3 E_0 \quad (3.27)$$

となる．したがって，電位は

$$\phi = \left(\frac{a^3}{r^2} - r\right)E_0\cos\theta \quad (3.28)$$

となる．電界 $\boldsymbol{E}$ は，(3.28)式を微分して求められる．ちなみに，球導体表面に

垂直な電界の大きさ E_r は，(付.53)式より

$$E_r = -\left.\frac{\partial\phi}{\partial r}\right|_{r=a} = 3E_0\cos\theta$$

であるので，導体表面に誘導される面電荷密度 σ は，

$$\sigma = \varepsilon_0 E_r = 3\varepsilon_0 E_0 \cos\theta \qquad (3.29)$$

と求められ，先に予想したような電荷分布になっていることがわかる．■

演　習　問　題

3.1　面積 S の平行平板電極が間隔 t_1 と t_2 で図3.11のように配置されている．外側の電極間の電位差が V であるとき，上側電極の電荷量はいくらか．また，上側と下側の電極対の間の電位差はそれぞれいくらか．

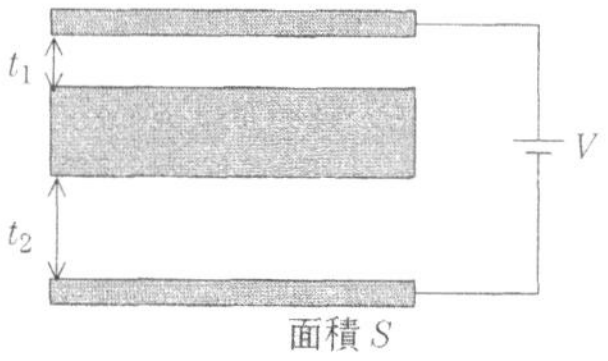

図 3.11

3.2　図3.12のように直交する導体平面から x_0, y_0 の位置に点電荷 q が置かれている．電位分布を求めよ．

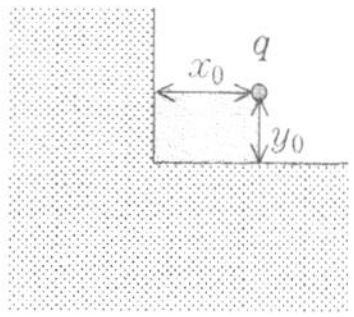

図 3.12

3.3　図3.13のように接地された無限に広い導体から d の高さに張られた，半径が a（$d \gg a$ とする）の長い電線の単位長さ当たりの静電容量を求めよ．

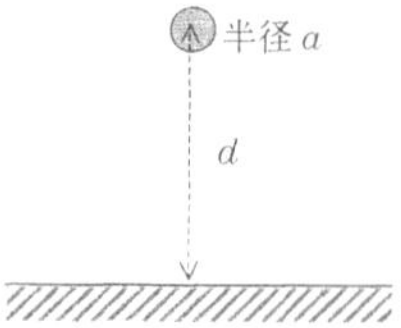

図 3.13

3.4　図3.14のように接地された導体中に半径 a の球形空洞があり，その中心から d の位置に点電荷 q が置かれている．空洞内の電位分布を求めよ．

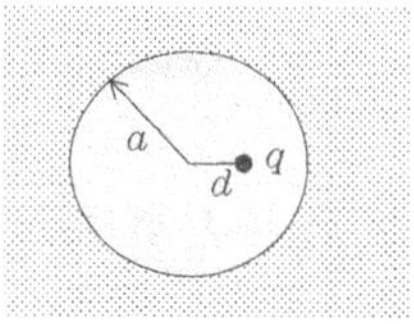

図 3.14

4. 誘電体と静電界

導体が，その中を電荷が自由に移動できる物質であるのに対して，物質を構成している原子に束縛されていて電荷が自由に動くことができない物質を**絶縁体**（insulator）あるいは**誘電体**（dielectric）と呼ぶ．ここでは誘電体中の静電界について学ぶ．

4.1 誘電体と誘電分極

図4.1のような平行平板キャパシタについて再び考えてみよう．電極間が真空の場合，例題3.2(a)のように，このキャパシタの静電容量 C_0 は $C_0 = \varepsilon_0 S/d$ で与えられる．ここで，d は電極間の距離，S は電極の面積である．電極の間を誘電体で満たすと電気容量 C が C_0 より大きくなる現象が観測される．このとき，

$$\frac{C}{C_0} = \varepsilon_s \tag{4.1}$$

を誘電体の**比誘電率**（relative permittivity）と呼ぶ．比誘電率は，誘電体の材料の種類により決まる物質の定数である．また，

$$\varepsilon = \varepsilon_s \varepsilon_0 \tag{4.2}$$

を**誘電率**（permittivity）と呼ぶ．表4.1に代表的な物質の比誘電率の例を示す．

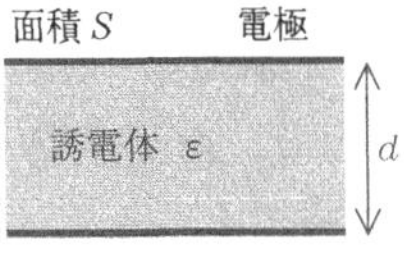

図4.1 誘電体を含む平行平板キャパシタ

表4.1 比誘電率

物質名	比誘電率
NaCl（食塩，固体）	5.9
溶融石英	3.5～4.5
アルミナ（磁器）	7.3～11.0
チタン酸バリウム（磁器）	1150～3200
絶縁油	2.1～2.4
水	～80
エタノール	～25
空気（室温，1気圧）	1.00058

次に，このような現象が観測される原因について説明しよう．誘電体を構成する原子は図4.2(a)のように正の電荷と負の電荷より構成されている．外部から電界が印加されると，正負の電荷の分布がわずかにずれて，(b)のように各原子は微小な電気双極子のように振舞う．誘電体は，電界の方向に向きのそろった電気双極子の集合体のようになる．また，水のようなある種の分子の中には，分子内の電荷分布がもともとずれていて，分子自身が微小な電気双極子になっているものもある．このような分子は極性分子と呼ばれている．ただ，(c)に示すように通常，分子間の衝突によって，各分子の電気双極子の向きはランダムな方向を向いている．しかし，電界が印加されると，(d)に示すように全体として平均してみると各分子の電気双極子は電界の方向にそろって，全体としても電気双極子のように振舞う（配向分極）．誘電体でみられるこのような現象は**誘電分極**（dielectric polarization）と呼ばれている．

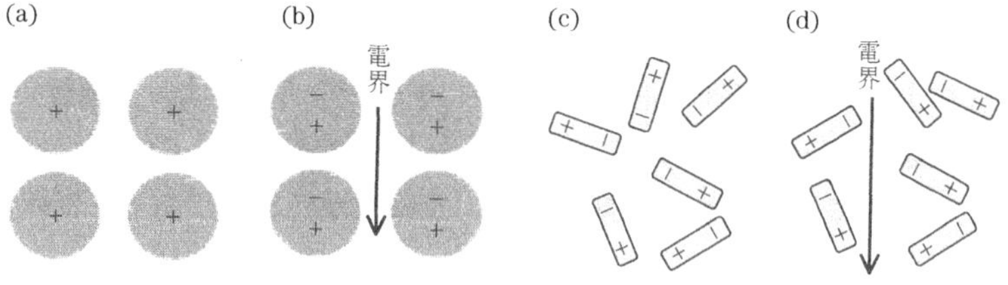

図 4.2 誘電分極

さて，図4.3に示すように電極間が誘電体で満たされた平行平板キャパシタの各電極に，面電荷密度がそれぞれ$\pm\sigma_f$の電荷を与える．この電荷による電界によって，誘電体の内部に電気双極子が形成される．誘電体の内部では一様な電気双極子が生成するので，分極電荷は空間平均的には相殺する．しかし，平行平板キャパシタの電極と接する誘電体表面には，図4.3のイメージ図のように相殺されない電極と逆符号の表面電荷が現れる．この電荷を**分極電荷**（polarization charge）と呼んでいる．分極電荷は原子に束縛されており，自由に動くことはできない．これに対して，電極に与えた電荷は原子に束縛されておらず，自由に動くことができる．そこで，分極電荷と区別するため，導体に与えた電荷を**自由電荷**（free charge）と呼ぶこともある．

さて，正の電極に接する誘電体端面に現れる分極面電荷密度を$-\sigma_p$とする．

このとき，図 4.3 の破線のように電極と分極電荷を含む閉曲面にガウスの公式を適用する．(2.20)式からわかるように，誘電体の内部の電界の大きさは次式で与えられる．

$$E = \frac{\sigma_f - \sigma_p}{\varepsilon_0} \tag{4.3}$$

ここで，σ_f/ε_0 は誘電体のない場合の電界の大きさであり，これを E_0 と置くと，

$$E = E_0 - \frac{\sigma_p}{\varepsilon_0} \tag{4.4}$$

となる．すなわち，誘電体の内部では真空時の電界より σ_p/ε_0 だけ電界が弱くなる．それに対応して，電極間の電位差も小さくなる．つまり，電極間を誘電体で満たすと，電極間の電位差は小さくなるにもかかわらず，同じ電荷量 σ_f を電極に蓄えることができ，キャパシタの容量が増加することになる．

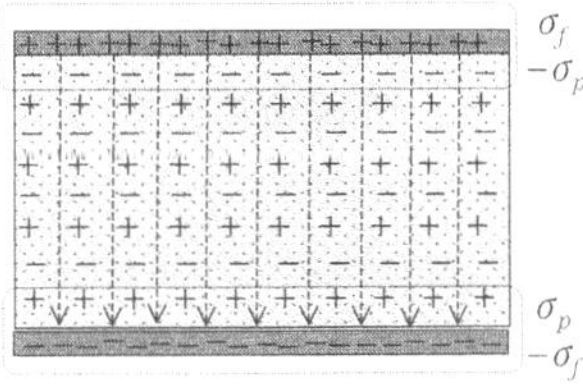

図 4.3　平行平板電極間の誘電体

4.2　分極と分極電荷

誘電体の分極により現れる電荷について，少し詳しく考察してみよう．図 4.4 のように一様に分極した誘電体中に閉曲面 $\boldsymbol{S}$ を考え，その表面で平面とみなせるような微小な面 $\Delta\boldsymbol{S}$ を考える．分極により面 $\Delta\boldsymbol{S}$ を通して分離する電荷量 ΔN_e を求めてみよう．n_p を分極により移動した電子の密度，q を電子の電荷量，δ を電子のずれた距離とすると，ΔN_e は，

$$\Delta N_e = n_p q\delta\, \Delta S \cos\theta \tag{4.5}$$

となる．θ は面 $\boldsymbol{S}$ と双極子のなす角である．ここで，$q\delta$ は第 2 章の定義より電気双極子の大きさ p に等しい．したがって，$n_p q\delta$ は単位体積当たりの双極子の大きさなので，双極子の向きも含めてこれを双極子密度 $\boldsymbol{P}$ と置こう．このとき，(4.5)式は

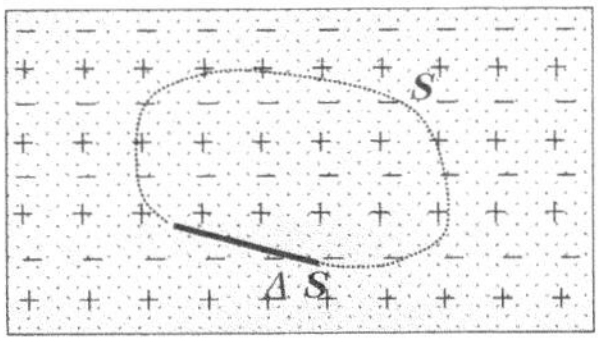

図 4.4　分極電荷

$$\Delta N_e = \boldsymbol{P} \cdot \Delta\boldsymbol{S} \tag{4.6}$$

と表される．

次に曲面 $\boldsymbol{S}$ の全表面にわたって足し合わせると，(4.6)式より面 $\boldsymbol{S}$ を通過する電荷量 ΔQ は

$$\Delta Q=\lim_{\Delta S\to 0}\sum_{\Delta S}\boldsymbol{P}\cdot\Delta\boldsymbol{S}=\int_{s}\boldsymbol{P}\cdot d\boldsymbol{S} \qquad (4.7)$$

で与えられる．この結果，面 $\boldsymbol{S}$ で囲まれた領域 V の内部には，$-\Delta Q$ の電荷が残されることになり，これは発生した分極電荷 $\rho_p=n_p q$ を領域 V 内で足し合わせたものに等しい．すなわち，次の関係式が成り立つ．

$$-\Delta Q=-\int_{s}\boldsymbol{P}\cdot d\boldsymbol{S}=-\int_{v}\nabla\cdot\boldsymbol{P}dV=\int_{v}\rho_p dV \qquad (4.8)$$

ただし，第2式から第3式への変形は，ベクトル解析のガウスの定理による．これより，分極電荷密度 ρ_p は，

$$\rho_p=-\nabla\cdot\boldsymbol{P} \qquad (4.9)$$

で与えられることがわかる．

これより，図4.3の平行平板キャパシタ内の誘電体内部のように分極が空間的に一様な場合は，(4.9)式より誘電体の分極電荷密度 ρ_p はゼロとなる．一方，誘電体の端には，(4.5)式より面密度 σ_p が $\sigma_p=-N_{\mathrm{e}}/S=-P$ の分極電荷密度が現れる．これについては，4.5節で詳しく述べる。

4.3 電束密度

電界の基礎方程式(2.22)

$$\nabla\cdot\boldsymbol{E}=\frac{\rho}{\varepsilon_0}$$

で，電荷 ρ を自由電荷密度 ρ_f と分極電荷密度 ρ_p に分けて考え，さらに(4.9)式の関係を用いると，次の関係式が得られる．

$$\nabla\cdot\boldsymbol{E}=\frac{\rho}{\varepsilon_0}=\frac{\rho_f+\rho_p}{\varepsilon_0}=\frac{\rho_f-\nabla\cdot\boldsymbol{P}}{\varepsilon_0} \qquad (4.10)$$

ここで，自由電荷密度 ρ_f に対して，

$$\nabla\cdot\boldsymbol{D}=\rho_f \qquad (4.11)$$

を満たす新しいベクトル $\boldsymbol{D}$ を導入しよう．$\boldsymbol{D}$ は(4.10)式より

$$\boldsymbol{D}=\varepsilon_0\boldsymbol{E}+\boldsymbol{P} \qquad (4.12)$$

と表すことができる．$\boldsymbol{D}$ は**電束密度**（electric flux density）と呼ばれる．

さらに，誘電体での電荷のずれが電界の大きさに比例する場合は，

$$\boldsymbol{P} = \varepsilon_0 \chi \boldsymbol{E} \tag{4.13}$$

のように表すことができる．このとき，

$$\boldsymbol{D} = \varepsilon_0 (1 + \chi) \boldsymbol{E} = \varepsilon \boldsymbol{E} \tag{4.14}$$

の関係が成り立つ．比例係数 χ は**電気感受率**（electrical suceptibility）と呼ばれている．また，比誘電率 ε_s と，電気感受率 χ には，

$$\varepsilon_s = 1 + \chi \tag{4.15}$$

の関係がある．

4.4　誘電体中の静電界の基本式

以上より，$\boldsymbol{D} = \varepsilon_0 \boldsymbol{E} + \boldsymbol{P} = \varepsilon \boldsymbol{E}$ の関係を満たす電界 $\boldsymbol{E}$，電束密度 $\boldsymbol{D}$，分極 $\boldsymbol{P}$ について，静電界の基本式は次のようにまとめることができる．

[微分形式]		[積分型]	
$\nabla \times \boldsymbol{E} = 0$	(4.16 A)	$\int_c \boldsymbol{E} \cdot d\boldsymbol{s} = 0$	(4.16 B)
$\nabla \cdot \boldsymbol{D} = \rho_f$	(4.17 A)	$\int_s \boldsymbol{D} \cdot d\boldsymbol{S} = \int_v \rho_f dV$	(4.17 B)
$\nabla \cdot \boldsymbol{E} = \dfrac{\rho}{\varepsilon_0}$	(4.18 A)	$\int_s \boldsymbol{E} \cdot d\boldsymbol{S} = \dfrac{1}{\varepsilon_0} \int_v \rho dV$	(4.18 B)
$\nabla \cdot \boldsymbol{P} = -\rho_p$	(4.19 A)	$\int_s \boldsymbol{P} \cdot d\boldsymbol{S} = -\int_v \rho_p dV$	(4.19 B)

(4.17 B)～(4.19 B)式は，いずれもガウスの法則に関係付けられる．電界 $\boldsymbol{E}$ は全電荷密度に関係するのに対して，電束密度 $\boldsymbol{D}$ は自由電荷密度 ρ_f のみに，分極 $\boldsymbol{P}$ は分極電荷密度 ρ_p のみに関係することに注目しよう．

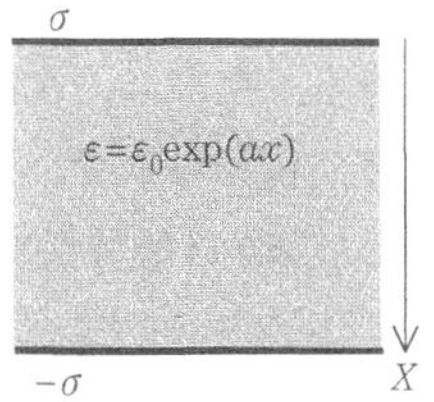

図 4.5　場所により誘電率が変化する誘電体

例題 4.1　図 4.5 のように平行平板電極の間が誘電体で満たされている．誘電率 ε は，一方の電極から

の距離 x の関数として，$\varepsilon = \varepsilon_0 \exp(ax)$ のように場所により変化する．導体に面電荷密度 $\pm\sigma$ を与えたとき，電界，電束密度を x の関数として表せ．また，誘電体中の分極電荷密度の分布を求めよ．

［**解**］ 電束密度 $\boldsymbol{D}$ に対してガウスの法則を適用すると，(4.17B)式および重ね合せの理より，(2.20)式の導出と同様にして，電束密度の大きさ D は，

$$D = \sigma \tag{4.20}$$

である．したがって，電界の大きさ E は，(4.14)式より

$$E = \frac{D}{\varepsilon} = \frac{\sigma}{\varepsilon_0}\exp(-ax) \tag{4.21}$$

となる．また，(4.12)式より，$\boldsymbol{P} = \boldsymbol{D} - \varepsilon_0\boldsymbol{E}$ であるから，分極の大きさ P は次式で与えられる．

$$P = \sigma\{1 - \exp(-ax)\} \tag{4.22}$$

これと(4.19A)式より，分極電荷密度 σ_p は，

$$\sigma_p = -\nabla\cdot\boldsymbol{P} = -\sigma a\exp(-ax) \tag{4.23}$$

と求められる．■

4.5 誘電体がある場合の境界条件

異なる誘電率をもつ物質が接する境界面では，$\boldsymbol{E}$ や $\boldsymbol{D}$ は不連続的に変化するので微分形式の基本式は適用できない．ここでは，誘電体境界で静電界が満たすべき条件，すなわち誘電体境界での**境界条件**（boundary condition）を調べてみよう．

図 4.6 のように誘電率 ε_1 と ε_2 の誘電体が接している．ここで境界を含む底面積 ΔS，厚さ Δh の円筒状の曲面を考え，この曲面に $\boldsymbol{D}$ についてのガウスの法則(4.17 B)式を適用する．誘電体 1 と 2 の電束密度をそれぞれ $\boldsymbol{D}_1$，$\boldsymbol{D}_2$ とすると，

$$-\boldsymbol{n}\cdot\boldsymbol{D}_1\Delta S + \boldsymbol{n}\cdot\boldsymbol{D}_2\Delta S + \text{側面部の寄与} = \rho_f\Delta h\Delta S \tag{4.24}$$

である．ただし，$\boldsymbol{n}$ は底面の単位面ベクトルで，誘電体 2 の底面の向きを正にとった．(4.24)式で，円筒の厚さ Δh を 0 に近づけると，側面部の寄与はなくなり，また $\rho_f\Delta h$ は境界面での面電荷密度 σ_f になることに注意すると，

$$\boldsymbol{n}\cdot(\boldsymbol{D}_2 - \boldsymbol{D}_1) = \sigma_f \quad \text{（自由電荷がある場合）} \tag{4.25}$$

となる．つまり，境界を挟んで両側の境界面に垂直な電束密度成分の差は，境界

面に存在する自由電荷の面密度に等しくなる．境界面に自由電荷が存在しなければ，境界面の両側の電束密度の垂直成分は連続に（等しく）なる．すなわち，

$$\boldsymbol{n}\cdot(\boldsymbol{D}_2-\boldsymbol{D}_1)=0 \quad \text{（自由電荷がない場合）} \tag{4.26}$$

となる．式の形が等しい，(4.18B)の $\boldsymbol{E}$，(4.19B)の $\boldsymbol{P}$ についても同様に考えると，分極 $\boldsymbol{P}$ については，

$$\boldsymbol{n}\cdot(\boldsymbol{P}_2-\boldsymbol{P}_1)=-\sigma_p \tag{4.27}$$

の関係が得られる．(4.12)式および(4.25)～(4.27)式をまとめると，電界 $\boldsymbol{E}$ について

$$\boldsymbol{n}\cdot(\boldsymbol{E}_2-\boldsymbol{E}_1)=\frac{\sigma_f-\sigma_p}{\varepsilon_0} \quad \text{（自由電荷がある場合）} \tag{4.28}$$

$$\boldsymbol{n}\cdot(\boldsymbol{E}_2-\boldsymbol{E}_1)=-\frac{\sigma_p}{\varepsilon_0} \quad \text{（自由電荷がない場合）} \tag{4.29}$$

が成り立つ．

一方，電界が保存場であることを示す(4.16)式に対しては，次のようにして境界条件が求められる．図 4.7 のように誘電体 1 と 2 の境界を含んで辺の長さが Δs と Δh の矩形をとり，(4.16 B)式の $\boldsymbol{E}$ に対してストークスの定理を適用する．誘電体 1 と 2 での電束密度をそれぞれ $\boldsymbol{E}_1$，$\boldsymbol{E}_2$ とすると，

$$-\boldsymbol{t}\cdot\boldsymbol{E}_1\Delta s+\boldsymbol{t}\cdot\boldsymbol{E}_2\Delta s+\Delta h\text{の部分}=0 \tag{4.30}$$

となる．ここで，$\boldsymbol{t}$ は矩形の辺 Δs に沿った単位ベクトルである．(4.30)式で，Δh をゼロに近づけると

$$\boldsymbol{t}\cdot(\boldsymbol{E}_2-\boldsymbol{E}_1)=0 \tag{4.31}$$

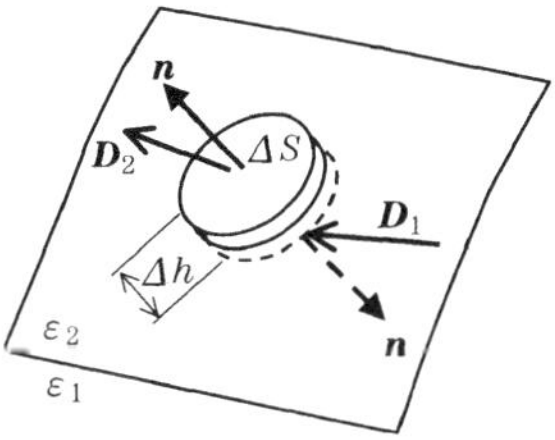

図 4.6 誘電体境界での電束密度

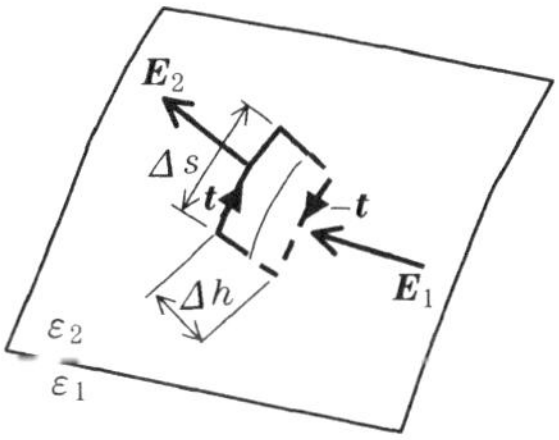

図 4.7 誘電体境界での電界

となる．すなわち，誘電体の境界面に平行な電界の成分は誘電体を挟んで連続に（等しく）なることがわかる．

例題 4.2　半径 a の球導体の周囲が，図 4.8 のように半径 b の領域まで誘電率 ε の誘電体で覆われている．誘電体の外側は，真空とする．球導体に電荷 Q を与えたとき，半径の関数として電界，電束密度を求めよ．また，$r=b$ の誘電体表面の分極電荷密度はいくらか．

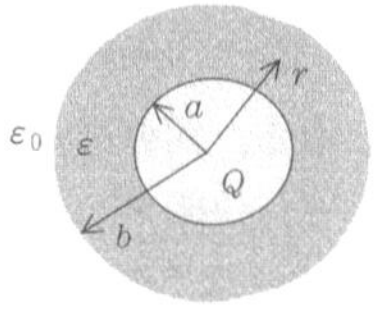

図 4.8　導体を囲む誘電体

［**解**］　電束 $\boldsymbol{D}$ について，半径 r の球面に対してガウスの公式を適用すると，(4.17 B)式より，$r>a$ のすべての領域で $\boldsymbol{D}$ の大きさは

$$D=\frac{Q}{4\pi r^2} \tag{4.32}$$

となる．したがって，$\boldsymbol{D}=\varepsilon\boldsymbol{E}$ より電界 $\boldsymbol{E}$ の大きさは，

$$E=\frac{Q}{4\pi\varepsilon r^2}\quad(b>r>a),\qquad E=\frac{Q}{4\pi\varepsilon_0 r^2}\quad(r>b) \tag{4.33}$$

となる．(4.12)式より，$\boldsymbol{P}=\boldsymbol{D}-\varepsilon_0\boldsymbol{E}$ であるから，分極の大きさは，

$$P=\frac{Q}{4\pi r^2}\left(1-\frac{\varepsilon_0}{\varepsilon}\right)\quad(b>r>a),\qquad P=0\quad(r>b) \tag{4.34}$$

(4.27)式より，誘電体表面に現れる分極電荷密度は，

$$-\sigma_p=0-\frac{Q}{4\pi b^2}\left(1-\frac{\varepsilon_0}{\varepsilon}\right)\quad\text{より}$$

$$\sigma_p=\frac{Q}{4\pi b^2}\left(1-\frac{\varepsilon_0}{\varepsilon}\right) \tag{4.35}$$

となる．■

例題 4.3　図 4.9 のように面積 S の平行平板電極の間が，誘電率 ε_1 で厚さ t_1 の誘電体と，誘電率 ε_2 で厚さ t_2 の誘電体で満たされている．電極にそれぞれ $+\sigma$，$-\sigma$ の面電荷密度を与えた．

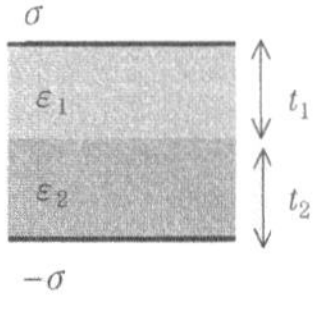

図 4.9　直列に挿入された誘電体

(1)　誘電体中の電界，電束密度を求めよ．

(2)　誘電体境界面の分極電荷面密度はいくらか．

(3)　この電極系の単位面積当たりの静電容量はいくらか．

［**解**］

(1)　誘電体中には自由電荷は存在しないので，誘電体中で電束密度の大きさは一定で，$D=\sigma$ である．向きは電極に垂直である．したがって，電界の大きさはそれぞれ，$\boldsymbol{D}=\varepsilon\boldsymbol{E}$ より

$$E_1=\frac{\sigma}{\varepsilon_1}\quad(\text{誘電体 }1),\qquad E_2=\frac{\sigma}{\varepsilon_2}\quad(\text{誘電体 }2) \tag{4.36}$$

(2) 各部の分極は，$\boldsymbol{P}=\boldsymbol{D}-\varepsilon_0\boldsymbol{E}$ より

$$P_1=\sigma\left(1-\frac{\varepsilon_0}{\varepsilon_1}\right)\quad(\text{誘電体 }1),\qquad P_2=\sigma\left(1-\frac{\varepsilon_0}{\varepsilon_2}\right)\quad(\text{誘電体 }2) \tag{4.37}$$

ゆえに，(4.27)式より分極電荷面密度は，

$$\sigma_p=\varepsilon_0\sigma\left(\frac{1}{\varepsilon_2}-\frac{1}{\varepsilon_1}\right) \tag{4.38}$$

(3) (4.36)式より，電極間の電位差 ϕ は，

$$\phi=\frac{\sigma t_1}{\varepsilon_1}+\frac{\sigma t_2}{\varepsilon_2} \tag{4.39}$$

であるから，単位面積当たりの静電容量 C は，$C\phi=\sigma$ より

$$C=\left(\frac{t_1}{\varepsilon_1}+\frac{t_2}{\varepsilon_2}\right)^{-1} \tag{4.40}$$

となる．これは 2 つのキャパシタを直列に接続したものに等しい． ■

例題 4.4 図 4.10 のように平行平板電極の間が，電極との接触面積が S_1 と S_2 の 2 種の誘電体で満たされている．静電容量を求めよ．

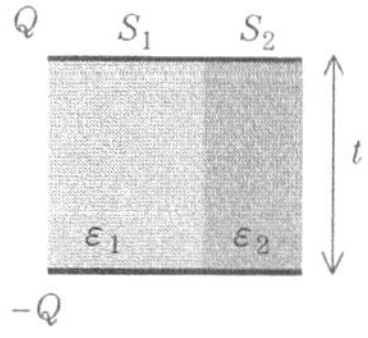

図 4.10 並列に挿入された誘電体

［**解**］ 誘電体の両側で電界の接線成分は連続であるから，図の平行平板キャパシタの場合，電界は各誘電体内で等しい．電界の大きさを E とすれば，電束密度の大きさはそれぞれ

$$D=\varepsilon_1 E\quad(\text{誘電体 }1),\qquad D=\varepsilon_2 E\quad(\text{誘電体 }2) \tag{4.41}$$

これは，電極の自由電荷面密度に等しいので，各誘電体に接する電極の面積を S_1，S_2 とすれば，全電荷は，

$$Q=(\varepsilon_1 S_1+\varepsilon_2 S_2)\,E \tag{4.42}$$

である．電極間の間隔を t とすれば，電位差 ϕ は $\phi=Et$ であるから，静電容量 C は，

$$C=\left(\frac{\varepsilon_1 S_1}{t}+\frac{\varepsilon_2 S_2}{t}\right) \tag{4.43}$$

となる．これは，2種のキャパシタを並列接続したものに等しい． ■

例題 4.5 図4.11のように誘電率 ε_1 と ε_2 の誘電体の両側で電気力線が境界面となす角度を θ_1，θ_2 とすると，

$$\frac{\tan\theta_1}{\tan\theta_2}=\frac{\varepsilon_1}{\varepsilon_2} \tag{4.44}$$

の関係が成り立つことを示せ．ただし，誘電体境界には自由電荷はないとする．

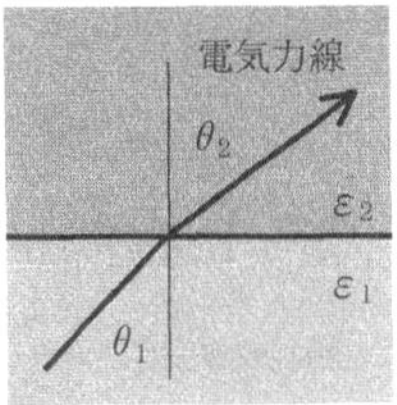

図 4.11 電気力線の屈折

［**解**］ (4.26)式と(4.31)式の関係より，

$$D_1\cos\theta_1 = D_2\cos\theta_2 \tag{4.45}$$

$$E_1\sin\theta_1 = E_2\sin\theta_2 \tag{4.46}$$

の関係が成り立つ．さらに，$\boldsymbol{D}_1=\varepsilon_1\boldsymbol{E}_1$，$\boldsymbol{D}_2=\varepsilon_2\boldsymbol{E}_2$ の関係より，

$$\frac{\tan\theta_1}{\tan\theta_2}=\frac{\varepsilon_1}{\varepsilon_2}$$

となる．このように，誘電体の境界では電気力線が屈折する． ■

例題 4.6 誘電体の内部に図4.12(a)，(b)のような細長い空洞を設けた．外部の電界および電束密度を $\boldsymbol{E}_0$，$\boldsymbol{D}_0$ としたとき，各場合について内部の電界，電束密度を求めよ．

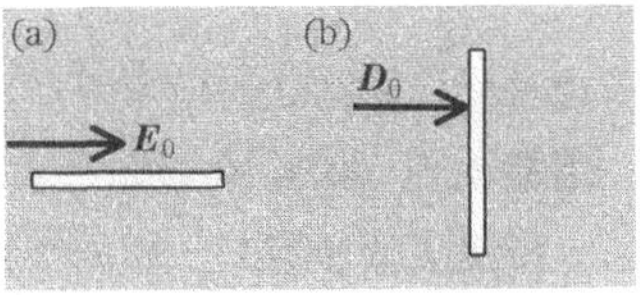

図 4.12 誘電体中の空洞

［**解**］ 空洞内部の電界および電束密度を $\boldsymbol{E}$，$\boldsymbol{D}$ とする．(a)の場合，空洞と外部の電界が平行なので，

$$\boldsymbol{E}=\boldsymbol{E}_0,\quad \boldsymbol{D}=\varepsilon_0\boldsymbol{E}=\varepsilon_0\boldsymbol{E}_0=\frac{\varepsilon_0}{\varepsilon}\boldsymbol{D}_0 \tag{4.47}$$

となる．(b)の場合は，空洞は外部電界に垂直なので，

$$\boldsymbol{D}=\boldsymbol{D}_0,\quad \boldsymbol{E}=\frac{\boldsymbol{D}}{\varepsilon_0}=\frac{\boldsymbol{D}_0}{\varepsilon_0}=\frac{\varepsilon}{\varepsilon_0}\boldsymbol{E}_0 \tag{4.48}$$

となる． ■

4.6 誘電体がある場合の静電界の例

4.6.1 誘電体中の点電荷

一様な誘電体中に点電荷 q を置いた場合の電界は，例題4.2からわかるように真空の誘電率 ε_0 を誘電体の誘電率 ε で置き換えればよい．

それでは，図4.13のように，$x=0$で誘電率ε_1，ε_2を持つ2種の誘電体が接していて，点電荷qが$x=d$にある場合はどうなるであろうか？　この問題は影像法を用いて解くことができる．すなわち，(i) $x>0$の領域では，全領域を誘電率ε_1として，$x=d$の点電荷qと$x=-d$に置いた点電荷q'による電界を考え，(ii) $x<0$では，全領域を誘電率ε_2として，$x=d$の点に置いた電荷q''による電界を考える．この2つの電界が，誘電体境界での境界条件を満たすようにq'，q''を決めることができれば，解の一意性の定理より(i)，(ii)で与えられる電界は正しい唯一の解と考えられる．

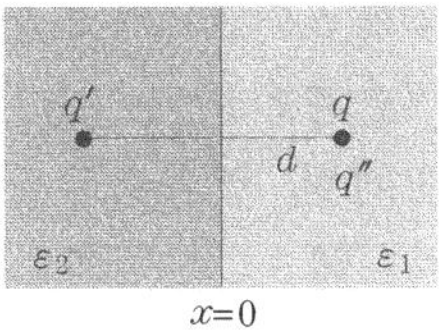

図4.13　誘電体の影像法

(i)，(ii)より$x>0$の誘電体中の点(x, y, z)の電位ϕ_1，$x<0$の電位ϕ_2は，

$$\phi_1=\frac{1}{4\pi\varepsilon_1}\left[\frac{q}{\sqrt{(x-d)^2+y^2+z^2}}+\frac{q'}{\sqrt{(x+d)^2+y^2+z^2}}\right] \tag{4.49}$$

$$\phi_2=\frac{1}{4\pi\varepsilon_2}\frac{q''}{\sqrt{(x-d)^2+y^2+z^2}} \tag{4.50}$$

となる．誘電体境界に自由電荷がない場合，電束密度$\boldsymbol{D}$の境界面に垂直成分の連続性より，

$$\varepsilon_1\frac{\partial\phi_1}{\partial x}\bigg|_{x=0}=\varepsilon_2\frac{\partial\phi_2}{\partial x}\bigg|_{x=0} \tag{4.51}$$

となる．また，電界の境界面に沿った成分の連続性より，

$$\frac{\partial\phi_1}{\partial y}\bigg|_{x=0}=\frac{\partial\phi_2}{\partial y}\bigg|_{x=0}\quad \text{または,}\quad \frac{\partial\phi_1}{\partial z}\bigg|_{x=0}=\frac{\partial\phi_2}{\partial z}\bigg|_{x=0} \tag{4.52}$$

となる．(4.51)，(4.52)式より次の関係式が得られる．

$$q-q'=q'',\quad \frac{q+q'}{\varepsilon_1}=\frac{q''}{\varepsilon_2} \tag{4.53}$$

これを解くと，

$$q'=\frac{\varepsilon_1-\varepsilon_2}{\varepsilon_1+\varepsilon_2}q,\quad q''=\frac{2\varepsilon_2}{\varepsilon_1+\varepsilon_2}q \tag{4.54}$$

が求められる．

4.6.2　一様電界中の誘電体球

図4.14のように一様電界中に置かれた誘電率ε_1の一部に，誘電率ε_2をもつ

半径 a の誘電体球が埋められている場合の電界を考えよう．この問題は，第3章の例題3.7と同様，境界条件を満たす双極子 $\boldsymbol{P}$ を球の中心に置くことで解くことができる．

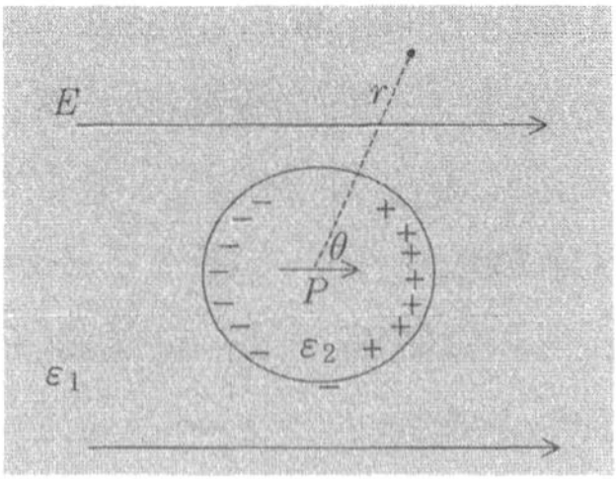

図 4.14　一様電界中の誘電体球

すなわち，(i)球の外部は一様電界 $\boldsymbol{E}_0$ と電気双極子 $\boldsymbol{P}$ の作る電界の和，(ii)球の内部は一様電界 $\boldsymbol{E}$ と仮定する．球の中心を原点とする極座標をとる．誘電体球外部の電位 ϕ_1 および誘電体球内部の電位 ϕ_2 は，それぞれ

$$\phi_1 = -E_0 r\cos\theta + \frac{P\cos\theta}{4\pi\varepsilon_1 r^2} \tag{4.55}$$

$$\phi_2 = -Er\cos\theta \tag{4.56}$$

である．

電界の接線成分の連続性より，極座標の式（付録Aの(付.54)式）を参照して，

$$\left.\frac{1}{r}\frac{\partial\phi_1}{\partial\theta}\right|_{r=a} = \left.\frac{1}{r}\frac{\partial\phi_2}{\partial\theta}\right|_{r=a} \tag{4.57}$$

また，自由電荷がない場合の電束密度の法線成分の連続性より，

$$\left.\varepsilon_1\frac{\partial\phi_1}{\partial r}\right|_{r=a} = \left.\varepsilon_2\frac{\partial\phi_2}{\partial r}\right|_{r=a} \tag{4.58}$$

となる．これらより，

$$-E_0\sin\theta + \frac{P}{4\pi\varepsilon_1 a^3}\sin\theta = -E\sin\theta \tag{4.59}$$

$$\varepsilon_1 E_0\cos\theta + \frac{P}{2\pi a^3}\cos\theta = \varepsilon_2 E\cos\theta \tag{4.60}$$

となる．これを P と E について解くと，境界条件を満たす解を次のように求めることができる．

$$\boldsymbol{P} = \frac{\varepsilon_1(\varepsilon_2-\varepsilon_1)}{2\varepsilon_1+\varepsilon_2}4\pi a^3\boldsymbol{E}_0 = \frac{3\varepsilon_1(\varepsilon_2-\varepsilon_1)}{2\varepsilon_1+\varepsilon_2}\boldsymbol{E}_0 V \tag{4.61}$$

$$\boldsymbol{E} = \frac{3\varepsilon_1}{2\varepsilon_1+\varepsilon_2}\boldsymbol{E}_0 \tag{4.62}$$

ただし，V は誘電体球の体積である．ここで，$\varepsilon_1\to\varepsilon_0$，$\varepsilon_2\to\infty$ とすると，$\boldsymbol{E}=0$，$\boldsymbol{P}=4\pi a^3\varepsilon_0\boldsymbol{E}_0$ となる．この結果は，一様電界中に置かれた導体球について考えた第3章の例題3.7の場合に一致しており，導体は誘電体の誘電率が無限大の極限に相当すると考えられる．

演 習 問 題

4.1　図 4.15 のように，半径 a と半径 b の同軸円筒導体の間が誘電率 ε の誘電体で満たされている．導体間の電位差が V のとき，誘電体内の電界，電束密度，分極電荷の分布を求めよ．

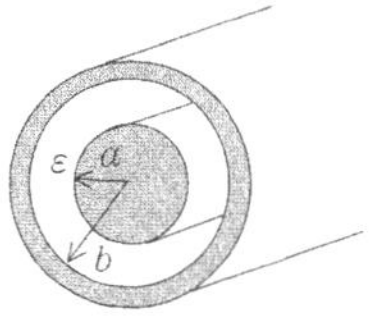

図 4.15

4.2　図 4.16 のように半径 a と半径 b の球導体の間が，半径 d を境に内側は誘電率 ε_1，外側は誘電率 ε_2 の誘電体で満たされている．内導体と外導体にそれぞれ Q および $-Q$ の電荷を与えた．それぞれの誘電体の内部での電界，電束密度，分極を求めよ．また，誘電体の境界に現れる分極電荷密度はいくらか．この導体系の静電容量はいくらか．

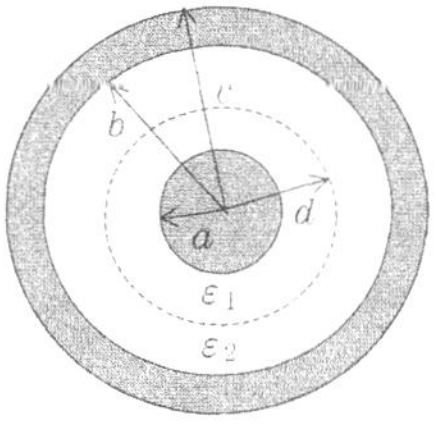

図 4.16

4.3　図 4.17 のように半径 a と半径 b の同軸円筒導体の間が，中心部を挟んで左側と右側がそれぞれ誘電率 ε_1，外側は誘電率 ε_2 の誘電体で満たされている．内導体と外導体にそれぞれ単位長さ当たり λ および $-\lambda$ の電荷を与えた．それぞれの誘電体の内部での電界，電束密度を求めよ．また，この導体系の単位長さ当たりの静電容量はいくらか．

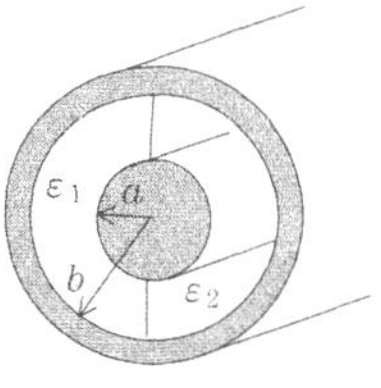

図 4.17

4.4　図 4.18 のように誘電率 ε，半径 a の誘電体球の内部に一様な電荷密度 ρ で電荷が分布している．誘電体内部の電界，電束密度，分極電荷密度を求めよ．また，誘電体外表面の分極電荷密度はいくらか．

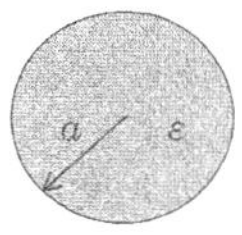

図 4.18

4.5　図 4.19 のように接地された平板電極から距離 d の位置に半径 a の円筒導体が置かれている．導体間は誘電率 ε の誘電体で満たされている．円筒導体に単位長さ当たり λ の電荷を与えたとき，円筒導体直下から x の位置での平板導体上の電荷密度はいくらか．また，この導体系の静電容量はいくらか．

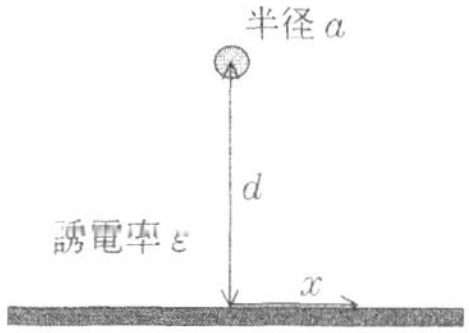

図 4.19

5. 静電エネルギーと力

電荷をある分布に配置するには，他の電荷が作る電界の中で電荷をそれぞれの位置まで運ばなければならない．すなわち，電荷のある分布を作るには仕事が必要であり，静電界では**静電エネルギー**（electrostatic energy）と呼ぶポテンシャルエネルギーとして蓄えられている．ここでは静電エネルギーと電荷に働く力の関係について詳しく考察する．

5.1 導体系の静電エネルギー

図 5.1 のように真空中に置かれた帯電した導体を考える．このとき導体の電荷を q，その電荷が作る電界を $\boldsymbol{E}$ とする．この状態から微量な電荷 $\varDelta q$ を与えたときに増加する静電エネルギー $\varDelta U$ を求めてみよう．静電エネルギーの増加量は，すでに導体にある電荷 q が作る電界に逆らって，$\varDelta q$ の電荷を無限遠点から運んでくるのに要する仕事量である．これから，静電エネルギーの増加量は次式で与えられる．

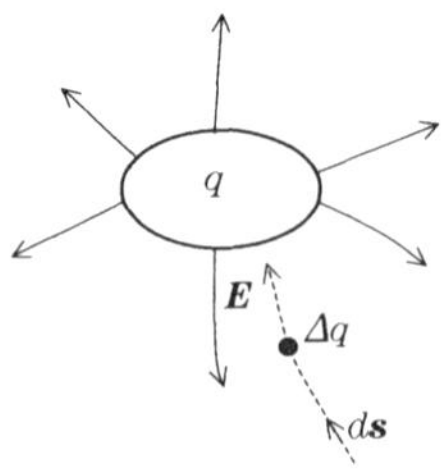

図 5.1 導体の帯電

$$\varDelta U = -\int_{\infty}^{r} \varDelta q \boldsymbol{E} \cdot d\boldsymbol{s} = -\varDelta q \int_{\infty}^{r} \boldsymbol{E} \cdot d\boldsymbol{s} = \varDelta q \phi \qquad (5.1)$$

ここで，r は導体縁の位置，ϕ は導体の電荷量が q のときの導体の電位である．したがって，電荷量を帯電していない状態から Q まで帯電させたときの静電エネルギー U は，

$$U = \int_{0}^{Q} \phi(q) dq \qquad (5.2)$$

で与えられる．この計算に当たっては電位 ϕ 自体が，電荷量 q の関数であるこ

とに注意しなければならない．導体の電荷量が増えるとともに，同じ微小電荷 Δq を増やすのに必要な仕事量も増えてくる．

具体的な例として，静電容量が C の平行平板キャパシタを電荷量 Q まで帯電させる場合を考えてみよう．このとき，$\phi = q/C$ の関係があるので，(5.2)式は

$$U = \frac{1}{C}\int_0^Q q dq = \frac{Q^2}{2C} = \frac{QV}{2} = \frac{1}{2}CV^2 \tag{5.3}$$

となる．

次に2個の導体がそれぞれ電荷 Q_1，Q_2 で帯電している場合の導体系の全静電エネルギーについて考えてみよう．(5.2)式と重ね合せの理より，導体系の全静電エネルギー U は，

$$U = \int_0^{Q_1} \phi_1 dq_1 + \int_0^{Q_2} \phi_2 dq_2 \tag{5.4}$$

となる．各導体の電荷 q_1，q_2 と各導体の電位 ϕ_1，ϕ_2 は，電位係数を用いると次の関係式で表される．

$$\phi_1(q_1,\ q_2) = p_{11}q_1 + p_{12}q_2 \tag{5.5}$$

$$\phi_2(q_1,\ q_2) = p_{21}q_1 + p_{22}q_2 \tag{5.6}$$

(5.5)，(5.6)式を (5.4)式に代入すれば全エネルギーを求めることができる．その際，積分に当たって，(1) Q_2 がゼロの状態で導体1を Q_1 まで充電し，次に導体2を Q_2 まで充電する場合，(2)逆にまず導体2に Q_2 を与えて，次に導体1に Q_1 を与える場合を考えてみよう．

(1)の場合，(5.4)式は

$$U = \int_0^{Q_1} p_{11}q_1 dq_1 + \int_0^{Q_2}(p_{21}Q_1 + p_{22}q_2)dq_2 = \frac{p_{11}Q_1^2}{2} + \frac{p_{22}Q_2^2}{2} + p_{21}Q_1Q_2 \tag{5.7}$$

となる．同様に，(2)の場合は

$$U = \int_0^{Q_2} p_{22}q_2 dq_2 + \int_0^{Q_1}(p_{12}Q_2 + p_{11}q_1)dq_1 = \frac{p_{11}Q_1^2}{2} + \frac{p_{22}Q_2^2}{2} + p_{12}Q_1Q_2 \tag{5.8}$$

となる．

(5.7)式と(5.8)式は，どちらも同じ状態の静電エネルギーであるから，両者は等しくなければならない．これから3.5節で述べた電位係数の相反定理

$$p_{12} = p_{21} \tag{5.9}$$

の関係が証明できた．

さらに，一般に n 個の導体があって，i 番目の導体が電荷 Q_i をもち，電位が ϕ_i であるときの全静電エネルギー U は，

$$U=\frac{1}{2}\sum_{i=1}^{n}\sum_{j=1}^{n}p_{ij}Q_iQ_j=\frac{1}{2}\sum_{i=1}^{n}\phi_iQ_i \qquad (5.10)$$

で与えられる．

例題 5.1 半径 a の導体球が電荷量 Q で帯電している．このときの静電エネルギーを求めよ．

[解] 導体球の電位 ϕ は $\phi=Q/4\pi\varepsilon_0 a$ であるから，(5.10)式より静電エネルギー U は，

$$U=\frac{Q^2}{8\pi\varepsilon_0 a} \qquad (5.11)$$

となる．あるいは，電荷量 q のときの電位 ϕ は $\phi=q/4\pi\varepsilon_0 a$ であるから，(5.2)式を使うと，

$$U=\int_0^Q\frac{qdq}{4\pi\varepsilon_0 a}=\frac{Q^2}{8\pi\varepsilon_0 a}$$

となる． ■

5.2 分布した電荷のもつ静電エネルギー

導体の有無にかかわらず電荷をある分布に配置するには，すでに存在する電荷が作る電界に逆らって電荷を運んでこなければならない．そこでより一般的な場合として，図5.2のように真空あるいは誘電体中に密度分布 $\rho(r')$ で電荷が分布している場合を考える．分布の中の微小領域 $\varDelta V_i$ の電位が $\phi(r')$ であるとすると，この微小な領域に電荷を配置するのに必要な静電エネルギー $\varDelta U$ は(5.10)式より，

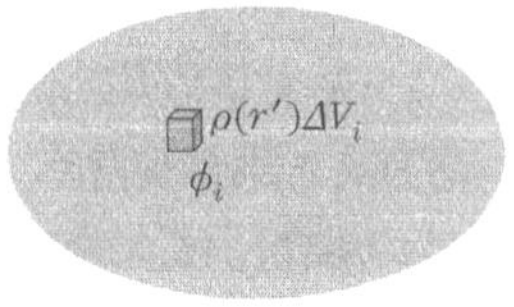

図 5.2 分布した電荷のもつ静電エネルギー

$$\varDelta U=\frac{1}{2}\phi(r')\rho(r')\varDelta V_i \qquad (5.12)$$

で与えられる．分布全体の静電エネルギー U は，全空間に含まれる電荷について足し合わせて，

$$U=\lim_{\varDelta V_i\to 0}\frac{1}{2}\sum_i\phi(r')\rho(r')\varDelta V_i=\frac{1}{2}\int_{V_i}\rho(r')\phi(r')dV' \qquad (5.13)$$

となる．同様にして，面電荷密度 $\sigma(r')$ で分布している場合，あるいは線電荷密度 $\lambda(r')$ で分布している場合の静電エネルギーはそれぞれ次のようになる．

$$U = \lim_{\Delta S_i \to 0} \frac{1}{2} \sum_i \phi(r')\sigma(r')\Delta S_i = \frac{1}{2} \int_{S_i} \sigma(r')\phi(r')dS' \qquad (5.14)$$

$$U = \lim_{\Delta s_i \to 0} \frac{1}{2} \sum_i \phi(r')\lambda(r')\Delta s_i = \frac{1}{2} \int_{V_i} \lambda(r')\phi(r')ds' \qquad (5.15)$$

ここで，dS' および ds' はそれぞれ電荷が分布している面および線の面素，線素である．

例題 5.2 半径 a の球内に一様に電荷 Q が分布しているときの静電エネルギーを求めよ．

[解] 電荷密度 ρ は $\rho = 3Q/4\pi a^3$ である．この電荷による半径 r での電位 ϕ は(2.29)式より，$\phi = \dfrac{\rho}{6\varepsilon_0}(3a^2 - r^2)$ である．次に，半径が $r \sim r + dr$ の薄い球殻を考えると，この領域の電荷量 dQ は $dQ = \rho 4\pi r^2 dr$ である．したがって，静電エネルギー U は (5.13)式より，

$$U = \frac{1}{2}\int_0^a \frac{2\pi\rho^2}{3\varepsilon_0}(3a^2 - r^2)\, r^2 dr = \frac{3Q^2}{20\pi\varepsilon_0 a} \qquad (5.16)$$

となる． ■

5.3 静電エネルギー密度

電磁気学では，静電エネルギーは電界によって空間自体に蓄えられていると考える．これから，空間に蓄えられたエネルギー密度という概念が出てくる．電界によって空間にエネルギーが蓄えられていると考えることは，電界の変化に起因する波である電磁波によるエネルギーの輸送（後述）を考えると自然と理解できる．この節では，電界とエネルギー密度の関係について考察する．まず，簡単な例として，図 5.3 に示すような電極面積が S，電極間隔 d の平行平板キャパシタのエネルギーについて考えてみる．キャパシタ電極間の電位差を ϕ，容量を C とすると，このキャパシタに蓄えられている静電エネルギー U は，(5.3)式のように，$U = C\phi^2/2$ である．また，$C = \varepsilon_0 S/d$，電界は $E = \phi/d$ であるから，(5.3)式の静電エネルギー U は，

$$U = \frac{1}{2}\varepsilon_0 E^2 Sd \qquad (5.17)$$

とも書ける．Sd は電極間の体積であるから，キャパシタの空間に蓄えられている**静電エネルギー密度** W (electrostatic energy density) は，

$$W = \frac{1}{2}\,\varepsilon_0 E^2 = \frac{ED}{2} = \frac{\boldsymbol{E}\cdot\boldsymbol{D}}{2} \tag{5.18}$$

で与えられることがわかる．

この関係式は，次のようにして，より一般的に導出することができる．いま，図5.4のように電荷が電荷密度 ρ で分布し，電荷 Q_i で電位が ϕ_i の導体系を考える．

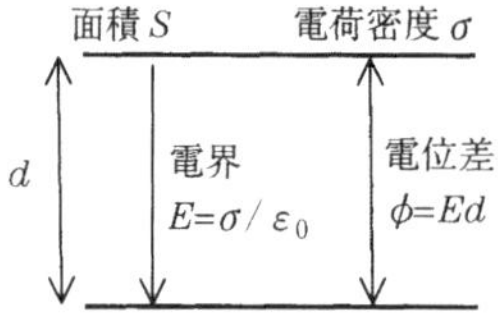

図5.3　平行平板コンデンサの静電エネルギー

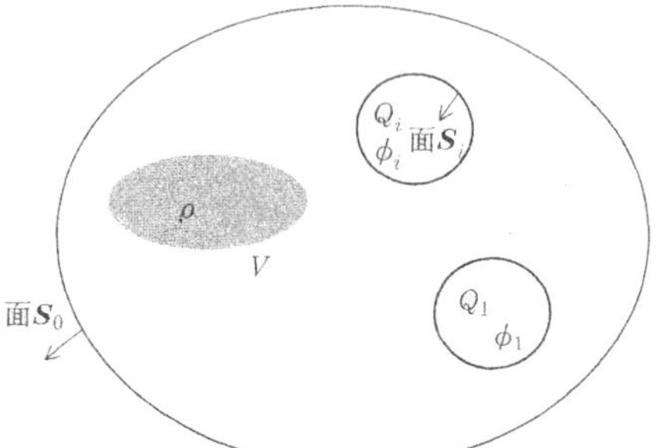

図5.4　一般的な電荷分布がもつ静電エネルギー密度

この系の静電エネルギー U は，(5.10)，(5.12)式より，

$$U = \frac{1}{2}\int_V \rho\phi dV + \frac{1}{2}\sum_i Q_i\phi_i \tag{5.19}$$

で与えられる．ここで，右辺第1項について次の関係式を使って変形する（付録Aの(付.41)式参照）．すなわち，

$$\nabla\cdot(\phi\boldsymbol{D}) = \nabla\phi\cdot\boldsymbol{D} + \phi\nabla\cdot\boldsymbol{D} = -\boldsymbol{E}\cdot\boldsymbol{D} + \phi\rho \tag{5.20}$$

より，次式を得る．

$$\phi\rho = \nabla\cdot(\phi\boldsymbol{D}) + \boldsymbol{E}\cdot\boldsymbol{D} \tag{5.21}$$

ここで，(5.20)式の第2式から右辺への変形は，$\boldsymbol{E} = -\nabla\phi$ および $\nabla\cdot\boldsymbol{D} = \rho$ の関係式を用いた．(5.21)式の $\phi\rho$ を(5.19)式の右辺第1項に代入すると，

$$U = \frac{1}{2}\int_V (\nabla\cdot(\phi\boldsymbol{D}) + \boldsymbol{E}\cdot\boldsymbol{D})dV + \frac{1}{2}\sum_i Q_i\phi_i \tag{5.22}$$

となる．

ここで，右辺の積分の第1項はガウスの定理より，

$$\frac{1}{2}\int_V \nabla\cdot(\phi \boldsymbol{D})dV = \frac{1}{2}\int_S \phi \boldsymbol{D}\cdot d\boldsymbol{S} \tag{5.23}$$

である．面 $\boldsymbol{S}$ についての積分を考える際に，$\boldsymbol{S}$ として図5.4のように領域 V を内包する面 $\boldsymbol{S}_0$ と，各導体の表面 $\boldsymbol{S}_i$ に分けて考えると，

$$\frac{1}{2}\int_S \phi \boldsymbol{D}\cdot d\boldsymbol{S} = \frac{1}{2}\int_{S_0} \phi \boldsymbol{D}\cdot d\boldsymbol{S}_0 + \sum_i \frac{1}{2}\int_{S_i} \phi \boldsymbol{D}\cdot d\boldsymbol{S}_i \tag{5.24}$$

となる．このとき，面の向きとしては，領域 V_i に対して図5.4のように外向きであることに注意しよう．$\boldsymbol{S}_0$ についての積分は，境界を無限遠にとればそこでは電位はゼロとなるので，(5.24)式で右辺第1項の面積分はゼロである．一方，$\boldsymbol{S}_i$ は導体の表面であるから，その表面上では電位 ϕ_i は一定であり，積分の外に出すことができる．また，導体表面の電束 $\boldsymbol{D}$ は，大きさが表面の自由電荷面密度に等しく，向きは導体の外側，すなわち面 $\boldsymbol{S}_i$ と逆向きを向いているので，結局

$$\sum_i \frac{1}{2}\int_{S_i} \phi \boldsymbol{D}\cdot d\boldsymbol{S}_i = -\sum_i \frac{1}{2}\phi_i \int_{S_i} \sigma dS_i = -\frac{1}{2}\sum_i Q_i \phi_i \tag{5.25}$$

となる．(5.22)，(5.24)，(5.25)式をまとめると，(5.19)式は，

$$U = \frac{1}{2}\int_V \boldsymbol{E}\cdot\boldsymbol{D}dV \tag{5.26}$$

となる．これから，$\boldsymbol{E}\cdot\boldsymbol{D}/2$ がエネルギー密度に等しいことが示された．

$$\boldsymbol{D} = \varepsilon_0 \boldsymbol{E} + \boldsymbol{P}$$

の関係を使うと，(5.26)式は

$$U = \frac{1}{2}\varepsilon_0 \int_V \boldsymbol{E}^2 dV + \frac{1}{2}\int_V \boldsymbol{E}\cdot\boldsymbol{P}dV \tag{5.27}$$

となる．右辺第1項は，空間自体に蓄えられているエネルギーであり，第2項は誘電体中に分極として蓄えられているエネルギーを表している．分極 $\boldsymbol{P}$ に，強誘電体のようにヒステリシス特性があると，分極に蓄えられたエネルギーは非保存のエネルギーとして最終的には熱として消費される．このため，強誘電体では，(5.26)式のエネルギーが保存場である静電エネルギーとして蓄えられていないことになる．

また，静電界の性質として，(5.26)式で与えられる静電エネルギーが最小になる電界 $\boldsymbol{E}$ が真の静電界であることが知られている（トムソンの定理）．

例題 5.3 半径 a の導体球が電荷量 Q で帯電している．(5.26)式より静電エネルギーを求め，例題 5.1 の結果と比較せよ．

[解] $r > a$ の領域で電界 E は $E = Q/4\pi\varepsilon_0 r^2$．$r \sim r + dr$ の間に含まれる静電エネルギー $\varDelta U$ は(5.26)式より，

$$\varDelta U = \frac{1}{2}\varepsilon_0 E^2 4\pi r^2 dr = \frac{Q^2}{8\pi\varepsilon_0}\frac{dr}{r^2} \tag{5.28}$$

したがって，全静電エネルギー U は，

$$U = \frac{Q^2}{8\pi\varepsilon_0}\int_a^\infty \frac{dr}{r^2} = \frac{Q^2}{8\pi\varepsilon_0 a} \tag{5.29}$$

となって，例題 5.1 の結果と一致する． ■

例題 5.4 誘電率が ε で半径 a の誘電体の中に，全電荷 Q が一様に分布している．この系の静電エネルギーを求めよ．

[解] ガウスの法則より，$r > a$ では電束密度の大きさは $D = Q/4\pi r^2$，$a > r > 0$ では $D = \rho r/3$ である．ただし，ρ は電荷密度で，$\rho = 3Q/4\pi a^3$ である．ゆえに全静電エネルギーは(5.26)式より，

$$U = \frac{Q^2}{8\pi\varepsilon_0}\int_a^\infty \frac{dr}{r^2} + \frac{2\pi\rho^2}{9\varepsilon}\int_0^a r^4 dr = \frac{Q^2}{8\pi a}\left(\frac{1}{\varepsilon_0} + \frac{1}{5\varepsilon}\right) \tag{5.30}$$

となる． ■

5.4 仮想変位と静電力

電荷に働く力は，第 2 章で述べたように電荷の分布がわかっていれば，クーロンの法則より求めることができる．ここでは，静電エネルギーと力学の**仮想変位** (principle of virtual displacement) の考えを用いて静電力を求めてみよう．現実の問題では，後者の方がより有力な問題解決手段となる．

まず例として，帯電した平行平板キャパシタの電極に働く力について考えてみよう．正負に帯電した電極には引き合う力 $\boldsymbol{F}$ が働いている．電極は電源から切り離されており，電荷量は一定とする．電極を平行に保ったまま，この力に逆らって仮想的にゆっくりと微小距離 $\varDelta s$ だけ引き離すとすると，そのときの仕事量は静電エネルギーの増加 $\varDelta U$ に等しい．すなわち，

$$\varDelta U = -F\varDelta s \tag{5.31}$$

である．ここで，負符号は静電界に逆らって仕事をするときを正にとることを意

味している．これから，仮想的に動かした微少距離 Δs の方向に働く力の大きさ F は，

$$F = -\frac{\Delta U}{\Delta s} = -\frac{\partial U}{\partial s} \tag{5.32}$$

より求めることができる．

ここで，仮想変位を考えるとき，電荷の分布が変化しないことが必要である．なぜなら，電荷が動けばそれに伴って仕事が発生するからである．特に導体の場合は，帯電した導体を仮想的にゆっくり動かしても，静電誘導により他の導体表面の電荷も動いてしまう．しかし，図 5.5(a)のように帯電した導体系が電源などに接続されておらず，孤立している場合はこの限りでない．なぜなら，導体では電荷は導体の表面にのみ存在しており，導体上の電荷の移動は等電位面である導体表面に沿って起こるので，表面電荷の再分布に伴う仕事量はゼロだからである．すなわち，(5.32)式は常に成立する．

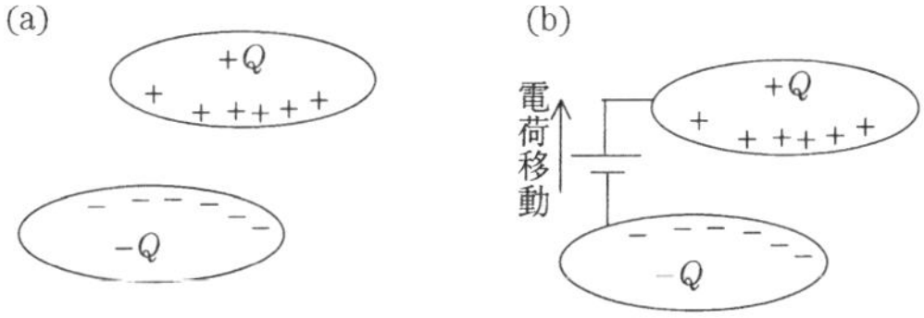

図 5.5 導体間に働く力
(a) 電荷一定，(b) 電位一定．

しかし，図 5.5(b)のように導体が電源につながれていて，電位が一定値 ϕ に保たれている場合は注意が必要である．なぜなら，仮想変位により容量が ΔC 変化すると，電位を一定に保つために電位差 ϕ の電極間に電源を通して電荷 $\Delta Q = \phi \Delta C$ が供給される．したがって，このときの $\phi \Delta Q$ の仕事が電源によってなされる．すなわち，(5.31)式の代わりに，

$$\Delta U = -F\Delta s + \phi \Delta Q \tag{5.33}$$

となる．したがって，Δs 方向の静電力の大きさは

$$F = -\frac{\partial U}{\partial s} + \phi\frac{\partial Q}{\partial s} = -\frac{\partial}{\partial s}\left(\frac{1}{2}Q\phi\right) + \frac{\partial}{\partial s}(Q\phi) = \frac{\partial}{\partial s}\left(\frac{1}{2}Q\phi\right) = \frac{\partial U}{\partial s} \tag{5.34}$$

となる．(5.32)式と比較すると符号が逆になっていることに注意しよう．これをまとめると，

$$F = -\frac{\partial U}{\partial s} \quad (\text{電荷一定の場合}) \tag{5.35}$$

$$F = \frac{\partial U}{\partial s} \quad (\text{電位一定の場合}) \tag{5.36}$$

例題 5.5　電極間の間隔が d の平行平板キャパシタの各電極に単位面積当たり $\pm\sigma$ の電荷を与えたとき，電極の単位面積当たりに働く力を求めよ．

[解]　キャパシタに蓄えられている電極の単位面積当たりの静電エネルギー U は，$U = d\sigma^2/2\varepsilon_0$ である．したがって，電極の単位面積当たりに働く力の大きさは(5.32)式より，

$$F = -\frac{\partial U}{\partial d} = -\frac{\sigma^2}{2\varepsilon_0} \tag{5.37}$$

となる．負符号は，d の増加する方向とは逆の力，すなわち互いに引き合う力が働くことを意味している．この結果は，次のようにして求めることもできる．一方の電極の電荷が他方の電極の位置に作る電界は $\sigma/2\varepsilon_0$ である．この電界により他方の電極の電荷には $\sigma^2/2\varepsilon_0$ のクーロン力が働くという結果と一致する．力の向きは，電荷が異符号であるので引力となる．■

例題 5.6　電極間の間隔が d の平行平板キャパシタが，電源に接続されて電位差 ϕ で一定に保たれている．このとき電極の単位面積当たりに働く力の大きさを求めよ．

[解]　ϕ を一定とすると，電極の単位面積当たりに蓄えられている静電エネルギーは

$$U = \frac{1}{2}C\phi^2 = \frac{\varepsilon_0}{2d}\phi^2$$

である．よって，(5.36)式より

$$F = \frac{\partial U}{\partial d} = -\frac{\varepsilon_0}{2d^2}\phi^2 = -\frac{\sigma^2}{2\varepsilon_0} \tag{5.38}$$

となる．右辺の最後の式は，電極の単位面積当たりの電荷密度 σ が $\sigma = \varepsilon_0\phi/d$ であることによる．結果は，当然(5.37)式と等しくなる．■

例題 5.7　電界中に置かれた電気双極子に働く力を求めよ．双極子自体はあらかじめ作られており，それを構成するのに要するエネルギーは無視する．

[解]　電界中で，電荷 q および $-q$ を運んでくるのに要した全エネルギー U は，

$$U = q\phi_+ - q\phi_- = q\Delta\phi \tag{5.39}$$

ただし，ϕ は双極子自体の電荷による電位ではなく，外部電界による電位である．また，$\Delta\phi$ は 2 つの電荷の位置の差による外部電界が作る電位差である．したがって，

$$\Delta\phi = \frac{\partial\phi}{\partial x}\Delta x + \frac{\partial\phi}{\partial y}\Delta y + \frac{\partial\phi}{\partial z}\Delta z = \nabla\phi\cdot\Delta\boldsymbol{r} = -\boldsymbol{E}\cdot\Delta\boldsymbol{r}$$

と表せる．また，$q\Delta\boldsymbol{r}$ は，双極子モーメント $\boldsymbol{p} = q\Delta\boldsymbol{r}$ であるから，U は，

$$U = q\Delta\phi = -\boldsymbol{E}\cdot q\Delta\boldsymbol{r} = -\boldsymbol{E}\cdot\boldsymbol{p} \tag{5.40}$$

となる．

次に，仮想変位の原理により，電界中に置かれた電気双極子に働く力を求めてみよう．電気双極子に働く力は，双極子を回転させようとするトルクと，併進力に分けて考えることができる．トルク N は，

$$\boldsymbol{N} = -\frac{\partial U}{\partial\theta} = pE\sin\theta = \boldsymbol{p}\times\boldsymbol{E} \tag{5.41}$$

となる．一方，併進力 $\boldsymbol{F}$ は，ベクトル解析の公式(付.43)を利用して，

$$\boldsymbol{F} = -\nabla U = \boldsymbol{p}\times(\nabla\times\boldsymbol{E}) + (\boldsymbol{p}\cdot\nabla)\boldsymbol{E} + \boldsymbol{E}\times(\nabla\times\boldsymbol{p}) + (\boldsymbol{E}\cdot\nabla)\boldsymbol{p}$$

である．$\nabla\times\boldsymbol{E} = 0$，$\boldsymbol{p}$ は一定の双極子なので $\nabla\times\boldsymbol{p} = 0$，$\nabla\boldsymbol{p} = 0$ より，

$$\boldsymbol{F} = (\boldsymbol{p}\cdot\nabla)\,\boldsymbol{E} \tag{5.42}$$

となる．■

5.5　導体表面に働く力

導体表面に存在する面電荷密度 σ の電荷に働く力を求めてみよう．図 5.6 のように，面が表面に垂直な方向に Δs だけ仮想変位したときの静電エネルギーの増分を考えてみる．導体表面では電束密度の大きさ D は $D = \sigma$，電界の大きさ E は $E = \sigma/\varepsilon_0$ であるので，表面を仮想的に Δs だけ外側に動かしたとき，単位面積当たりの静電エネルギーの増加 ΔU は，

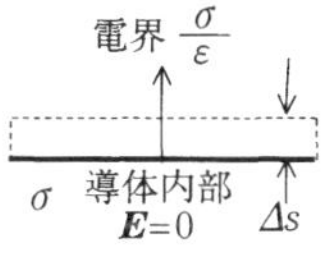

図 5.6　導体表面に働く力

$$\Delta U = -\frac{1}{2}\frac{\sigma^2}{\varepsilon_0}\Delta s$$

である．したがって，電荷 σ に働く力の大きさ F は，導体表面に垂直外向きで大きさが

$$F = -\frac{\partial U}{\partial s} = \frac{1}{2}\frac{\sigma^2}{\varepsilon_0} \tag{5.43}$$

となる．

ここで，導体表面の電界が σ/ε_0 であるからといって，電荷 σ に働く力は σ^2/ε_0 でないことに注意しよう．これは，次のように考えれば理解できる．導体表面の電荷 σ は，その両側に $\sigma/2\varepsilon_0$ の電界を作っている．しかし，σ 以外の表面の電界の和が導体内部では σ の作る電界と逆向きに $\sigma/2\varepsilon_0$ であり，導体内部では電界がゼロになり，外部では足し合わさって σ/ε_0 になっている．すなわち，自分自身以外の電荷が σ の位置に作る電界は $\sigma/2\varepsilon_0$ であるので，力は上式で与えられる．

5.6 誘電体境界に働く力

次に，誘電体境界に働く力を仮想変位の原理を用いて求めてみよう．図5.7のように，幅 a，長さ b の平行平板電極間の端から x の部分まで誘電率 ε_1 の誘電体1が挿入されて，残りの部分を誘電率 ε_2 の誘電体2が満たしている．誘電体を Δx だけさらに挿入したときの静電エネルギーの増加 ΔU は，

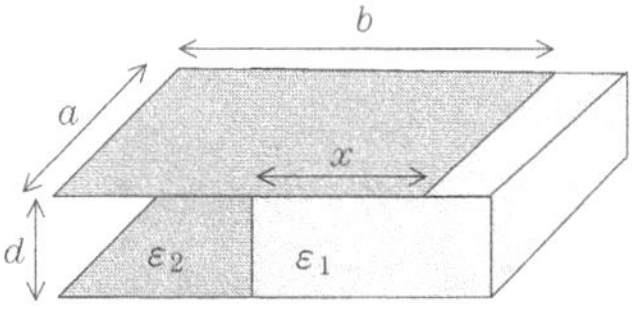

図5.7　誘電体境界に働く力

$$\Delta U = \frac{1}{2}\varepsilon_1 E^2 da\Delta x - \frac{1}{2}\varepsilon_2 E^2 da\Delta x \tag{5.44}$$

である．ただし，E は電極間の電界の大きさ，d は電極間隔である．境界を動かす際に電界を一定に，すなわち電極間の電位を一定としているので，誘電体の境界に働く力の大きさ F は(5.36)式より

$$F = \frac{\partial U}{\partial x} = \frac{1}{2}\varepsilon_1 E^2 da - \frac{1}{2}\varepsilon_2 E^2 da$$

となり，誘電体の境界単位面積当たり，誘電体1から誘電体2の方向に，

$$\frac{1}{2}(\varepsilon_1 - \varepsilon_2)E^2 \tag{5.45}$$

の力が働く．つまり，誘電率の大きな誘電体を電極間に吸い込むような力が働く．

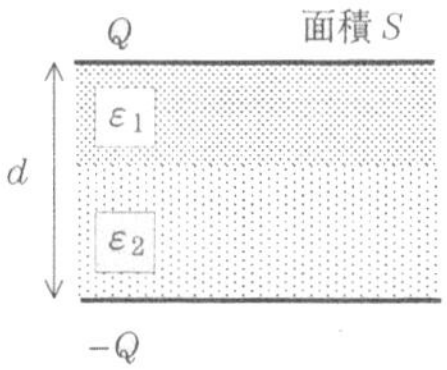

図5.8　誘電体境界に働く力

例題5.8　図5.8のように，電極間隔 d，電極面積が S の電極間が，誘電率 ε_1 と誘電率 ε_2 の誘電体で満

たされている．電極にそれぞれ Q，$-Q$ の電荷を与えたとき誘電体の境界に働く力を求めよ．

[解] 境界条件より，$\boldsymbol{D}=\boldsymbol{D}_1=\boldsymbol{D}_2$，$\boldsymbol{E}_1=\boldsymbol{D}/\varepsilon_1$，$\boldsymbol{E}_2=\boldsymbol{D}/\varepsilon_2$ である．誘電体の境界を，$\varDelta x$ だけ下側電極の方へ仮想的に動かすと，系のエネルギー増加量 $\varDelta U$ は，

$$\varDelta U=\frac{1}{2}(\boldsymbol{E}_1\cdot\boldsymbol{D}_1-\boldsymbol{E}_2\cdot\boldsymbol{D}_2)S\varDelta x=\frac{1}{2}\left(\frac{1}{\varepsilon_1}-\frac{1}{\varepsilon_2}\right)D^2S\varDelta x \quad (5.46)$$

である．ここで，$D=Q/S$ である．いまの場合は，境界を動かす際に電荷を一定にしているので，(5.35)式より境界に働く力の大きさ F は，

$$F=-\frac{\partial U}{\partial x}=\frac{1}{2}\left(\frac{1}{\varepsilon_2}-\frac{1}{\varepsilon_1}\right)\frac{Q^2}{S}$$

となり，境界の単位面積当たり，誘電体1から2の方向に

$$\frac{1}{2}\left(\frac{1}{\varepsilon_2}-\frac{1}{\varepsilon_1}\right)\frac{Q^2}{S^2}=\frac{1}{2}\left(\frac{1}{\varepsilon_2}-\frac{1}{\varepsilon_1}\right)D^2 \quad (5.47)$$

の力が働く．

仮に $\varepsilon_1>\varepsilon_2$ であると，(5.47)式より誘電体1が下側電極方向に膨らむような力が働く．これは次のように考えれば理解できる．$\varepsilon_1>\varepsilon_2$ であると，例題4.3の(4.38)式より，誘電体の境界には正の分極電荷が現れる．この電荷は，正電極からは斥力，負電極からは引力を受けて，誘電体1を膨張させるように働く．■

演 習 問 題

5.1 図5.9のように球状の内導体と外導体が同心状に配置されている．内導体に Q_1，外導体に Q_2 の電荷を与えたとき，系の静電エネルギーはいくらか．

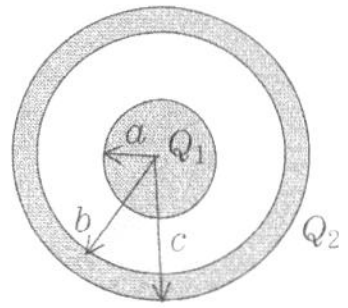

図5.9

5.2 図5.10のように半径 a の導体の周りが半径 $b\,(b>a)$ まで誘電率 ε の誘電体で覆われている．導体に電荷 Q を与えたときの静電エネルギーを求めよ．

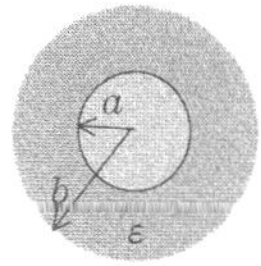

図5.10

5.3 図5.11のように誘電体の境界面に斜め方向の電界があるとき，誘電体の境界面に作用する力を求めよ．

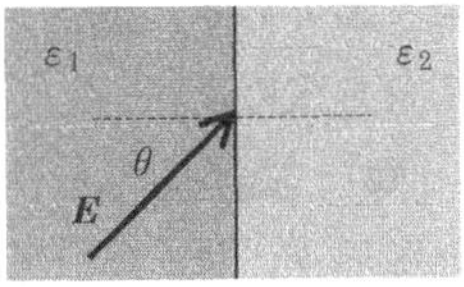

図5.11

5.4 図5.12のように誘電率が ε の誘電体液体の中に平行平板電極を挿入し，電極間に電位差 V を加えたところ，液面は h だけ上昇した，この液体の密度 ρ はいくらか．重力の加速度は g とする．

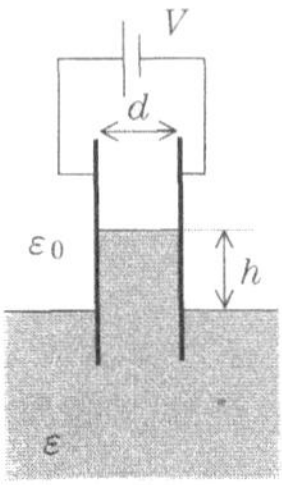

図5.12

5.5 図5.13のように，半径が a と b の同心球殻導体の間が誘電率 ε_1 と ε_2 の誘電体で半分ずつ満たされている．内導体に Q，外導体に $-Q$ の電荷を与えたとき，外導体に働く力を求めよ．

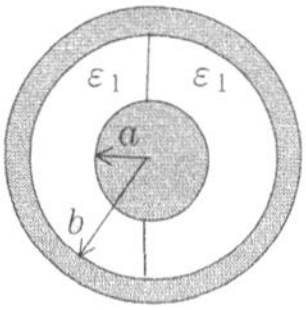

図5.13

6. 定　常　電　流

これまでは，電荷が静止して存在する場合の電界について考察してきた．ここでは定常的な電荷の流れにより生じる電流と電界の関係について考察する．

6.1　電荷と電流

電荷が動くと，**電流**が生じる．ここでは，時間的に一定の運動をしている電荷による**定常電流**（steady current）の性質について考察する．

電流 I は，ある断面を単位時間に通過する電荷量として定義される．すなわち，

$$I = \frac{dQ}{dt} \tag{6.1}$$

である．電流の単位には，アンペア [A] = [C/s] を用いる．1 秒 [s] 間当たり 1 C の電荷が移動するときが，1 A となる．1 A の大きさそのものについては，後述のように磁界が電流に及ぼす力を用いて定義されている．SI 単位系では，電流が電磁気量の基本量である．

電荷密度 n [C/m^3] の電荷が，一定の速度 $\boldsymbol{v}$ [m/s] で移動しているとき，図 6.1 のように，速度に垂直な単位面積を単位時間当たりに通過する電荷量 $\boldsymbol{J}$ は，

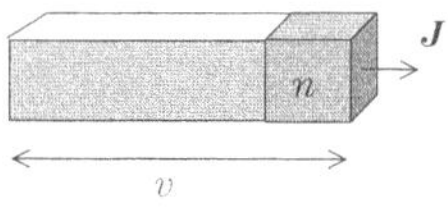

図 6.1　電荷密度と電流密度

$$\boldsymbol{J} = n\boldsymbol{v} \tag{6.2}$$

となる．$\boldsymbol{J}$ は，単位面積を流れる電流 [A/m^2] の次元をもつベクトル量であり，**電流密度**（current density）と定義される．電流密度を使うと，ある微小な面 ΔS を通過する電流の大きさ ΔI は，

$$\Delta I = \boldsymbol{J} \cdot \Delta \boldsymbol{S}$$

と表される．すなわち，ある面 S を通過する全電流 I と電流密度 $\boldsymbol{J}$ の間には，次の関係式がある．

$$I = \int_S \boldsymbol{J} \cdot d\boldsymbol{S} \tag{6.3}$$

6.2 オームの法則

電流 I が流れている導線の 2 点間の電位差が V であるとき，V/I を**抵抗 R** (resistance) と呼び，抵抗の単位にはオーム [Ω] を用いる．すなわち，

$$V = RI \tag{6.4}$$

の関係があり，これを**オームの法則** (Ohm's law) と呼んでいる．また，

$$I = GV \quad \text{または} \quad G = 1/R \tag{6.5}$$

と書いたとき，G をコンダクタンスと呼び，単位にはジーメンス [S] を用いる．

抵抗値は電流の流れやすさを表すが，それは導線の長さや，太さにより変化する．そこで，寸法によらずに材料そのもののもつ電流の流れやすさを表すために，次のように寸法で規格化した値である**抵抗率** ρ (resistivity) が用いられる．

$$\rho = \frac{V/l}{I/S} = \frac{S}{l} R \tag{6.6}$$

ここで，l は導線の長さ，S は導線の断面積である．抵抗率は，材料の種類によってのみ決まる物性値である．抵抗率の単位は，(6.6)式より [Ωm] となる．表 6.1 に，代表的な物質の抵抗率を示す．一般に抵抗率は温度によっても変化する．抵抗率を用いると，任意の寸法の導線の抵抗値を次式で簡単に算出できる．

$$R = \frac{l}{S} \rho \tag{6.7}$$

一方，抵抗率の逆数，

$$\sigma = \frac{1}{\rho} \tag{6.8}$$

を**導電率** (conductivity) と呼ぶ．導電率の単位は，[S/m]となる．

次に，断面が ΔS で，長さが Δs の微小領域を流れる電流を考えると，抵抗率の定義より，

$$\rho = \frac{\Delta V/\Delta s}{\Delta I/\Delta S} = \frac{E}{J} = \frac{1}{\sigma} \tag{6.9}$$

の関係がある．ここで，E はその場所の電界の大きさであり，J は電流密度の大きさである．電界と電流密度の向きまで考慮すると，

$$\boldsymbol{J} = \sigma \boldsymbol{E} \tag{6.10}$$

の関係があることがわかる．これは，分布した電流にも適用できる．一般化されたオームの法則である．

表 6.1 代表的な金属の抵抗率

金　　属	温度 [℃]	抵抗率 $\rho \times 10^8$ [Ωm]
アルミニウム	20	2.79
金	20	2.4
銀	20	1.62
水銀	0	94.08
銅	20	1.72
白金	20	10.6
黄銅（真ちゅう）		5～7
ニクロム	20	～100
ジェラルミン		3.4

6.3 連 続 の 式

図 6.2 のように電流密度 $\boldsymbol{J}$ に対して，ある閉じた空間 V を考える．その体積の表面を $\boldsymbol{S}$ で表す．この空間 V から流出する全電流量は，定義から

$$\int_S \boldsymbol{J} \cdot d\boldsymbol{S} \tag{6.11}$$

である．電流は，単位時間当たりにある面を通過した電荷量であるから，表面全体にわたって流出した電流は，この空間の中の電荷の単位時間当たりの減少量に等しいはずである．すなわち，

$$\int_S \boldsymbol{J} \cdot d\boldsymbol{S} = -\int_V \frac{d\rho}{dt}\, dv \tag{6.12}$$

と書ける．ここで，左辺にガウスの定理を適用すると，

$$\int_S \boldsymbol{J} \cdot d\boldsymbol{S} = \int_V \nabla \cdot \boldsymbol{J} dv = -\int_V \frac{d\rho}{dt}\, dv \tag{6.13}$$

となり，

$$\nabla \cdot \boldsymbol{J} + \frac{\partial \rho}{\partial t} = 0 \tag{6.14}$$

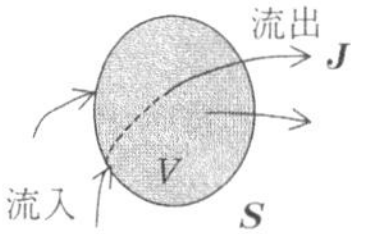

図 6.2　電荷の保存

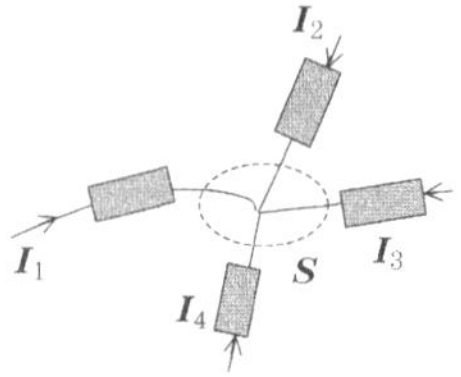

図 6.3　回路電流に関するキルヒホッフの法則

の関係があることがわかる．この式は，**連続の式** (equation of continuity) と呼ばれている．ある領域 V で単位時間当たりに失われる電荷量は，その領域から単位時間当たりに流失する電荷に等しいことを示しており，**電荷保存の原理** (principle of charge conservation) に基づいている．

定常状態 (steady state) を考えると，$\partial/\partial t = 0$ であるから，(6.14)式は，

$$\nabla \cdot \boldsymbol{J} + \frac{\partial \rho}{\partial t} = 0 \tag{6.14}$$

となる．これは，定常電流密度が連続で，閉じていることを示している．

電気回路 (electric circuit) では，電流の連続性は，**キルヒホッフの法則** (Kirchhoff's law) として定式化されている．図 6.3 のように複数の電気回路の接点に流れる電流を考えてみよう．この接点の周りに図のように閉曲面 $\boldsymbol{S}$ をとると，式(6.15)より，

$$\int_S \boldsymbol{J} \cdot d\boldsymbol{S} = \sum_i I_i = 0 \tag{6.16}$$

となり，連結点に流れ込む電流の総和はゼロとなる．

6.4 電源と起電力

導線に定常電流を流すと，通常は電気抵抗のために導線の両端には電位差が発生する．すなわち，導線の中を通過するとポテンシャルエネルギー（電位）は低下する．一方，定常電流は閉じたループになっているが，静電界の性質から，そのループに沿った電位差はゼロでなければならない．すなわち，静電界だけでは定常電流を維持することはできない．定常電流を流すには，抵抗により失われるポテンシャルエネルギー（電位）を回復する必要がある．この力を**起電力** (electromotive force) と呼ぶ．また，起電力を発生させる能力を持った装置を**電源**

(electric power source) と呼ぶ．

電源にはいろいろな種類があるが代表的なものとして，発電機と呼ばれる力学現象と電磁気現象を利用したものや，電池のように電気化学的効果を利用したものがある．両者の概念図を図 6.4 に示す．(a)の発電機では，第 9 章で詳しく述べるように，運動する導体内の電荷には正負の電荷を分離しようとする磁気力が働く．この電荷を分離しようとする力が起電力の源である．一方，電荷の分離が起こると互いを引き戻すような電気力が働く．それぞれの力の元に対応する電界をそれぞれ $\boldsymbol{E}_e$，$\boldsymbol{E}$ とすると，図 6.4(a)のように

$$\boldsymbol{E}_e + \boldsymbol{E} = 0 \tag{6.17}$$

となり，両者による力が釣り合って平衡状態になる．

また，化学電池の例として乾電池の起電力発生の原理を図 6.4(b)に示す．乾電池では塩化アンモニウムの溶液に陰極として亜鉛 (Zn) が，陽極として炭素が浸してある．陰極では，図のように Zn がイオンとなって溶液中に溶け出す力が働く．この力は電気親和力と呼ばれている．イオンが溶け出すと Zn には電子が残り，電荷分離が起こる．分離した電荷を引き戻そうとする電気力と電気親和力が釣り合って，平衡状態に達する．

次に，図 6.4(c)に破線で示す経路に沿った静電界と起電力和を考えてみよう．この値は，次のように表される．

$$\int_-^+ \boldsymbol{E}_e \cdot d\boldsymbol{s} + \int_-^+ \boldsymbol{E} \cdot d\boldsymbol{s} + \int_+^- \boldsymbol{E} \cdot d\boldsymbol{s} = \int_-^+ \boldsymbol{E}_e \cdot d\boldsymbol{s} = V_e \tag{6.18}$$

左辺第 2，第 3 項は電荷分離による静電界であり，破線にそって周回積分すればゼロとなる．一方，第 1 項は，電荷分離を引き起こす力によるものであり，ある一定の値 V_e になる．この値が起電力と呼ばれている．定義から，起電力の単位は [V] である．以後の記述では，電源は，端子間の電位差が一定値に保たれた

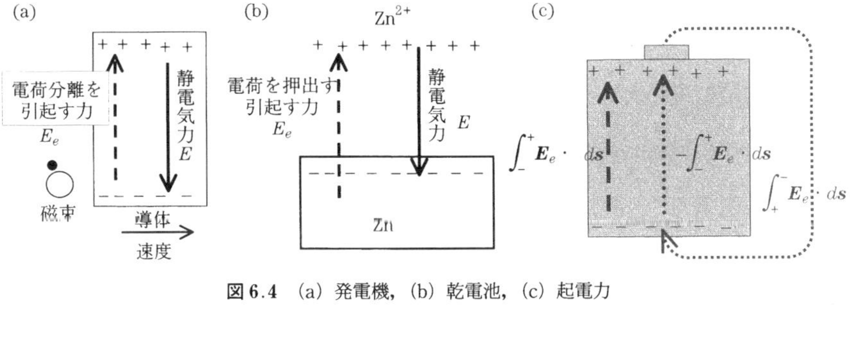

図 6.4 (a) 発電機，(b) 乾電池，(c) 起電力

装置として扱う．

6.5 定常電流界の基礎方程式

これまでの結果をまとめると，定常電流に関する基本式は次のようにまとめられる．

$$\nabla\cdot\boldsymbol{J}=0,\quad \nabla\times\boldsymbol{E}=0,\quad \boldsymbol{J}=\sigma\boldsymbol{E} \tag{6.19}$$

この関係式は，自由電荷がないときの電界と電束密度との関係式，

$$\nabla\cdot\boldsymbol{D}=0,\quad \nabla\times\boldsymbol{E}=0,\quad \boldsymbol{D}=\varepsilon\boldsymbol{E} \tag{6.20}$$

と同じ形をしている．そこで，$\boldsymbol{J}$ を $\boldsymbol{D}$ に，σ を ε に対比させれば，与えられた電界 $\boldsymbol{E}$ に対して，$\boldsymbol{J}$ と $\boldsymbol{D}$ は同じ振舞いをすることがわかる．

また同様の類推より，導電率と誘電率が異なる 2 つの物質が接しているとき，その境界面では，次の境界条件が成り立つ．

$$\boldsymbol{D}_{2n}=\boldsymbol{D}_{1n}\quad\text{（自由電荷がない場合）},\quad \boldsymbol{J}_{1n}=\boldsymbol{J}_{2n} \tag{6.21}$$

$$\boldsymbol{D}_{2n}-\boldsymbol{D}_{1n}=\sigma_f\quad\text{（自由電荷がある場合）},\quad \boldsymbol{J}_{1n}=\boldsymbol{J}_{2n} \tag{6.22}$$

ただし，σ_f は境界面における自由電荷の面密度である．(6.22)式は，ちょうど河川の水が堰を乗り越えて，一定の流量の水が流れている状態に相当し，堰で止められている水の高さが自由電荷の面密度に相当する．

例題 6.1 図 6.5 のように，面積 S の平行平板電極の間が厚さ t で誘電率 ε，導電率 σ の物質で満たされている．電極間に電源 V を接続したとき，物質内の電界，電束密度，電流密度，抵抗を求めよ．

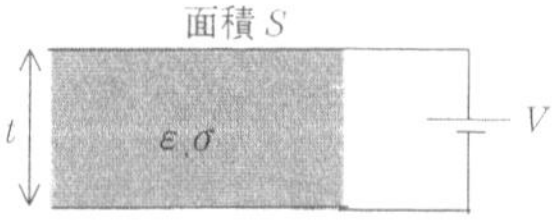

図 6.5 電流密度と電束密度

［解］ 電界の大きさ E は，$E=V/t$ である．電束密度の大きさは，$\boldsymbol{D}=\varepsilon\boldsymbol{E}$ より

$$D=\frac{\varepsilon V}{t} \tag{6.23}$$

である．電流密度の大きさ J は (6.10)式より

$$J=\frac{\sigma V}{t} \tag{6.24}$$

である．抵抗 R は，(6.7)式，(6.8)式より

$$R=\frac{t}{\sigma S} \tag{6.25}$$

となる． ■

例題6.2 図6.6のように，面積 S の平行平板電極の間が，厚さ t_1 で誘電率 ε_1，導電率 σ_1 の物質と，厚さ t_2 で誘電率 ε_2，導電率 σ_2 の物質で満たされている．電極間に電源 V を接続したとき，それぞれの物質内の電界，電束密度，電流密度，誘電体境界面の自由電荷面密度および分極電荷面密度を求めよ．

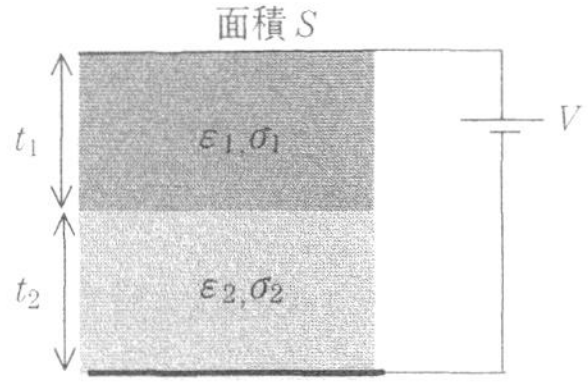

図6.6 境界を含む場合

[解] 電流密度の大きさ J は両誘電体内で等しい．このとき，$\boldsymbol{E} = \boldsymbol{J}/\sigma$ の関係より，電位差 V は

$$V = \frac{t_1 J}{\sigma_1} + \frac{t_2 J}{\sigma_2} \tag{6.26}$$

である．これから，電流密度の大きさ J は

$$J = \frac{\sigma_1 \sigma_2 V}{t_1 \sigma_2 + t_2 \sigma_1} \tag{6.27}$$

となる．電界の大きさは，$E_1 = J/\sigma_1$，$E_2 = J/\sigma_2$ である．また，$\boldsymbol{D} = \varepsilon \boldsymbol{E}$ より，電束密度の大きさは $D_1 = J\varepsilon_1/\sigma_1$，$D_2 = J\varepsilon_2/\sigma_2$ である．誘電体境界面の自由電荷面密度 σ_f は，(6.21)式より

$$\sigma_f = D_2 - D_1 = \left(\frac{\varepsilon_2}{\sigma_2} - \frac{\varepsilon_1}{\sigma_1}\right) J \tag{6.28}$$

である．また，境界に現れる分極電荷密度 σ_p は，(4.27)式より

$$-\sigma_p = (P_2 - P_1) = D_2 - D_1 - \varepsilon_0 (E_2 - E_1) \tag{6.29}$$

と求められる． ■

6.6 分布した電流による界

次に，電流が分布して流れる場合の抵抗について考察する．例として，図6.7のように，抵抗率 ρ で満たされた，半径 a の球導体と内半径 b の球殻の間の抵抗を求めてみよう．全体の抵抗は，半径 $r \sim r + dr$ の球殻部分の抵抗 $\varDelta R$ が，直列に接続されていると考えられる．$\varDelta R$ は，長さ dr，面積 $4\pi r^2$ の平板による抵抗と考えられるので，$\varDelta R = \rho dr/4\pi r^2$ である．したがって，全体の抵抗 R は，

$$R = \int_a^b \frac{\rho dr}{4\pi r^2} = \frac{\rho}{4\pi}\left(\frac{1}{a} - \frac{1}{b}\right) \tag{6.30}$$

となる．

さて，この電極配置で媒質の誘電率を ε とすると，この電極系の静電容量 C は(3.5)式より，

$$C = \frac{4\pi\varepsilon}{1/a - 1/b} \tag{6.31}$$

である．抵抗も静電容量も，いずれも電極の大きさや配置だけの幾何学的条件で決まる．両者の間には，

$$RC = \varepsilon\rho \tag{6.32}$$

の関係があることがわかる．この関係式が一般的な関係式であることを次のようにして証明できる．

図 6.8 のように媒質中に置かれた任意の 2 つの導体を考え，導体間に電圧 V を加える．いま，一方の電極を囲むように閉じた曲面 $\boldsymbol{S}$ を考える．このとき，電束密度についてのガウスの定理より，次の関係式が成り立つ．

$$Q = \int_S \boldsymbol{D} \cdot d\boldsymbol{S} = \varepsilon \int_S \boldsymbol{E} \cdot d\boldsymbol{S} \tag{6.33}$$

$\boldsymbol{E}$ は電界であり，ε は媒質の誘電率である．同様にして，次の関係式が得られる．

$$I = \int_S \boldsymbol{J} \cdot d\boldsymbol{S} = \sigma \int_S \boldsymbol{E} \cdot d\boldsymbol{S} \tag{6.34}$$

I は電極から流れ出る全電流であり，σ は媒質の導電率である．一方，静電容量 C は $C = Q/V$ であり，電極間の抵抗 R は，$R = V/I$ であるから，

$$CR = \frac{Q}{I} = \frac{\varepsilon \int_S \boldsymbol{E} \cdot d\boldsymbol{S}}{\sigma \int_S \boldsymbol{E} \cdot d\boldsymbol{S}} = \frac{\varepsilon}{\sigma} = \varepsilon\rho \tag{6.35}$$

となって，(6.32)式の関係が証明された．

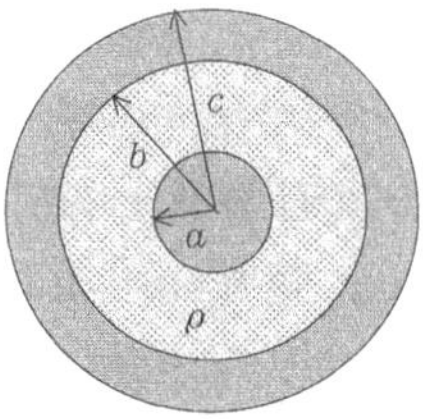

図 6.7　分布した電流に対する抵抗

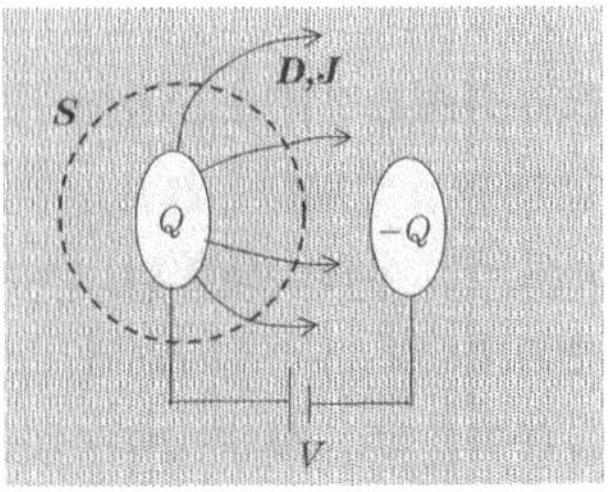

図 6.8　一般的な導体系の抵抗と静電容量

演　習　問　題

6.1　図6.9のように半径 a と b，長さ $L\,(a,\ b \ll L)$ の同軸円筒導体の間が抵抗率 ρ の媒質で満たされている．導体間に電位差 V を加えた．導体間を流れる電流を求めよ．

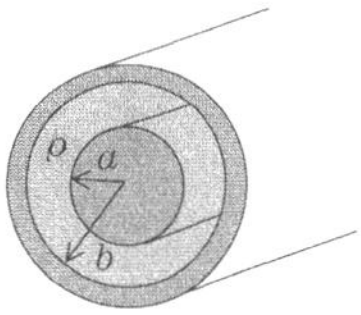

図6.9

6.2　図6.10のように半径が $a \sim b$ の範囲で 90° に曲がった円弧状の抵抗体の両端に電極が付いている．図は断面で，奥行きが w の矩形である．電極間の抵抗を求めよ．抵抗体の抵抗率は ρ とする．

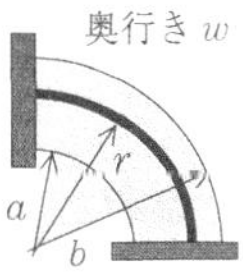

図6.10

6.3　図6.11のように半径 a の長い導線が媒質中に間隔 d $(d \gg a)$ で平行に設置されている（図は断面）．媒質の抵抗率が ρ であるとき，導線単位長さ当たりの導体間の抵抗を求めよ．

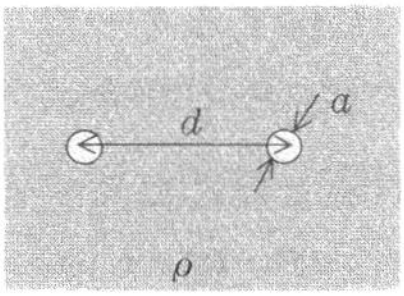

図6.11

6.4　図6.12のように半径 a と c の円筒導体の間が，半径 b を境に2種類の媒質で満たされている．媒質の誘電率と抵抗率は図の通りである．導体間に電圧 V を印加したとき，導体の単位長さ当たりに流れる電流と，誘電体境界に溜まる自由電荷の面密度を求めよ．

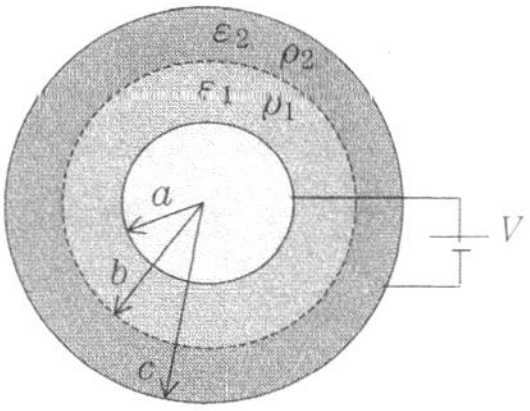

図6.12

7. 定常電流による磁界

7.1 ビオ-サバールの法則

電荷による電界は電荷の間に働くクーロン力から定義されているが，磁界については，磁荷の間に働く力に基づく考え方と，電流の間に働く力に基づく考え方がある．前者の考え方は，磁石による研究に端を発しておりその歴史は長く，磁荷に関するクーロンの法則から磁界を定義するので，電界の場合との直接的な対応がわかりやすい．この場合，電界 $\boldsymbol{E}$ に対応するのは磁界 $\boldsymbol{H}$ であるので $\boldsymbol{E}$-$\boldsymbol{H}$ 対応と呼ばれている．一方，後者の基本法則はビオ-サバールの法則であり，電流の間に働く力から磁界そのものではなく**磁束密度**（magnetic flux density）が定義されている．この場合には，$\boldsymbol{E}$ への対応は磁束密度 $\boldsymbol{B}$ であり，$\boldsymbol{E}$-$\boldsymbol{B}$ 対応と呼ばれている．前者の考え方の前提である磁荷が存在しないことから，最近では後者の考え方がよくとられるようになっている．本書では，これから先，後者の考え方を用いて話を進める．また，磁束密度と磁界の関係は第8章で示す．

そこで，まず，微小な電流 $\Delta\boldsymbol{I}$ に働く力 $\Delta\boldsymbol{F}$ から，次式のように磁束密度 $\boldsymbol{B}$ を定義しよう．

$$\Delta\boldsymbol{F} = \Delta\boldsymbol{I} \times \boldsymbol{B} \tag{7.1}$$

ここで，図7.1に示すように，$\Delta\boldsymbol{I}$ は線電流 I の流路 c の線素 $\Delta\boldsymbol{s}$ により $I\Delta\boldsymbol{s}$ と表される．ベクトル積の定義から，$\Delta\boldsymbol{I}$ より $\boldsymbol{B}$ に向けて回転するとき右ネジの進む方向が $\Delta\boldsymbol{F}$ の向きである．$\Delta\boldsymbol{F}$ と $\Delta\boldsymbol{I}$ の単位がそれぞれ[N]，[A]であるのに対して，$\boldsymbol{B}$ の単位はテスラ[T]である．電界が電荷に働く力と同じ向きであるのに対して，磁束密度は加わる力に垂直な方向を向くのでとっつきにくいかもしれない．これらのベクトルの向きについては，図7.1における $\Delta\boldsymbol{F}$，$\boldsymbol{B}$，$\Delta\boldsymbol{I}$ の方向をそれぞれ，垂直に開いた左手の親指，人指し指，中指の向きとする**フレミングの左手の法則**（Fleming's left-hand rule）がある．(7.1)式におけるベクトル積の定義に加えて覚えておくとさらに便利である．

電荷間に働くクーロン力については，一方の電荷の周りには電界と呼ばれる空間の歪みがあり，この歪みがもう一方の電荷に力を及ぼすという解釈である．これに対応して，電流の周りにもある界があり，その空間的な歪みがもう一方の電流に力を及ぼすと解釈される．この電流の周りにある界を磁束密度という．電荷の周りの電界を記述するクーロンの法則(2.4)式に対して，電流の周りの界を記述するのが次式で表される**ビオ-サバールの法則**（Bio-Savart's law）である．

$$d\boldsymbol{B} = \frac{\mu_0}{4\pi}\frac{Id\boldsymbol{s}' \times (\boldsymbol{r} - \boldsymbol{r}')}{|\boldsymbol{r} - \boldsymbol{r}'|^3} \tag{7.2}$$

ここで，$d\boldsymbol{s}'$ は，図 7.2(a)に示すように，電流が流れる線路 c 上の線素であり，上式は線素を流れる電流の微小部分による観測点 P における磁束密度である．また，$\boldsymbol{r}$ と $\boldsymbol{r}'$ は座標原点 O から点 P および線素 $d\boldsymbol{s}'$ への位置ベクトルである．μ_0 は真空の透磁率であり，SI 単位系では $4\pi \times 10^{-7}$ [H/m] である．さらに，線路 c を流れる電流 I による点 P における磁束密度は，(7.2)式を線路 c 上で線積分して

$$\boldsymbol{B}(\boldsymbol{r}) = \frac{\mu_0 I}{4\pi}\int_c \frac{d\boldsymbol{s}' \times (\boldsymbol{r} - \boldsymbol{r}')}{|\boldsymbol{r} - \boldsymbol{r}'|^3} \tag{7.3}$$

となる．さらに，電流が線状ではなく，図 7.2(b)に示すように領域 V 内で空間的に分布して流れる場合には，

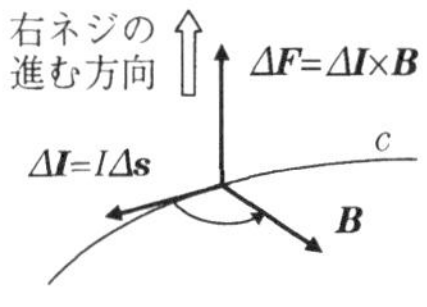

図 7.1 磁束密度中で微小電流に働く力(磁束密度の定義)

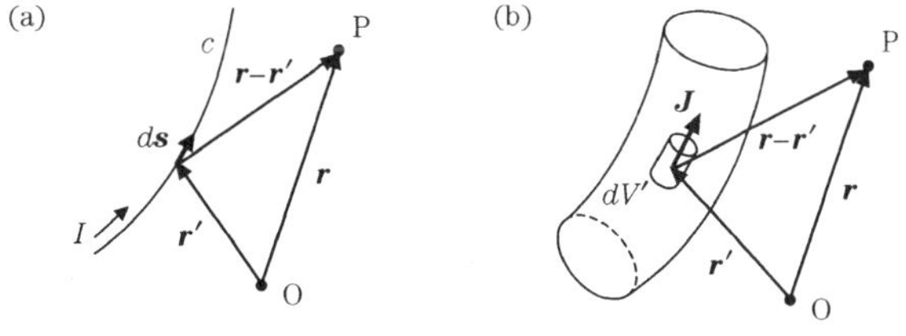

図 7.2 ビオ-サバールの法則
(a) 線電流要素による磁束密度，(b) 体電流要素による磁束密度

$$\boldsymbol{B}(\boldsymbol{r}) = \frac{\mu_0}{4\pi}\int_V \frac{\boldsymbol{J}(\boldsymbol{r}') \times (\boldsymbol{r} - \boldsymbol{r}')}{|\boldsymbol{r} - \boldsymbol{r}'|^3}\, dV' \tag{7.4}$$

で与えられる．ただし，体積要素 dV' は微小区間長 ds と微小断面 dS の積で表され，$\boldsymbol{J}(\boldsymbol{r}')$ は体積要素内での電流密度，積分は $\boldsymbol{r}'$ に関する体積分である．

図 7.3(a)に示す直線状の電流 I から距離 d だけ離れた点 P における磁束密度をビオ-サバールの法則から求めてみよう．図で，点 P は原点 O を中心とする半径 d の円周上にあり，$|\boldsymbol{r}| = d$ である．(7.3)式で，$\boldsymbol{r}' = \boldsymbol{s}$，$\boldsymbol{ds}' = \boldsymbol{ds}$ と置き換えると，$\boldsymbol{r} - \boldsymbol{s} = \boldsymbol{R}$ として，図 7.3(a)に示すように，$\boldsymbol{B}$ の向きは I の直線状経路を軸とした円周の接線方向（$\boldsymbol{ds}$ と $\boldsymbol{R}$ に垂直方向）であり，その大きさは

$$B = \frac{\mu_0 I}{4\pi}\int_c \frac{\sin\theta\, \boldsymbol{ds}}{R^2} \tag{7.5}$$

となる．ここで，角度 θ は R と ds のなす角度である．また，$R = d/\sin\theta$，$s = d/\cot\theta$ であるから経路 c が十分長いとして

$$B = \frac{\mu_0 I}{4\pi d}\int_0^{\pi} \sin\theta\, d\theta = \frac{\mu_0 I}{2\pi d} \tag{7.6}$$

となる．

さらに，点 P に電流 I と平行に直線状の電流 I' を置いたとき，この電流の単位長さ当たりに働く力 $\boldsymbol{F}$ の大きさは，(7.1)式より，

$$F = -\frac{\mu_0 I I'}{2\pi d} \tag{7.7}$$

となる．右辺の負の符号は，図 7.3(b)に示すように，I と I' が同方向のとき引力となり逆方向のとき斥力となることを示している．話は逆になるが，電流の単位 [A] は(7.7)式の関係により定義されている．一方で，図 7.3(c)に示すような

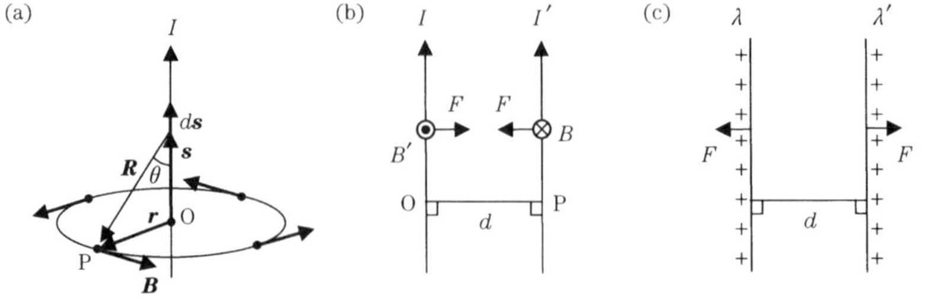

図 7.3 (a) 直線状線電流による磁束密度，(b) 平行線電流間に働く力，(c) 平行線電荷間に働く力

距離 d だけ隔てられている平行線電荷（線電荷密度はそれぞれ λ, λ'）の場合，単位長さ当たりに働く力の大きさは，

$$F = \frac{\lambda\lambda'}{2\pi\varepsilon_0 d} \tag{7.8}$$

である．(7.7)式とはよく似た表式になるが力の向きが逆になることに注意しよう．

例題 7.1　図 7.4 に示すように，ある平面上の半径 a の半円と 2 つの半直線からなる線路 c に線電流 I が流れているとき，半円の中心 O における磁束密度を求めよ．ただし，2 つの半直線は一直線上にある．

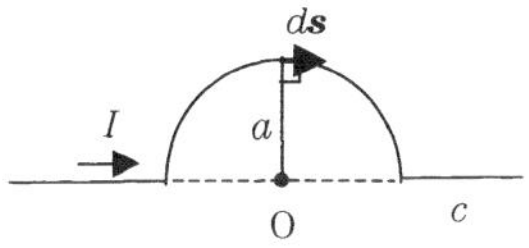

図 7.4　平面上で半径 a の半円と 2 つの半直線からなる電流路

[解]　ビオ-サバールの法則(7.3)式を半直線の線路に適用すると，観測点が線素の延長線上にあり $d\boldsymbol{s} \times (\boldsymbol{r} - \boldsymbol{r}') = 0$ となるので，この部分からの寄与はない．半円については，$d\boldsymbol{s} \perp (\boldsymbol{r} - \boldsymbol{r}')$ となるので，$d\boldsymbol{s} \times (\boldsymbol{r} - \boldsymbol{r}')$ の大きさは ads，向きは常に紙面に垂直下向きになる(図 7.4 の場合)．よって，点 O における磁束密度は半円からの寄与により

$$B = \frac{\mu_0 I}{4\pi}\int_{半円} \frac{ads}{a^3} = \frac{\mu_0 I}{4\pi a^2}\,\pi a = \frac{\mu_0 I}{4a}$$

となる．

例題 7.2　図 7.5 に示すように，半径 a の 1 ターンの円形コイルに線電流 I が流れているとき，中心軸上で中心 O から d だけ離れた点 P における磁束密度を求めよ．

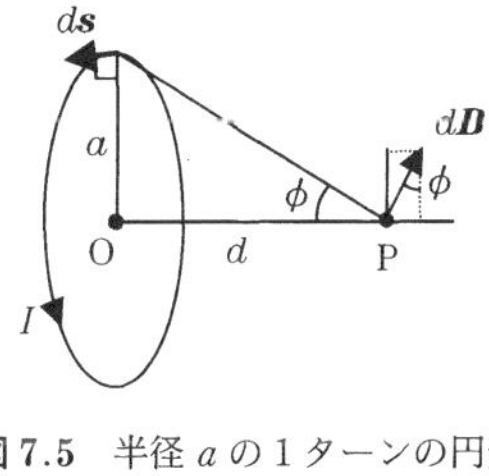

図 7.5　半径 a の 1 ターンの円形コイルに流れる線電流による中心軸上の磁束密度

[解]　(7.2)式において，$d\boldsymbol{s} \perp (\boldsymbol{r} - \boldsymbol{r}')$ となるので，$d\boldsymbol{B}$ の大きさは

$$dB = \frac{\mu_0}{4\pi}\frac{Ids}{a^2 + d^2}$$

となる．また，$d\boldsymbol{B}$ の中心軸に垂直な成分は線路の対称性により打ち消されるので，中心軸方向の成分のみを考慮すると，(7.3)式より

$$B = \frac{\mu_0 I}{4\pi}\int_c \frac{\sin\phi\, ds}{a^2 + d^2} = \frac{\mu_0 I a}{4\pi(a^2 + d^2)^{3/2}}\,2\pi a = \frac{\mu_0 I a^2}{2(a^2 + d^2)^{3/2}}$$

となる．ここで，ϕ は図 7.5 で線素と点 P を結ぶ線と中心軸のなす角である．　■

7.2 アンペアの法則と基本の法則

電界については，クーロンの法則から出発して，ガウスの法則などの積分形の基本の法則やこれらに対応する微分形の法則を導いた．磁束密度についても，同様の表現が可能である．まず，任意の閉曲面 S と任意の閉路 c について，積分形の法則は次のようになる．

$$\int_S \boldsymbol{B} \cdot d\boldsymbol{S} = 0 \tag{7.9}$$

$$\oint_c \boldsymbol{B} \cdot d\boldsymbol{s} = \mu_0 I \tag{7.10}$$

いま，面素 $d\boldsymbol{S}$ を貫く**磁束**（magnetic flux）を $\boldsymbol{B} \cdot d\boldsymbol{S}$ で定義すると，(7.9)式は，任意の閉曲面 S について磁束の総和は 0 となることを示す．ここで，磁束の単位は，$[\mathrm{Tm^2}] = [\mathrm{Wb}]$（ウェーバー）である．一方，(7.10)式で，$I$ は閉路 c で囲まれた面を通過する電流であり，閉路 c に**鎖交**（interlinkage）する電流という．これらの積分形の法則のうち，(7.10)式を**アンペア（アンペール）の法則**（Ampère's law，アンペアの周回積分の法則）と呼んでいる．

次に，積分形の法則から，次の微分形の法則が導かれることを示そう．

$$\nabla \cdot \boldsymbol{B} = 0 \tag{7.11}$$

$$\nabla \times \boldsymbol{B} = \mu_0 \boldsymbol{J} \tag{7.12}$$

つまり，任意の閉曲面 S に対して，(7.9)式の左辺をガウスの定理により変形すると

$$\int_V \nabla \cdot \boldsymbol{B} dV = 0 \tag{7.13}$$

となる．(7.13)式は任意の閉曲面内の領域 V について成り立つので，(7.11)式が成り立つことがわかる．また，(7.10)式の両辺を閉路 c に張る面 S に対する面積分で表すと

$$\int_S \nabla \times \boldsymbol{B} \cdot d\boldsymbol{S} = \mu_0 \int_S \boldsymbol{J} \cdot d\boldsymbol{S} \tag{7.14}$$

となる．ただし，左辺の変形にストークスの定理を用いている．この場合も，

(7.14)式は任意の面 S について成り立つので，(7.12)式が導かれる．(7.12)式はアンペアの法則の微分形である．また，これまでの道筋を逆に進めば，微分形の法則から積分形の法則が導かれることも容易に理解できるであろう．

以上，磁束密度について，積分形の法則と微分形の法則とが同等であることをみてきたが，ここで，微分形の法則(7.11)式と(7.12)式は，(7.3)式の両辺の回転あるいは発散をとることによりビオ-サバールの法則から導くことができることを示そう．

$$\boldsymbol{a} = \boldsymbol{J}(\boldsymbol{r}'), \quad \boldsymbol{b} = \frac{\boldsymbol{r} - \boldsymbol{r}'}{|\boldsymbol{r} - \boldsymbol{r}'|^3} = -\nabla \frac{1}{|\boldsymbol{r} - \boldsymbol{r}'|} \tag{7.15}$$

とおき，まず，$\boldsymbol{r}$ について (7.4)式の両辺の発散をとると，

$$\nabla \cdot \boldsymbol{B}(\boldsymbol{r}) = \frac{\mu_0}{4\pi} \nabla \cdot \int_V \frac{\boldsymbol{J}(\boldsymbol{r}') \times (\boldsymbol{r} - \boldsymbol{r}')}{|\boldsymbol{r} - \boldsymbol{r}'|^3} dV' = \frac{\mu_0}{4\pi} \int_V \nabla \cdot (\boldsymbol{a} \times \boldsymbol{b}) dV' \tag{7.16}$$

のように変形できる．最右辺の被積分項は，ベクトル演算の公式（付録Aの(付.44)式）より

$$\nabla \cdot (\boldsymbol{a} \times \boldsymbol{b}) = \boldsymbol{b} \cdot \nabla \times \boldsymbol{a} - \boldsymbol{a} \cdot \nabla \times \boldsymbol{b} = 0 \tag{7.17}$$

となる．ここで，$\boldsymbol{a}$ は $\boldsymbol{r}'$ の関数であり $\boldsymbol{r}$ の関数でないこと，スカラ f に対して $\nabla \times \nabla f = 0$ であることを用いている．よって，(7.11)式が導かれた．

次に，$\boldsymbol{r}$ について(7.4)式の両辺の回転をとると，

$$\nabla \times \boldsymbol{B}(\boldsymbol{r}) = \frac{\mu_0}{4\pi} \nabla \times \int_V \frac{\boldsymbol{J}(\boldsymbol{r}') \times (\boldsymbol{r} - \boldsymbol{r}')}{|\boldsymbol{r} - \boldsymbol{r}'|^3} dV' = \frac{\mu_0}{4\pi} \int_V \nabla \times (\boldsymbol{a} \times \boldsymbol{b}) dV' \tag{7.18}$$

のように変形できる．今度はベクトル演算の公式(付.45)より，最右辺の被積分項は，

$$\nabla \times (\boldsymbol{a} \times \boldsymbol{b}) = (\nabla \cdot \boldsymbol{b})\boldsymbol{a} + (\boldsymbol{b} \cdot \nabla)\boldsymbol{a} - (\nabla \cdot \boldsymbol{a})\boldsymbol{b} - (\boldsymbol{a} \cdot \nabla)\boldsymbol{b} \tag{7.19}$$

となる．$\boldsymbol{a}$ は $\boldsymbol{r}$ の関数でないので，右辺の第2項と第3項は0である．また，第4項は

$$\begin{aligned} -(\boldsymbol{a} \cdot \nabla)\,\boldsymbol{b} &= [\boldsymbol{J}(\boldsymbol{r}') \cdot \nabla]\,\nabla \frac{1}{|\boldsymbol{r} - \boldsymbol{r}'|} = -[\boldsymbol{J}(\boldsymbol{r}') \cdot \nabla']\,\nabla \frac{1}{|\boldsymbol{r} - \boldsymbol{r}'|} \\ &= -\nabla\,[\boldsymbol{J}(\boldsymbol{r}') \cdot \nabla'] \frac{1}{|\boldsymbol{r} - \boldsymbol{r}'|} = -\nabla \left[\boldsymbol{J}(\boldsymbol{r}') \cdot \nabla' \frac{1}{|\boldsymbol{r} - \boldsymbol{r}'|}\right] \\ &= -\nabla \left[\nabla' \cdot \frac{\boldsymbol{J}(\boldsymbol{r}')}{|\boldsymbol{r} - \boldsymbol{r}'|} - \frac{1}{|\boldsymbol{r} - \boldsymbol{r}'|} \nabla \cdot \boldsymbol{J}(\boldsymbol{r}')\right] = -\nabla \left[\nabla' \cdot \frac{\boldsymbol{J}(\boldsymbol{r}')}{|\boldsymbol{r} - \boldsymbol{r}'|}\right] \end{aligned} \tag{7.20}$$

と変形できる．上式1行目では，$\boldsymbol{r} - \boldsymbol{r}'$ の関数である $\boldsymbol{b}$ においては $\nabla = -\nabla'$ であることを用いている．ここで，∇' は $\boldsymbol{r}'$ についての演算を意味している．さ

らに，3行目では，スカラとベクトルの積の発散についての公式(付.41)と定常電流に対する条件$\nabla\cdot\boldsymbol{J}(\boldsymbol{r}')=0$を用いている．(7.20)式の最右辺の$\boldsymbol{r}'$についての体積分はガウスの定理により

$$\int_V \nabla\left[\nabla'\cdot\frac{\boldsymbol{J}(\boldsymbol{r}')}{|\boldsymbol{r}-\boldsymbol{r}'|}\right]dV'=\nabla\int_S\frac{\boldsymbol{J}(\boldsymbol{r}')}{|\boldsymbol{r}-\boldsymbol{r}'|}\cdot d\boldsymbol{S}' \tag{7.21}$$

となるが，電流が分布している領域より十分大きくSをとることにより面積分を0にできる．

(7.19)式右辺で最後に残る第1項により

$$\nabla\times\boldsymbol{B}(\boldsymbol{r})=\frac{\mu_0}{4\pi}\int_V \boldsymbol{J}(\boldsymbol{r}')\left[\nabla^2\frac{-1}{|\boldsymbol{r}-\boldsymbol{r}'|}\right]dV'=\frac{\mu_0}{4\pi}\int_V \boldsymbol{J}(\boldsymbol{r}')\left[\nabla'^2\cdot\frac{-1}{|\boldsymbol{r}-\boldsymbol{r}'|}\right]dV'$$
$$=\mu_0\boldsymbol{J}(\boldsymbol{r}) \tag{7.22}$$

を得る．ここで，詳細は省くが，デルタ関数$\delta(\boldsymbol{r}-\boldsymbol{r}')$を用いて，

$$\nabla^2\frac{1}{|\boldsymbol{r}-\boldsymbol{r}'|}=-4\pi\delta(\boldsymbol{r}-\boldsymbol{r}') \tag{7.23}$$

であることを利用している．

以上より，磁束密度についての基本の法則がビオ-サバールの法則から導かれることが示された．

例題 7.3　図7.3(a)に示した直線状線電流Iから距離rの地点Pにおける磁束密度をアンペアの法則を用いて求めよ．

[解]　(7.10)式において，原点Oを中心とし直線に垂直な半径rの円を閉路cとすると，対称性より，磁束密度は閉路cに沿って一様で線素に平行であるので，(7.10)式は

$$B2\pi r=\mu_0 I$$

となり，$r=d$として(7.6)式と同じ結果が得られた．■

例題 7.4　図7.6に示すように，半径aの無限に長い円柱に一様に電流Iが流れるとき，円柱内外の磁束密度を求めよ．

[解]　図に示すように閉路をとると，例題7.3と同様に，アンペアの法則より，

$$B2\pi r=\mu_0 I\left(\frac{r}{a}\right)^2\quad(r\leq a)$$
$$=\mu_0 I\quad(a\leq r)$$

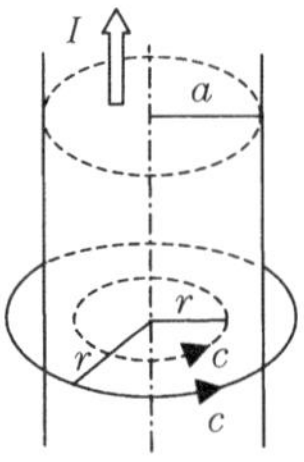

図 7.6　半径aの無限に長い円柱に一様に流れる電流による磁束密度

となる．よって，

$$B = \frac{\mu_0 I r}{2\pi a^2} \quad (r \le a)$$

$$= \frac{\mu_0 I}{2\pi r} \quad (a \le r)$$

が得られる． ■

例題 7.5 図 7.7 に示すように，xy 平面で y 軸方向に面密度 κ [A/m] の一様な平面電流が流れているとき，z 軸上で $z = h$ の点 P における磁束密度を求めよ．

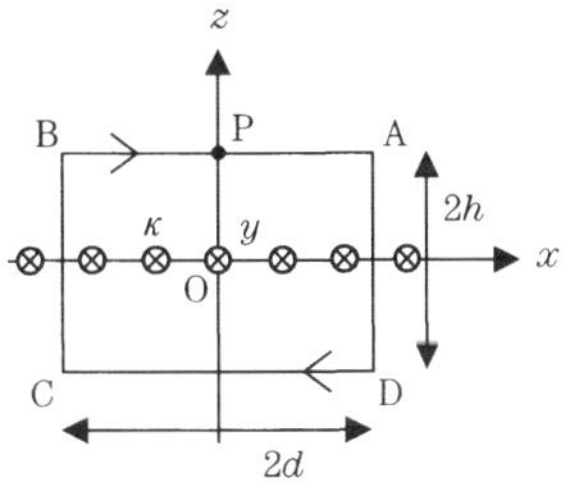

図 7.7 xy 平面上で y 軸方向に面密度 κ [A/m] で一様に流れる平面電流による磁束密度

[解] 対称性より磁束密度は x 軸に平行になる．周回積分の経路 c を図のように点 P を通り xy 平面に対して対称に閉路 ABCDA にとると，(7.10) 式の積分で，辺 BC と辺 DA からの寄与はないので，(7.10) 式は

$$B4d = \mu_0 \cdot \kappa \cdot 2d$$

となり，$B = \mu_0 \kappa / 2$ が得られる．ここで，磁束密度の方向は $z > 0$ の領域で x 軸の正方向，$z < 0$ の領域で x 軸の負方向である．また磁束密度は h に依存しないことから，それぞれの領域で一様である． ■

例題 7.6 図 7.8 に示すように，断面が半径 a の円で，単位長さ当たりの巻数が n である無限長ソレノイドコイルによる磁束密度を求めよ．

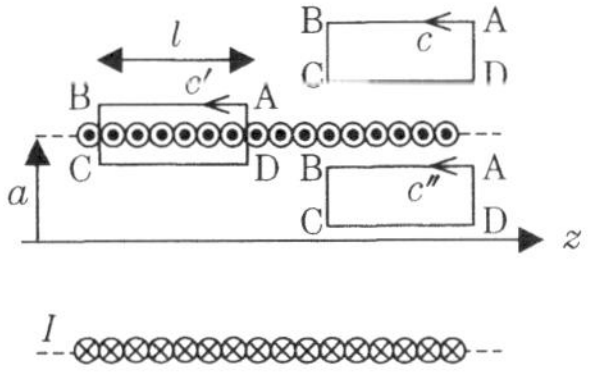

図 7.8 無限長ソレノイドコイルに流れる電流による磁束密度

[解] 電流分布はコイルの軸方向に一様であるから，磁束密度はこの軸方向を向いている．図 7.8 に示すコイルの縦断面において，軸方向の長さが l の閉路をコイルの外側，コイルを含む位置，内側にとると，それぞれの閉路 c, c', c'' について (7.10) 式は，

$$\int_{A}^{B} \boldsymbol{B} \cdot d\boldsymbol{s} + \int_{C}^{D} \boldsymbol{B} \cdot d\boldsymbol{s} = 0 \quad (c,\ c'')$$

$$= \mu_0 n l I \quad (c')$$

となる．コイルの外側，内側ではどこでも周回積分が 0 であることから，それぞれ磁束密度は一定である．また，この条件下では，コイルから十分離れたところ

では $B = 0$ となるので，コイルの外側では一様に $B = 0$ である．これらを考慮すると，閉路 c' についての周回積分の結果より，コイルの内部では一様に $B = \mu_0 nI$ となることがわかる．

なお，上の導出で，結果はコイルの断面形状によらないので，軸方向に一様であれば任意の断面形状について同じ結果を得る．■

以上のように，ビオ-サバールの法則から出発して，磁束密度についての積分形と微分形の法則に辿り着いたが，クーロンの法則から出発した静電界の法則との比較を表 7.1 に示す．まず，$\nabla \cdot \boldsymbol{B} = 0$ は，$\nabla \cdot \boldsymbol{E} = \rho/\varepsilon_0$ と比較すると，磁荷が存在せず，磁束の湧き出しがないことを示しており，電荷と電界との関係に比べて大きな違いがあることがわかる．さらに，電荷の移動による電流に対応する磁荷による磁流も存在しない．このことを磁石について当てはめると，磁石をいくら細かく分割してもＳ極とＮ極を単独に分離できずにＳ極とＮ極が対となった磁気双極子しか得られないということである．電気力線は湧き出し口（正電荷）と吸い込み口（負電荷）の端点をもつが，電気力線に対応して磁力線を考えると，磁荷がないために磁力線はループ状になる．つまり，**ソレノイダルな界**となる．次に，電流が流れるところでは $\nabla \times \boldsymbol{B} \neq 0$ であることから，磁束密度は保存の界ではない．この場合，電位に対応して $\boldsymbol{B} = -\nabla\phi_m$ により磁位 ϕ_m を導入したとしても，電流が分布するところでは磁位は一価の関数として定義できない．

表 7.1　静電界と定常電流による磁束密度についての基本の法則の比較表（真空中）

	静　電　界	定常電流による磁束密度
定　　義	$\boldsymbol{F} = q\boldsymbol{E}$	$\varDelta\boldsymbol{F} = \varDelta\boldsymbol{I} \times \boldsymbol{B}$
基本の法則	$\boldsymbol{E}(\boldsymbol{r}) = \dfrac{1}{4\pi\varepsilon_0}\displaystyle\int_V \dfrac{\rho(\boldsymbol{r}')(\boldsymbol{r}-\boldsymbol{r}')}{\lvert\boldsymbol{r}-\boldsymbol{r}'\rvert^3}\,dV'$ （クーロンの法則）	$\boldsymbol{B}(\boldsymbol{r}) = \dfrac{\mu_0}{4\pi}\displaystyle\int_V \dfrac{\boldsymbol{J}(\boldsymbol{r}') \times (\boldsymbol{r}-\boldsymbol{r}')}{\lvert\boldsymbol{r}-\boldsymbol{r}'\rvert^3}\,dV'$ （ビオ-サバールの法則）
積 分 形 式	$\displaystyle\int_S \boldsymbol{E} \cdot d\boldsymbol{S} = \dfrac{Q}{\varepsilon_0}$　（ガウスの法則） $\displaystyle\oint_c \boldsymbol{E} \cdot d\boldsymbol{s} = 0$	$\displaystyle\int_S \boldsymbol{B} \cdot d\boldsymbol{S} = 0$ $\displaystyle\oint_c \boldsymbol{B} \cdot d\boldsymbol{s} = \mu_0 I$　（アンペアの法則）
微 分 形 式	$\nabla \cdot \boldsymbol{E} = \dfrac{\rho}{\varepsilon_0}$ $\nabla \times \boldsymbol{E} = 0$　$(\boldsymbol{E} = -\nabla\phi)$	$\nabla \cdot \boldsymbol{B} = 0$　$(\boldsymbol{B} = \nabla \times \boldsymbol{A})$ $\nabla \times \boldsymbol{B} = \mu_0 \boldsymbol{J}$

7.3　ベクトルポテンシャル

(7.11)式より磁束密度は発散がない界であるから，数学的には，あるベクトル $\boldsymbol{A}$ に対して $\nabla \cdot (\nabla \times \boldsymbol{A}) = 0$ より

$$\boldsymbol{B} = \nabla \times \boldsymbol{A} \tag{7.24}$$

のように表すことができる．ここで，ベクトル $\boldsymbol{A}$ を**ベクトルポテンシャル**（vector potential）という．静電界 $\boldsymbol{E}$ が(2.23)式で表される保存の界であることから，$\boldsymbol{E} = -\nabla\phi$ で定義される電位 ϕ を導入したことに対応している．電位の場合にもある定数だけ任意性があったが，ベクトルポテンシャルの場合には，(7.24)式からわかるように，あるスカラ χ について

$$\boldsymbol{A}' = \boldsymbol{A} + \nabla\chi \tag{7.25}$$

だけの任意性がある．つまり，(7.25)式の $\boldsymbol{A}$ も $\boldsymbol{A}'$ も(7.24)式より同じ $\boldsymbol{B}$ を与える．また，(7.25)式で表される $\boldsymbol{A}$ から $\boldsymbol{A}'$ への変換を**ゲージ変換**（gauge transformation）という．このゲージ変換により $\boldsymbol{B}$ は影響を受けない．このとき，$\boldsymbol{B}$ はゲージ不変であるという．

このような任意性を避け，ベクトルポテンシャルに一意性をもたせるために，付加的な条件を加える．よく使われる条件の 1 つが

$$\nabla \cdot \boldsymbol{A} = 0 \tag{7.26}$$

である．この条件を**クーロンゲージ**（Coulomb gauge）という．さて，(7.24)式を(7.12)式に代入すると，公式(付.39)より

$$\nabla \times \boldsymbol{B} = \nabla \times (\nabla \times \boldsymbol{A}) = \nabla(\nabla \cdot \boldsymbol{A}) - \nabla^2\boldsymbol{A} = \mu_0\boldsymbol{J} \tag{7.27}$$

となる．ここで，クーロンゲージを採用すると

$$\nabla^2\boldsymbol{A} = -\mu_0\boldsymbol{J} \tag{7.28}$$

を得る．成分ごとに表すと

$$\nabla^2 A_i = -\mu_0 J_i \quad (i = x,\ y,\ z) \tag{7.28$'$}$$

である．このようにある 1 つの条件を採用することをゲージを固定するという．ここで，(7.28′)式と電位に対するポアソンの式 $\nabla^2\phi = -\rho/\varepsilon_0$ を比べると，ベクトルポテンシャルの各成分は電位と同形の微分方程式の解として得られることがわかる．つまり，ポアソンの式の解の(2.32)式に対して，電荷密度を電流密度の各成分に，ε_0 を μ_0 に置き換えれば，

$$A_i(\boldsymbol{r}) = \frac{\mu_0}{4\pi}\int_V \frac{J_i(\boldsymbol{r}')}{|\boldsymbol{r} - \boldsymbol{r}'|}\,dV' \quad (i = x,\ y,\ z) \tag{7.29}$$

となる．また，ベクトルとして表すと

$$\boldsymbol{A}(\boldsymbol{r}) = \frac{\mu_0}{4\pi}\int_V \frac{\boldsymbol{J}(\boldsymbol{r}')}{|\boldsymbol{r}-\boldsymbol{r}'|}dV' \tag{7.30}$$

である．ここで，図7.2(b)に示すように，$\boldsymbol{r}$ と $\boldsymbol{r}'$ は観測点と体積要素の位置ベクトルであり，V は電流が分布して流れる領域である．また，線電流 I に対しては，$\boldsymbol{J}(\boldsymbol{r}')dV' = JdSd\boldsymbol{s} = Id\boldsymbol{s}$ として

$$\boldsymbol{A}(\boldsymbol{r}) = \frac{\mu_0 I}{4\pi}\int_c \frac{d\boldsymbol{s}'}{|\boldsymbol{r}-\boldsymbol{r}'|} \tag{7.30$'$}$$

となる．

次に，ある曲面 S を貫く磁束 Φ の表式を

$$\Phi = \int_S \boldsymbol{B}\cdot d\boldsymbol{S} = \int_S \nabla\times\boldsymbol{A}\cdot d\boldsymbol{S} = \oint_c \boldsymbol{A}\cdot d\boldsymbol{s} \tag{7.31}$$

のように変形すると，磁束密度については曲面 S 内での面積分により計算される磁束が，ベクトルポテンシャルを用いると曲面 S の境界 c 上での周回積分により求められることがわかる．さらに，ベクトルポテンシャルについて対称性がよい場合には，(7.31)式をうまく利用すると比較的容易にベクトルポテンシャルを得ることができる．

例題 7.7　図7.3(a)に示す直線状電流 I から r だけ離れた点Pのベクトルポテンシャルを(7.30′)式より求めよ．また，磁束密度分布を求めて，(7.31)式からもベクトルポテンシャルを求めよ．ただし，直線状電流 I から a だけ離れた点 $\mathrm{P_0}$ をベクトルポテンシャルの基準にとる．

[解]　図7.9(a)において，z 軸上で $z=-l_1$ と $z=+l_2$ の区間に流れている電流 I による点Pにおけるベクトルポテンシャルは，(7.30′)式より z 成分のみであり

$$A_z(r) = \frac{\mu_0 I}{4\pi}\int_{-l_1}^{l_2}\frac{ds}{\sqrt{s^2+r^2}} = \frac{\mu_0 I}{4\pi}\left[\ln\left(s+\sqrt{s^2+r^2}\right)\right]_{-l_1}^{l_2}$$

$$= \frac{\mu_0 I}{4\pi}\ln\frac{l_2+\sqrt{l_2{}^2+r^2}}{-l_1+\sqrt{l_1{}^2+r^2}}$$

となる．上式で $l_1\to\infty$，$l_2\to\infty$ の極限として無限長直線状電流によるベクト

ルポテンシャルを求めてみると，

$$A_z(r) = \lim_{l\to\infty} \frac{\mu_0 I}{2\pi}\left[\ln\left(l + \sqrt{l^2 + r^2}\right)\right]_0^l$$

となる．そこで，$r = a$ の地点を基準点として $A_z(a) = A_0$ とすると

$$A_z(r) - A_0 = \lim_{l\to\infty} \frac{\mu_0 I}{2\pi}\left[\ln\frac{l + \sqrt{l^2 + r^2}}{l + \sqrt{l^2 + a^2}}\right]_0^l = \frac{\mu_0 I}{2\pi}\ln\frac{a}{r}$$

より

$$A_z(r) = \frac{\mu_0 I}{2\pi}\ln\frac{a}{r} + A_0 \tag{7.32}$$

が得られる．

また，図 7.9(b)のように点 P と点 P_0 を通り，電流路に平行な辺の長さを単位長さとする閉路 c に対して，(7.31)式より

$$\oint_c \boldsymbol{A}\cdot d\boldsymbol{s} = -A_z(r) + A_z(a) = \int_a^r B(r)dr = \int_a^r \frac{\mu_0 I}{2\pi r}dr = \frac{\mu_0 I}{2\pi}\ln\frac{r}{a}$$

となり，同じく(7.32)式を得る． ■

さて，直線状電流の周囲の磁束密度とベクトルポテンシャルについて，それぞれ例題 7.3 と例題 7.7 で求めたので，比較のために，その分布を概略的に図 7.9(c)に示す．太い実線の矢印が磁束密度，破線の矢印がベクトルポテンシャルを示している．図ではベクトルポテンシャルの基準を半径 a の円周上にとり，ここで $A_0 = 0$ とした．半径が a より小さい円周上および大きい円周上でも磁束密度とベクトルポテンシャルを示している．磁束密度は円周の接線方向を向き，大きさは円周の半径に反比例して分布している．ベクトルポテンシャルは電流に

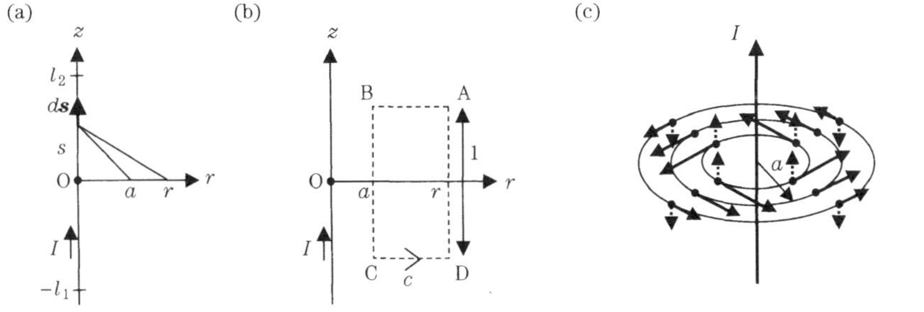

図 7.9 (a) 直線状電流によるベクトルポテンシャル，
(b) 直線状電流による閉路上のベクトルポテンシャル，
(c) 磁束密度分布とベクトルポテンシャル分布

平行な成分のみをもっており，基準にとった半径 a の円周の内外で向きが反転している．

例題 7.8　単位長さ当たりの巻数 n，半径 a の円断面無限長ソレノイドコイルのベクトルポテンシャルを求めよ．

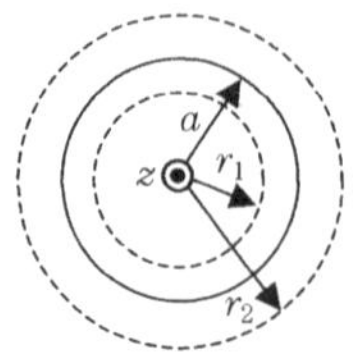

図 7.10　無限長ソレノイドコイルに流れる電流による断面内でのベクトルポテンシャルの分布

[解]　図 7.10 に示すソレノイドコイルの断面図において，コイル軸を z 軸とし，電流はよい近似で円周方向成分のみをもつとすると，(7.30)式よりベクトルポテンシャルも円周方向成分 A_θ のみをもつ．また，対称性より諸量は円周方向に一様であるから，閉路 c を図 7.10 に示すような半径 r の円とすると，(7.31)式より

$$\oint_c \boldsymbol{A}\cdot d\boldsymbol{s} = 2\pi r\, A_\theta(r) = \int_0^r B_z 2\pi r\, dr = \mu_0 nI\, \pi r^2 \quad (r \le a)$$
$$= \mu_0 nI\, \pi a^2 \quad (a \le r)$$

となる．ここで，無限長ソレノイドコイル内外の磁束密度分布については例題 7.6 の結果を用いている．よって，ベクトルポテンシャル（円周方向成分）の分布

$$A_\theta(r) = \frac{\mu_0}{2} nI\, r \quad (r \le a)$$
$$= \frac{\mu_0}{2} nI \frac{a^2}{r} \quad (a \le r)$$

を得る．例題 7.6 で求めたように，磁束密度は無限長ソレノイドコイル内では一様でコイル軸方向を向き，コイルの外側では 0 であった．これに対して，ベクトルポテンシャルはコイル軸に対して常に円周方向を向いており，コイルの外側でもコイル軸からの距離に反比例した有限の大きさであることに注意しよう．■

保存の界である静電界について電位を導入したが，磁束密度に対してそのスカラーポテンシャルである磁位について簡単にふれておこう．

電流が流れていない領域では(7.12)式は $\nabla \times \boldsymbol{B} = 0$ であるので，磁束密度も電界と同様に保存の界である．この場合，電界におけるスカラーポテンシャルの電位と同じように

$$\boldsymbol{B} = -\nabla \phi_m \qquad (7.33)$$

により一意的な磁位 ϕ_m を導入できる．ところが電流が流れている領域では，(7.10)式に(7.33)式を代入すると

$$\oint_c \boldsymbol{B}\cdot d\boldsymbol{s} = -\oint_c \nabla\phi_m \cdot d\boldsymbol{s} = -\oint_c d\phi_m = \mu_0 I \tag{7.34}$$

となり，磁位は電流の周りで1回周回積分するごとに $\mu_0 I$ だけ値が変わってしまう．つまり，ある地点の磁位が一意的には決まらないことになる．電流が流れている領域では，磁位を用いるときにはこのことに注意が必要になる．

7.4 インダクタンス

図7.11に示すように，2つの閉回路 c_1, c_2 があり，それぞれに線電流 I_1, I_2 が流れているとしよう．c_1 と c_2 が張る面を S_1 と S_2，ループ電流 I_1 と I_2 による磁束密度を $\boldsymbol{B}_1$ と $\boldsymbol{B}_2$ とすると，面 S_1 を貫く磁束（あるいは，ループ c_1 に鎖交する磁束）Φ_1 は

$$\Phi_1 = \int_{S_1} (\boldsymbol{B}_1 + \boldsymbol{B}_2)\cdot d\boldsymbol{S} = \Phi_{11} + \Phi_{12} \tag{7.35}$$

となる．Φ_{11} と Φ_{12} はそれぞれ全磁束 Φ_1 のうちループ電流 I_1, I_2 による成分で

$$\left.\begin{aligned}\Phi_{11} &= \int_{S_1} \boldsymbol{B}_1\cdot d\boldsymbol{S} = L_1 I_1 \\ \Phi_{12} &= \int_{S_1} \boldsymbol{B}_2\cdot d\boldsymbol{S} = M_{12} I_2\end{aligned}\right\} \tag{7.36}$$

と表すと，L_1 を回路1の**自己インダクタンス** (self-inductance)，M_{12} を回路1，2間の**相互インダクタンス** (mutual inductance) という．面 S_2 を貫く磁束 Φ_2 についても同様に表されて

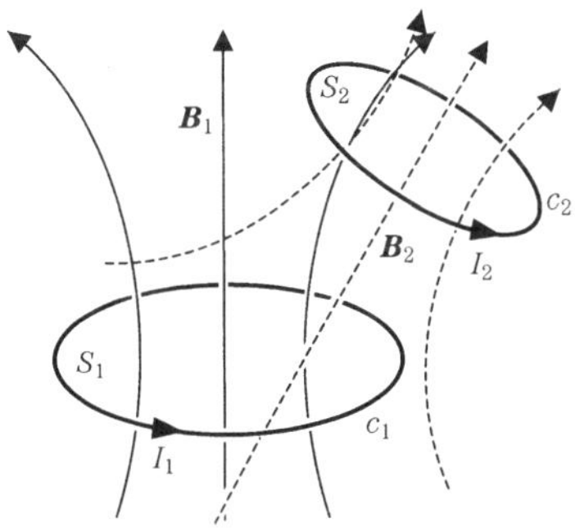

図7.11　2つのループ電流による鎖交磁束

$$\Phi_2 = \int_{S_2} (\boldsymbol{B}_1 + \boldsymbol{B}_2)\cdot d\boldsymbol{S} = \Phi_{21} + \Phi_{22} = M_{21} I_1 + L_2 I_2 \tag{7.37}$$

となる．一般に，自己インダクタンスは正であるが，相互インダクタンスは電流の向きにより負になることもある．

以上の考え方を図7.12に示す n 個のループ電流 $I_i\,(i = 1, 2, \cdots, n)$ からなる系に拡張すると，

$$\Phi_i = \sum_{j=1}^{n} \Phi_{ij} = \sum_{j=1}^{n} M_{ij} I_j \tag{7.38}$$

となる．ここで，$M_{ii}=L_i$ は自己インダクタンス，$M_{ij}\,(i\neq j)$ は相互インダクタンスである．また，一般に，

$$M_{ij}=M_{ji} \qquad (7.39)$$

であることは次のようにして説明できる．

j 番目の回路 c_j に流れる電流 I_j によるベクトルポテンシャルは(7.30′)式より

$$\boldsymbol{A}(\boldsymbol{r})=\frac{\mu_0 I_j}{4\pi}\oint_{c_j}\frac{d\boldsymbol{s}_j}{|\boldsymbol{r}-\boldsymbol{r}_j|} \qquad (7.40)$$

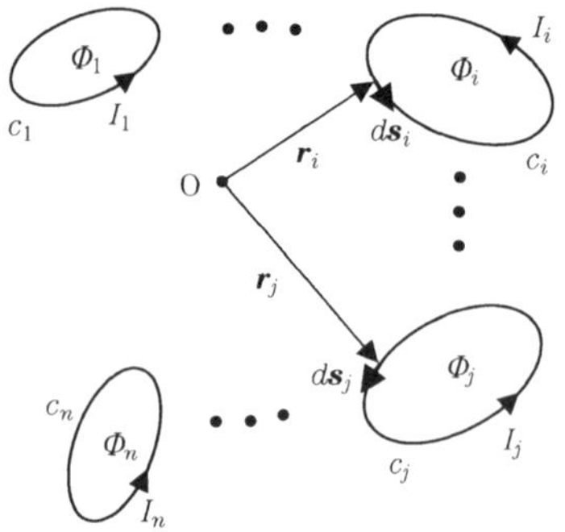

図 7.12　n 個のループ電流による鎖交磁束

となる．これにより i 番目の回路 c_i が張る面 S_i を貫く磁束 Φ_{ij} は

$$\Phi_{ij}=\oint_{c_i}\boldsymbol{A}(\boldsymbol{r}_i)\cdot d\boldsymbol{s}_i=\frac{\mu_0 I_j}{4\pi}\oint_{c_i}\oint_{c_j}\frac{d\boldsymbol{s}_i d\boldsymbol{s}_j}{|\boldsymbol{r}_i-\boldsymbol{r}_j|} \qquad (7.41)$$

である．ここで，r_i，r_j は，それぞれ閉回路 c_i，c_j に沿った線素 $d\boldsymbol{s}_i$，$d\boldsymbol{s}_j$ の位置ベクトルである．したがって，

$$M_{ij}=\frac{\Phi_{ij}}{I_j}=\frac{\mu_0}{4\pi}\oint_{c_i}\oint_{c_j}\frac{d\boldsymbol{s}_i d\boldsymbol{s}_j}{|\boldsymbol{r}_i-\boldsymbol{r}_j|} \qquad (7.42)$$

を得る．(7.42)式は，回路 c_i，c_j 間の相互インダクタンスの表式で**ノイマンの公式**（Neumann's formula）と呼ばれている．この式において，添字の i, j を入れ替えても同じ結果となるので(7.39)式の条件が成り立つことがわかる．

例題 7.9　図 7.8 に示す単位長さ当たりの巻数 n，半径 a の円断面無限長ソレノイドコイルの単位長さ当たりの自己インダクタンスを求めよ．

［解］　ソレノイドコイル内の磁束密度 $\boldsymbol{B}$ はコイル軸に平行で，その大きさは $\mu_0 nI$ であるから，1 ターンに鎖交する磁束は

$$\Phi_1=\int_{1\text{turn}}\boldsymbol{B}\cdot d\boldsymbol{S}=\pi a^2 B=\pi a^2\mu_0 nI$$

となる．コイル単位長さ当たりに鎖交する磁束 Φ は $n\Phi_1$ であるから，単位長さ当たりの自己インダクタンス

$$L=\frac{\Phi}{I}=\pi a^2\mu_0 n^2$$

を得る．　■

例題 7.10 図 7.13 に示すように，無限長の直線導体と，これと距離 d だけ隔てて 2 辺が a, b の長方形 1 ターンコイルが配置されている．図に，電流の正方向を示す．辺 b が直線導体に平行のときこれらの相互インダクタンスを求めよ．

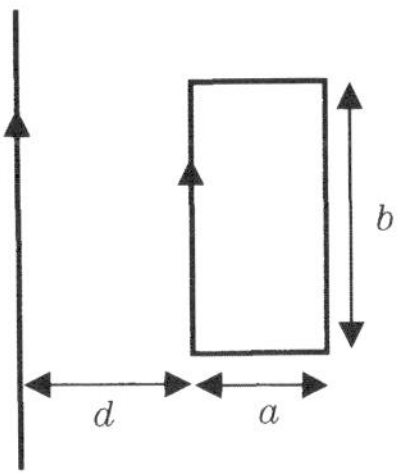

図 7.13 無限長の直線導体と長方形 1 ターンコイル間の相互インダクタンス

[解] 無限長の直線導体に線電流 I が流れているとき，直線導体から r だけ隔たった地点の円周方向の磁束密度 B は例題 7.3 より

$$B = \frac{\mu_0 I}{2\pi r}$$

であるので，長方形コイルに鎖交する磁束は

$$\Phi = \int_d^{d+a} \frac{\mu_0 I}{2\pi r} b\, dr = \frac{\mu_0 I}{2\pi} b \ln \frac{d+a}{d}$$

となり，相互インダクタンス

$$M = \frac{\Phi}{I} = \frac{\mu_0 b}{2\pi} \ln\left(1 + \frac{a}{d}\right)$$

を得る． ■

例題 7.11 図 7.14(a) に示すように，無限長の直線状円柱導体（半径 a）2 本により中心間距離 d $(a \ll d)$ の平行往復線路を作るとき，単位長さ当たりの自己インダクタンスを求めよ．

[解] 導体内部の鎖交磁束 Φ_i と両線間に鎖交する磁束 Φ_o に分けて考える．まず，$a \ll d$ より円柱導体内の磁束密度分布をそれぞれの電流による磁束密度分布で近似すると，図 7.14(b) に示すように，半径 r で厚さ dr の薄肉円筒，単

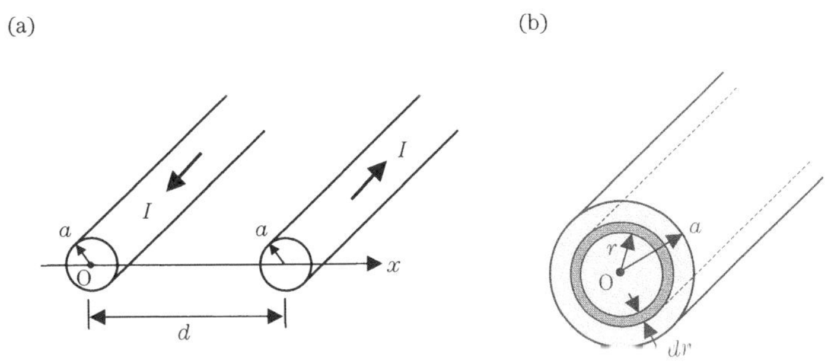

図 7.14 (a) 無限長の円柱導体による平行往復線路の自己インダクタンス，(b) 無限長の円柱導体の自己インダクタンス

位長さ当たりの円周方向の磁束は $B(r)dr = (\mu_0 rI/2\pi a^2)\,dr$ であるが，鎖交回数は 1 ではない．この場合，鎖交するのは全電流 I ではなく円筒内側の $I(r/a)^2$ であるので鎖交回数は $(r/a)^2$ とされ，この部分の鎖交磁束 $d\varPhi_i$ は $(r/a)^2\,B(r)dr$ となる．よって，導体内部の鎖交磁束 $\varPhi_i$ は

$$\varPhi_i = \int_0^a d\varPhi_i = \int_0^a \left(\frac{r}{a}\right)^2 \frac{\mu_0 r}{2\pi a^2} Idr = \frac{\mu_0 I}{2\pi a^4}\int_0^a r^3 dr = \frac{\mu_0 I}{8\pi}$$

となる．一方，平行往復線路間の鎖交磁束 $\varPhi_o$ は，図 7.14(a) に示す座標系では，

$$\varPhi_o = \int_a^{d-a} d\varPhi_o = \int_a^{d-a}\left[\frac{\mu_0 I}{2\pi x} + \frac{\mu_0 I}{2\pi(d-x)}\right]dr = \frac{\mu_0 I}{\pi}\ln\frac{d-a}{a} \cong \frac{\mu_0 I}{\pi}\ln\frac{d}{a}$$

となるので，平行往復線路単位長さ当たりの全鎖交磁束 $\varPhi$ は

$$\varPhi = 2\varPhi_i + \varPhi_o = \frac{\mu_0 I}{\pi}\left(\frac{1}{4} + \ln\frac{d}{a}\right)$$

である．結局，平行往復線路単位長さ当たりの自己インダクタンス L は

$$L = \frac{\varPhi}{I} = \frac{\mu_0}{\pi}\left(\frac{1}{4} + \ln\frac{d}{a}\right)$$

を得る．最右辺の第 1 項が導体 2 本の内部インダクタンスであり，第 2 項は導体間の外部インダクタンスである．■

演　習　問　題

7.1 真空中（透磁率 μ_0）で，図 7.15 に示すように，総巻数 N で密に一様に巻かれた小半径 a，大半径 b のトロイド状コイルに電流 I が流れているとき，コイル内外の磁束密度を求めよ．

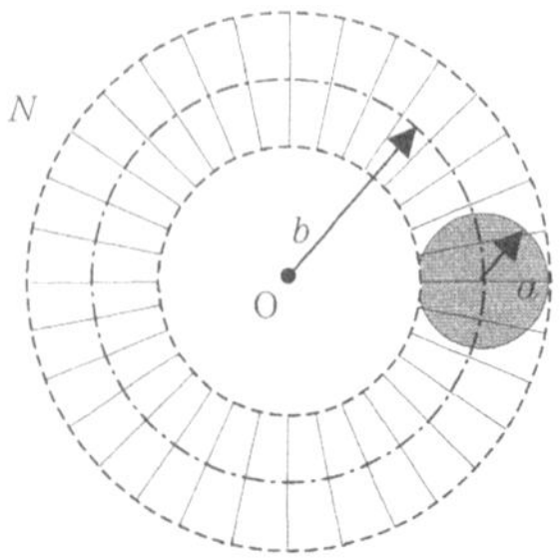

図 7.15　総巻数 N で密に一様に巻かれた小半径 a，大半径 b のトロイド状コイル

7.2 真空中（透磁率 μ_0）で，図 7.16 に示すように，単位長さ当たりの巻数 n で巻かれた半径 a，長さ l のソレノイドコイルに電流 I が流れているとき，コイル軸上の点 P における磁束密度を求めよ．ただし，点 P からコイル両端の巻線への仰角をそれぞれ θ_1，θ_2 とする．また，巻線は十分細くてその厚みは無視できるものとする．

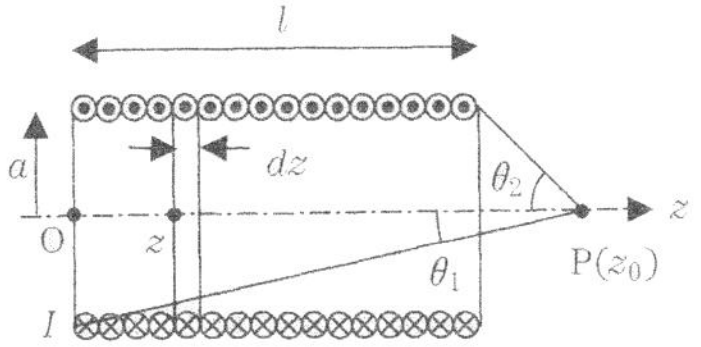

図 7.16　単位長さ当たりの巻数 n で巻かれた半径 a，長さ l のソレノイドコイル

7.3 真空中（透磁率 μ_0）で，図 7.17 に断面を示すように，半径 a の無限長の円筒状空隙をもつ半径 b $(> a)$ の無限長の円筒状導体に密度 J の電流が紙面手前向きに一様に流れている．断面内で図のように x，y 軸をとったとき，空隙内の点 $P(x, y)$ における磁束密度を求めよ．ただし，中心軸間の距離 OO′ を $d\,(< b - a)$ とする．

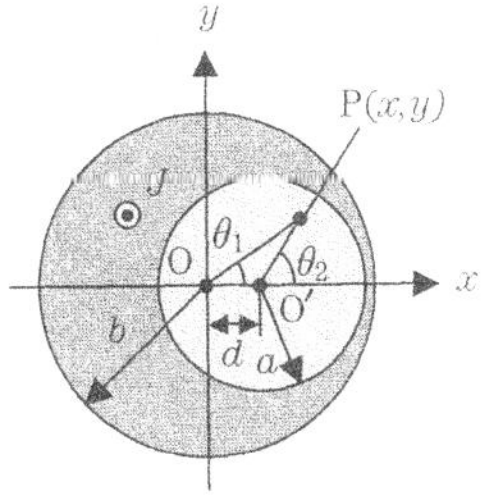

図 7.17　半径 a の無限長の円筒状空隙をもつ半径 $b\,(> a)$ の無限長の円筒状導体

7.4 真空中（透磁率 μ_0）で，図 7.18 に示すように，同軸円筒状導体において断面内で一様な往復電流 I が流れているとき，(1) 磁束密度分布を求めよ．(2) 内外の導体で挟まれた領域 $(a \leq r \leq b)$ でベクトルポテンシャルを求めよ．ただし外導体の内側側面 $(r = b)$ をベクトルポテンシャルの基準にとる．

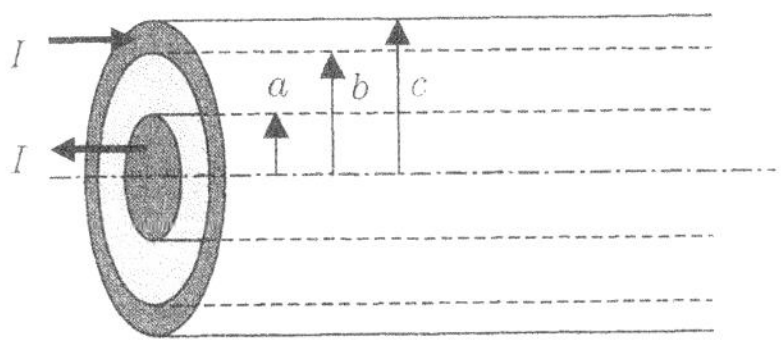

図 7.18　導体断面内で一様な往復電流 I が流れている同軸円筒状導体

7.5 真空中（透磁率 μ_0）で，図 7.19 に示すように，半径 b の 1 ターンの円形コイルの中心軸上で総巻数 N で密に巻かれた長さ $2l$，半径 $a\,(\ll b)$ の細長いソレノイドコイルが中心 O から両側に対称に置かれているとき，1 ターンの円形コイルとソレノイドコイルの相互インダクタンスを求めよ．

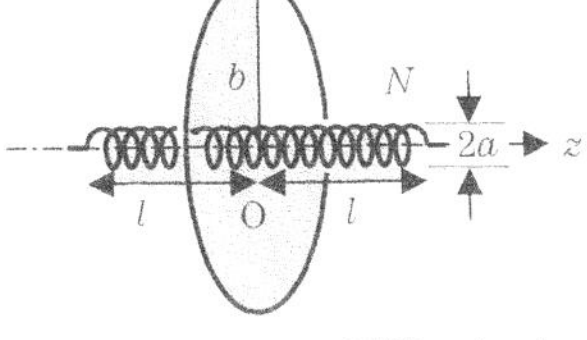

図 7.19　1 ターンの円形コイルと総巻数 N の細長いソレノイドコイル

7.6　一様な抵抗体（透磁率 μ_0）内で，図7.20に示すように，半無限長の絶縁された直線状導体に定常電流 I が流れており，その一端から点対称に電流が流れ出ている．この直線状導体を含む面内で，図に示すような電流流出端部を原点にとった座標系において，点 $(x,\ y)$ における磁界について次の問に答えよ．

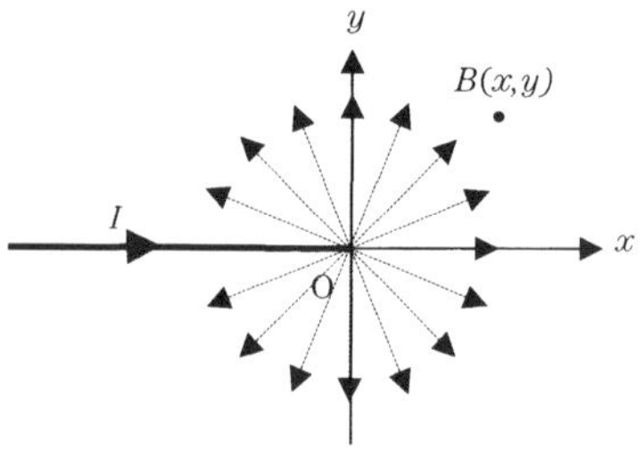

図7.20　抵抗体内で半無限直線状導体の端から流れ出る点対称電流

(1)　抵抗体中で，アンペアの法則を用いて点 $(x,\ y)$ における磁束密度を求めよ．

(2)　直線状導体内を流れる電流が点 $(x,\ y)$ に作る磁束密度を求めよ．

(3)　上の2つの方法で求めた磁束密度を比較検討せよ．

8. 磁性体

静電界に物質を導入するに当たっては，物質を導体と誘電体に分類した．電流による磁界に物質を導入するときでも同様に物質を分類できる．まず，誘電体に対応する物質は磁性体である．ここでは，この磁性体を導入したときに必要になる考え方を示す．それでは，導体に対応する物質は何であろうか？

導体の性質をまとめると，導体内で，(i)電界 $\boldsymbol{E}=0$，(ii)電荷密度 $\rho=0$，(iii)電位 $\phi=$ 一定，となる．これに対応する物質の性質をあげると，その物質内で，(i)磁束密度 $\boldsymbol{B}=0$，(ii)電流密度 $\boldsymbol{J}=0$，(iii)ベクトルポテンシャル $\boldsymbol{A}=$ 一定，となる．このような性質の物質として，マイスナー状態（完全反磁性）の超伝導体がある．これまで，電磁気学のテキストの中で，導体に対応させて超伝導体を取り入れる例はまだ非常に少ない．本書でも，超伝導体の磁気的な性質を解説する章を設けることをしないが，電気と磁気の対応をより深く理解するには超伝導体の磁気的な性質を学習した方がよいかもしれない．上のような観点から構成してあるテキストを第10章の最後に紹介しておく[1]．

8.1 微小ループ電流と磁気双極子モーメント

物質は原子や分子の集まりであり，それらは電子や原子核で構成されている．これらのミクロな対象はいろいろなレベルでさまざまな**磁気双極子モーメント** $\boldsymbol{m}$（magnetic dipole moment．磁気モーメント，magnetic moment）をもつ．物質に外部から磁界を加えると，磁界とその構成要素の磁気双極子モーメントとの間の相互作用により物質全体として特有の磁性を示す．それは，誘電体が電界中で電気双極子モーメントの集まりになることと似ている．$\Delta\boldsymbol{r}$ だけ離れて配置した $\pm q$ の対電荷に対して，電気双極子モーメントは $\boldsymbol{p}=q\Delta\boldsymbol{r}$ と表され，周りには(2.36)式や(2.37)式に示されるような双極界を形成する．これに対応して，磁荷を使って同様に磁気双極子モーメントを表現することもできるが，本書では，磁気双極子を等価な微小ループ電流に置き換えて，これにより磁気双極子モーメントを表す．

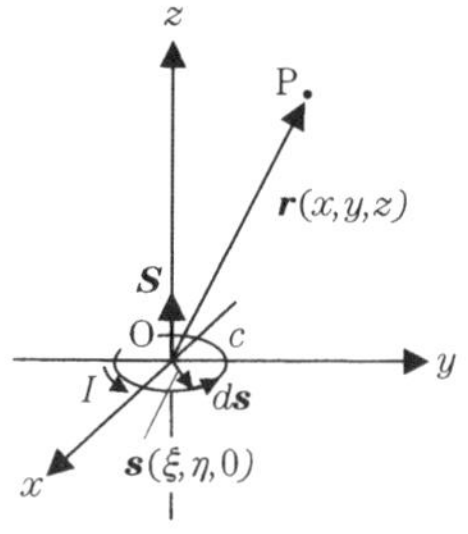

図 8.1 微小ループ電流による磁気双極子モーメント

図 8.1 に示すように，z 軸を向いた面ベクトル $\boldsymbol{S}$ の小さな円面（半径 a）の境界を流れるループ電流 I を考えよう．簡単のために，原点をこの閉路 c の中心にとり，観測点 P と閉路の線素 $d\boldsymbol{s}$ への位置ベクトルをそれぞれ $\boldsymbol{r}=(x,\ y,\ z)$，$\boldsymbol{s}=(\xi,\ \eta,\ 0)$（ただし，$r\gg s$）とすると，観測点でのベクトルポテンシャルは，(7.30′)式より

$$\boldsymbol{A}(\boldsymbol{r})=\frac{\mu_0 I}{4\pi}\oint_c \frac{d\boldsymbol{s}}{|\boldsymbol{r}-\boldsymbol{s}|} \tag{8.1}$$

である．ここで，$\boldsymbol{r}$ と $\boldsymbol{s}$ のなす角を α として条件 $r\gg s$ の下に被積分項を展開すると，

$$\frac{1}{|\boldsymbol{r}-\boldsymbol{s}|}=\frac{1}{\sqrt{r^2-2rs\cos\alpha+s^2}}=\frac{1}{r}\left(1-2\frac{s}{r}\cos\alpha+\frac{s^2}{r^2}\right)^{-1/2}$$

$$\cong\frac{1}{r}\left(1+\frac{s}{r}\cos\alpha\right)=\frac{1}{r}\left(1+\frac{\boldsymbol{r}\cdot\boldsymbol{s}}{r^2}\right)$$

と近似できる．これを(8.1)式に代入して変形すると，第 1 項は $\boldsymbol{s}$ について定数であるから周回積分すると 0 になる．よって，$\boldsymbol{s}$ と $\boldsymbol{x}$ 軸のなす角を ϕ として

$$\begin{aligned}\boldsymbol{A}(\boldsymbol{r})&\cong\frac{\mu_0 I}{4\pi r^3}\oint_c \boldsymbol{r}\cdot\boldsymbol{s}\,d\boldsymbol{s}=\frac{\mu_0 I}{4\pi r^3}\oint_c (x\xi+y\eta)(\boldsymbol{i}\,d\xi+\boldsymbol{j}\,d\eta)\\&=-\boldsymbol{i}\frac{\mu_0 I}{4\pi r^3}\oint_c a^2(x\sin\phi\cos\phi+y\sin^2\phi)\,d\phi\\&\quad+\boldsymbol{j}\frac{\mu_0 I}{4\pi r^3}\oint_c a^2(x\cos^2\phi+y\sin\phi\cos\phi)\,d\phi\\&=\frac{\mu_0 IS}{4\pi r^3}(-\boldsymbol{i}y+\boldsymbol{j}x)=\frac{\mu_0}{4\pi}\boldsymbol{m}\times\frac{\boldsymbol{r}}{r^3}\end{aligned} \tag{8.2}$$

を得る．ここで，$\xi=a\cos\phi$，$\eta=a\sin\phi$ である．また，$\boldsymbol{i}$，$\boldsymbol{j}$ はそれぞれ x，y 軸方向の単位ベクトル，$S=\pi a^2$ であり，

$$\boldsymbol{m}=IS \tag{8.3}$$

とした．(8.2)式より，$\boldsymbol{A}$ は $\boldsymbol{S}$ と $\boldsymbol{r}$ に垂直であるから極座標表示で円周方向成

分 A_ϕ のみをもつ．そこで，図 8.1 の微小ループ電流による磁束密度は

$$
\begin{aligned}
B_r &= (\nabla \times \boldsymbol{A})_r = \frac{1}{r \sin\phi} \frac{\partial}{\partial \phi}(\sin\phi\, A_\phi) = \frac{\mu_0}{2\pi} \frac{m \cos\phi}{r^3} \\
B_\phi &= (\nabla \times \boldsymbol{A})_\phi = -\frac{1}{r} \frac{\partial}{\partial r}(r\, A_\phi) = \frac{\mu_0}{4\pi} \frac{m \sin\phi}{r^3} \\
B_\theta &= (\nabla \times \boldsymbol{A})_\theta = 0
\end{aligned}
\tag{8.4}
$$

となる．ここで，(8.2)式より

$$A_\phi = \frac{\mu_0}{4\pi} \frac{m \sin\phi}{r^2} \tag{8.2$'$}$$

である．(8.4)式を電気双極子モーメント $\boldsymbol{p}$ による双極界の(2.36)式，(2.37)式と比べてみよう．$1/\varepsilon_0$ と μ_0，$\boldsymbol{p}$ と $\boldsymbol{m}$ を対応させると同じ形をしている．つまり，微小ループ電流も双極界を作ることが示された．そこで，この対応関係より，(8.3)式の $\boldsymbol{m}$ を磁気双極子モーメントと定義しよう．磁気双極子モーメントの単位は，(8.3)式より $[\mathrm{Am^2}]$ である．

8.2　磁化と磁化電流

前節で示したように，磁気双極子モーメント $\boldsymbol{m}$ は周りに双極界を形成するので，磁化された磁性体を持ち込むと，磁束密度は，これまでの電流による磁束密度 $\boldsymbol{B}_J$ に磁性体による磁束密度 $\boldsymbol{B}_m$ が加わり

$$\boldsymbol{B} = \boldsymbol{B}_J + \boldsymbol{B}_m \tag{8.5}$$

となる．磁気双極子を微小な電流ループに置き換えると，$\boldsymbol{B}_m$ は磁化された磁性体内のたくさんの微小ループ電流により形成されているといえる．$\boldsymbol{B}_m$ を作る等価的な微小ループ電流の集まりを**磁化電流**（magnetizing current）と呼んでいる．これに対して，これまでの電荷の移動による電流を**伝導電流**（conduction current）と呼ぶこともある．ここでは，磁束密度の代わりにベクトルポテンシャルと電流との関係に注目して，磁化電流について考えてみよう．

まず，磁性体の中で，原子や分子がもつミクロな磁気双極子モーメント $\boldsymbol{m}$ をある領域 $\varDelta V$ で加えて，次のように単位体積当たりの磁気双極子モーメント $\boldsymbol{M}$ を定義する．

$$\boldsymbol{M} = \lim_{\varDelta V \to 0} \frac{\sum \boldsymbol{m}_i}{\varDelta V} \tag{8.6}$$

また，$\boldsymbol{M}$ を**磁化ベクトル**あるいは単に**磁化**（magnetization）ともいう．ここで，磁化ベクトルの単位は，(8.3)式や(8.6)式より [A/m] である．

磁気双極子モーメント $\boldsymbol{m}$ によるベクトルポテンシャルは(8.2)式で与えられるので，図 8.2 に示す磁性体全体の磁気双極子モーメントによる観測点 P におけるベクトルポテンシャル $\boldsymbol{A}_m$ は，上で定義した磁化ベクトル $\boldsymbol{M}$ を使うと

$$\boldsymbol{A}_m = \frac{\mu_0}{4\pi}\int_V \boldsymbol{M}(\boldsymbol{r}') \times \frac{\boldsymbol{r}-\boldsymbol{r}'}{|\boldsymbol{r}-\boldsymbol{r}'|^3}\,dV' = \frac{\mu_0}{4\pi}\int_V \boldsymbol{M}(\boldsymbol{r}') \times \nabla\left(-\frac{1}{|\boldsymbol{r}-\boldsymbol{r}'|}\right)dV' \tag{8.7}$$

となる．ここで，$\boldsymbol{r}$ と $\boldsymbol{r}'$ は観測点 P と体積要素 dV' への位置ベクトルである．また，ベクトル公式（付録Aの(付.42)式）より

$$\begin{aligned}\boldsymbol{M}(\boldsymbol{r}') \times \nabla\left(-\frac{1}{|\boldsymbol{r}-\boldsymbol{r}'|}\right) &= -\nabla'\frac{1}{|\boldsymbol{r}-\boldsymbol{r}'|} \times \boldsymbol{M}(\boldsymbol{r}') \\ &= \frac{\nabla' \times \boldsymbol{M}(\boldsymbol{r}')}{|\boldsymbol{r}-\boldsymbol{r}'|} - \nabla' \times \frac{\boldsymbol{M}(\boldsymbol{r}')}{|\boldsymbol{r}-\boldsymbol{r}'|}\end{aligned} \tag{8.8}$$

であるから，(8.7)式は次のように変形される．

$$\begin{aligned}\boldsymbol{A}_m &= \frac{\mu_0}{4\pi}\int_V \left[\frac{\nabla' \times \boldsymbol{M}(\boldsymbol{r}')}{|\boldsymbol{r}-\boldsymbol{r}'|} - \nabla' \times \frac{\boldsymbol{M}(\boldsymbol{r}')}{|\boldsymbol{r}-\boldsymbol{r}'|}\right]dV' \\ &= \frac{\mu_0}{4\pi}\int_V \frac{\nabla' \times \boldsymbol{M}(\boldsymbol{r}')}{|\boldsymbol{r}-\boldsymbol{r}'|}dV' + \frac{\mu_0}{4\pi}\int_S \frac{-\boldsymbol{n} \times \boldsymbol{M}(\boldsymbol{r}')}{|\boldsymbol{r}-\boldsymbol{r}'|}\,dS'\end{aligned} \tag{8.9}$$

ここで，右辺第 2 項の計算にはベクトル公式

$$\int_V \nabla \times \boldsymbol{A}dV = \int_S \boldsymbol{n} \times \boldsymbol{A}dS \tag{8.10}$$

を用いた．$\boldsymbol{n}$ は領域 V の境界面 S 上の外向き法線単位ベクトルである．(8.10)式はガウスの定理(付.27)で，$\boldsymbol{a}$ を定ベクトルとして，$\boldsymbol{A}$ を $\boldsymbol{a} \times \boldsymbol{A}$ と置き換え，公式(付.44)を用いると得られる．

(8.9)式を電流密度とベクトルポテンシャルの関係を表す(7.30)式と見比べると，第 1 項は，次式で定義される**磁化電流密度**（magnetizing current density）によるベクトルポテンシャルとみなすことができる．

$$\boldsymbol{J}_m = \nabla \times \boldsymbol{M} \tag{8.11}$$

また，図 8.3 に示すように，真空（$\boldsymbol{M} = 0$）と接する磁性体の境界において，境界を挟んだ矩形ループ c に沿って磁化ベクトルの周回積分を行うと，(8.11)

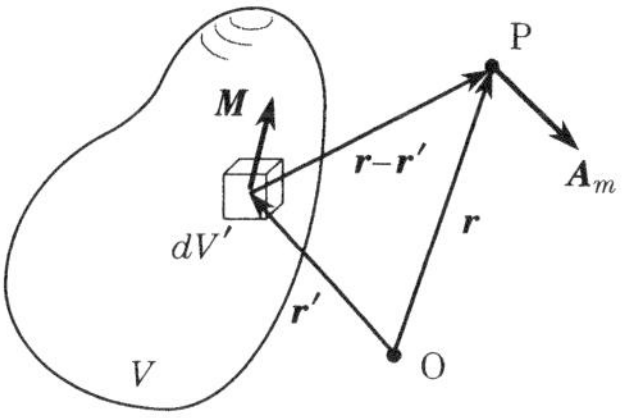

図 8.2　磁性体によるベクトルポテンシャル

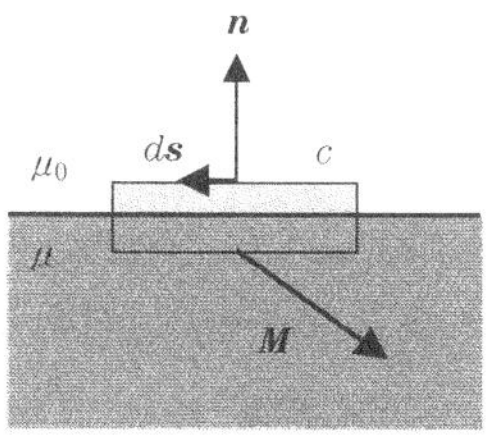

図 8.3　真空と接する磁性体表面における磁化電流の面密度

式より次の境界条件を得る．

$$\boldsymbol{\kappa}_m = -\boldsymbol{n}\times\boldsymbol{M} \tag{8.12}$$

ここで，$\boldsymbol{\kappa}_m$ は磁性体表面を流れる磁化電流の面密度である．以上から，磁性体の磁化電流による磁束密度は

$$\boldsymbol{B}_m = \nabla\times\boldsymbol{A}_m = \frac{\mu_0}{4\pi}\nabla\times\left[\int_V \frac{\boldsymbol{J}_m}{|\boldsymbol{r}-\boldsymbol{r}'|}dV' - \int_S \frac{\boldsymbol{\kappa}_m}{|\boldsymbol{r}-\boldsymbol{r}'|}dS'\right] \tag{8.13}$$

となる．

8.3　磁性体内での基本方程式と境界条件

磁性体を導入すると，磁束密度はこれまでの電荷の移動による電流と磁化電流による磁束密度の和となるので，(7.12)式は次のように拡張される．

$$\nabla\times\boldsymbol{B} = \mu_0(\boldsymbol{J}+\boldsymbol{J}_m) \tag{8.14}$$

ここで，磁化電流の定義(8.11)を(8.14)式に代入すると

$$\nabla\times\left(\frac{\boldsymbol{B}}{\mu_0}-\boldsymbol{M}\right) = \boldsymbol{J} \tag{8.15}$$

を得る．(8.15)式において

$$\boldsymbol{H} = \frac{\boldsymbol{B}}{\mu_0}-\boldsymbol{M} \tag{8.16}$$

とおいて，新しいベクトル $\boldsymbol{H}$ を導入すると，(7.12)式に対して

$$\nabla \times \boldsymbol{H} = \boldsymbol{J} \tag{8.17}$$

を新たに得る．また，(8.16)式を書き換えた

$$\boldsymbol{B} = \mu_0(\boldsymbol{H} + \boldsymbol{M}) \tag{8.16$'$}$$

を誘電体中の関係式 $\boldsymbol{D} = \varepsilon_0 \boldsymbol{E} + \boldsymbol{P}$ と比較すると，この新しいベクトル $\boldsymbol{H}$ は形式的に電界 $\boldsymbol{E}$ に対応するので，これを**磁界**（magnetic field）と呼ぶ．磁化 $\boldsymbol{M}$ が磁界に比例するとき

$$\boldsymbol{M} = \chi_m \boldsymbol{H} \tag{8.18}$$

と表すと，(8.16′)式は

$$\boldsymbol{B} = \mu_0(1 + \chi_m)\boldsymbol{H} = \mu \boldsymbol{H} \tag{8.19}$$

となる．ここで，χ_m を**磁化率**（magnetic susceptibility），μ を**透磁率**（magnetic peameability）という．また，

$$\mu_s = 1 + \chi_m \tag{8.20}$$

を**比透磁率**（relative permeability）といい，$\mu = \mu_0 \mu_s$ である．

さて，(8.14)式と(8.17)式を比較すると，磁束密度は電荷の移動による電流と磁化電流の双方からの寄与分を考慮する必要があるが，磁界は電荷の移動による電流からのみ求められる．同様に，磁界についての周回積分は

$$\oint_c \boldsymbol{H} \cdot d\boldsymbol{s} = I \tag{8.21}$$

となる．これが，磁界に対するアンペアの法則である．このように，磁界 $\boldsymbol{H}$ を得るには磁性体の存在にかかわらず，これまでの電荷の移動による電流のみを考慮しておけばよい．ここで，(8.17)式あるいは(8.21)式より，磁界の単位は 磁化と同じく [A/m] である．また，(7.4)式のビオ-サバールの法則に対応して，磁界については

$$\boldsymbol{H}(\boldsymbol{r}) = \frac{1}{4\pi}\int_V \frac{\boldsymbol{J}(\boldsymbol{r}') \times (\boldsymbol{r} - \boldsymbol{r}')}{|\boldsymbol{r} - \boldsymbol{r}'|^3} dV' \tag{8.22}$$

が成り立つ．

以上のように，磁性体を導入したとき，磁界と磁束密度についての基本方程式は，(8.17)式と(7.11)式であり，その積分形は(8.21)式と(7.9)式となる．さらに，両者の関係を(8.19)式で与える．電流分布が与えられ，(8.17)式などによって磁界が得られると，真空中，磁性体中ともに(8.19)式により磁束密度が決まる．このとき，磁性体の特徴は透磁率で与えられており，磁化は表面上には現れない．

ここまでに扱ってきた定常電流や静止した磁性体によって作られる時間に依存しない磁界（**静磁界**，static magnetic field）の基本の式を静電界の場合と比較して表 8.1 にまとめて示す．

表 8.1 物質が存在するときの静電界と静磁界の形式的な対応関係

	静　電　界	静　磁　界
基本方程式（微分形）	$\nabla\cdot\boldsymbol{D}=\rho$ $\nabla\times\boldsymbol{E}=0$	$\nabla\cdot\boldsymbol{B}=0$ $\nabla\times\boldsymbol{H}=\boldsymbol{J}$
積分形式	$\int_S \boldsymbol{D}\cdot d\boldsymbol{S}=Q=\int_V \rho dv$ $\oint_c \boldsymbol{E}\cdot d\boldsymbol{s}=0$	$\int_S \boldsymbol{B}\cdot d\boldsymbol{S}=0$ $\oint_c \boldsymbol{H}\cdot d\boldsymbol{s}=I=\int_S \boldsymbol{J}\cdot d\boldsymbol{S}$
関係式	$\boldsymbol{D}=\varepsilon_0\boldsymbol{E}+\boldsymbol{P}=\varepsilon\boldsymbol{E}$ $\nabla\cdot\boldsymbol{P}=-\rho_P$	$\boldsymbol{B}=\mu_0(\boldsymbol{H}+\boldsymbol{M})=\mu\boldsymbol{H}$ $\nabla\times\boldsymbol{M}=\boldsymbol{J}_m$
境界条件	$\boldsymbol{n}\cdot(\boldsymbol{D}_2-\boldsymbol{D}_1)=\rho$ $\boldsymbol{n}\times(\boldsymbol{E}_2-\boldsymbol{E}_1)=0$ $\boldsymbol{n}\cdot(\boldsymbol{P}_2-\boldsymbol{P}_1)=-\rho_P$	$\boldsymbol{n}\cdot(\boldsymbol{B}_2-\boldsymbol{B}_1)=0$ $\boldsymbol{n}\times(\boldsymbol{H}_2-\boldsymbol{H}_1)=\boldsymbol{\kappa}$ $\boldsymbol{n}\times(\boldsymbol{M}_2-\boldsymbol{M}_1)=\boldsymbol{\kappa}_m$

例題 8.1 図 8.4 に示すように，単位長さ当たりの巻数が n で半径 a の円断面の無限長ソレノイドコイルの中に半径 b の無限長の円柱状磁性体（透磁率 μ）を同軸状に配置し，コイルに電流 I を流した．各部の磁界，磁束密度，および単位長さ当たりの自己インダクタンスを求めよ．ただし，巻線の太さを無視する．

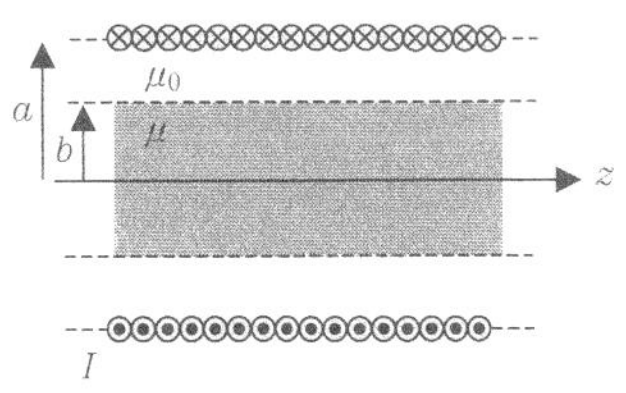

図 8.4 円柱状磁性体を配置した無限長ソレノイドコイルの自己インダクタンス

［**解**］ まず，磁界の強さを求めてみよう．例題 7.6 の場合と同様に考えて，(8.21)式より，磁界の強さはコイル軸に平行であり，その分布は次のようになる．

$$H=nI \ : \ r\le a$$
$$0 \ : \ a\le r$$

磁界の強さは磁性体の存在にかかわらずコイル内で一様である．次に，(8.19)式より磁束密度分布は

$$B = \mu nI \ : r \leq b$$
$$\mu_0 nI \ : b \leq r \leq a$$
$$0 \ : a \leq r$$

である．これより，コイル1ターンに鎖交する磁束は

$$\Phi_1 = \int_{\text{1turn}} \boldsymbol{B} \cdot d\boldsymbol{S} = \pi b^2 \mu nI + \pi(a^2 - b^2)\mu_0 nI = \pi\{b^2\mu + (a^2 - b^2)\mu_0\} nI$$

となる．コイル単位長さ当たりに鎖交する磁束 Φ は $n\Phi_1$ であるから，単位長さ当たりの自己インダクタンスは

$$L = \frac{\Phi}{I} = \pi\{b^2\mu + (a^2 - b^2)\mu_0\} n^2$$

を得る．

異なった透磁率の2種類の磁性体が接する境界において，磁界と磁束密度が満たすべき条件を考えてみよう．互いに接する磁性体1と磁性体2の透磁率を μ_1, μ_2 とし，異なった誘電体間の境界条件や異なった抵抗体間の境界条件の場合と同様の手順を踏むと，(8.17)式と(7.11)式から，境界面に対して接線方向と法線方向の境界条件はそれぞれ次のようになる．

$$\boldsymbol{n} \times (\boldsymbol{H}_2 - \boldsymbol{H}_1) = \boldsymbol{\kappa} \tag{8.23}$$

$$\boldsymbol{n} \cdot (\boldsymbol{B}_2 - \boldsymbol{B}_1) = 0 \tag{8.24}$$

ここで，$\boldsymbol{n}$ は磁性体1から磁性体2に向いた境界面の法線単位ベクトル，$\boldsymbol{\kappa}$ は境界面を流れる伝導電流の面密度である．添え字の1，2は磁性体1または磁性体2における量を示す．境界面に伝導電流が流れていないとき，(8.23)式と(8.24)式は，磁界の接線方向成分と磁束密度の法線方向成分がそれぞれ境界面で連続してつながることを示している．また，磁化ベクトルについての境界条件は，同様に(8.11)式より

$$\boldsymbol{n} \times (\boldsymbol{M}_2 - \boldsymbol{M}_1) = \boldsymbol{\kappa}_m \tag{8.25}$$

を得る．ここで，$\boldsymbol{\kappa}_m$ は境界面を流れる磁化電流の面密度である．磁性体境界での条件についても誘電体境界の場合と比較して表8.1に示しておく．■

ここで，磁界や磁束密度に対する磁性体境界での条件について，例題を通して理解してほしい．また，表8.1の物質が存在するときの静電界と静磁界の対応関

係からわかるように，電流がない領域では，磁界や磁束密度に対する基本の方程式と境界条件はそれぞれ電界と電束密度の場合と同じ形になる．このことから，静電界の部分(3.6.2項)で紹介した影像法の考え方もそのまま適用できる．これについては，演習問題8.1で一例を取り上げる．

例題 8.2　図8.5(a)，(b)に示すように，一様な磁束密度 $\boldsymbol{B}$ が加わっている透磁率が μ の磁性体内で，磁束密度に平行あるいは垂直な方向に薄い平板状の真空のスリットがあるとき，スリット内の磁界および磁束密度を求めよ．

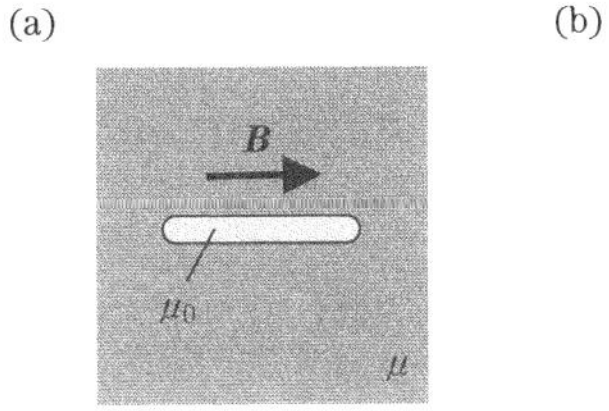

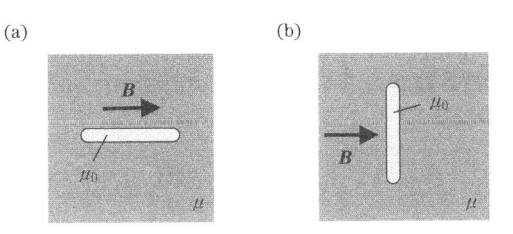

図 8.5　磁性体境界における境界条件

［**解**］　(a)磁性体とスリット境界では，電流は流れていないので(8.23)式より磁界が連続になる．よって，スリット内の磁界 $\boldsymbol{H}_0$ と磁束密度 $\boldsymbol{B}_0$ は，磁性体内の磁界を H として

$$\boldsymbol{H}_0 = \boldsymbol{H} = \frac{1}{\mu}\boldsymbol{B}$$

$$\boldsymbol{B}_0 = \mu_0\boldsymbol{H}_0 = \frac{\mu_0}{\mu}\boldsymbol{B}$$

となる．

(b)磁性体とスリット境界に磁束密度が垂直に加わっている場合には，(8.24)式より磁束密度が連続になる．よって，スリット内の磁界 $\boldsymbol{H}_0$ と磁束密度 $\boldsymbol{B}_0$ は

$$\boldsymbol{B}_0 = \boldsymbol{B}$$

$$\boldsymbol{H}_0 = \frac{1}{\mu_0}\boldsymbol{B}_0 = \frac{1}{\mu_0}\boldsymbol{B}$$

である．■

例題 8.3　図8.6に示すように，透磁率が μ_1 と μ_2 の2種類の磁性体1，2が平面境界で接している．磁性体1側の境界面での磁束密度の大き

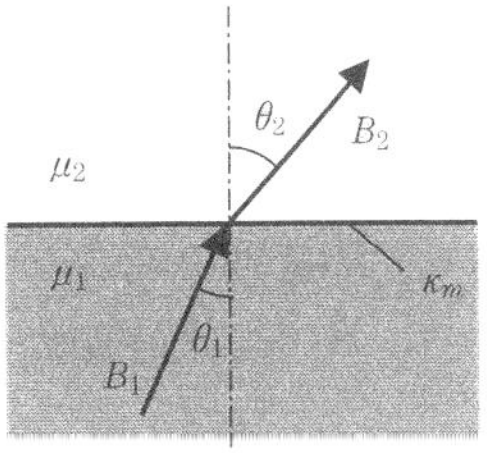

図 8.6　球状磁性体による磁界分布と磁化電流分布

さをB_1，境界面の法線とのなす角度をθ_1としたとき，磁性体2側の境界面での磁束密度の大きさB_2と法線とのなす角度θ_2を求めよ．また，境界面に流れる磁化電流の面密度κ_mを求めよ．ただし，真空の透磁率をμ_0とする．

［**解**］ まず，(8.24)式より磁束密度の法線方向成分が連続であるので

$$B_1 \cos \theta_1 = B_2 \cos \theta_2 \tag{1}$$

となる．また，通常，境界面に伝導電流は流れていないので，(8.23)式より磁界の接線方向成分も連続であり

$$\frac{B_1}{\mu_1} \sin \theta_1 = \frac{B_2}{\mu_2} \sin \theta_2 \tag{2}$$

となる．(1)式の両辺を自乗し，さらに，(2)式の両辺にμ_2をかけて自乗して両者の辺々を加えれば

$$B_2 = B_1 \sqrt{\cos^2 \theta_1 + \left(\frac{\mu_2}{\mu_1}\right)^2 \sin^2 \theta_1}$$

を得る．また，(2)式の辺々を(1)式の辺々でそれぞれ割れば

$$\theta_2 = \tan^{-1}\left(\frac{\mu_2}{\mu_1} \tan \theta_1\right)$$

となる．さらに，(8.16′)式より

$$M_1 = \frac{B_1}{\mu_0} - H_1 = \left(\frac{1}{\mu_0} - \frac{1}{\mu_1}\right) B_1, \quad M_2 = \frac{B_2}{\mu_0} - H_2 = \left(\frac{1}{\mu_0} - \frac{1}{\mu_2}\right) B_2$$

であるから，(8.25)式より

$$\kappa_m = M_2 \sin \theta_2 - M_1 \sin \theta_1 = \left(\frac{1}{\mu_0} - \frac{1}{\mu_2}\right) B_2 \sin \theta_2 - \left(\frac{1}{\mu_0} - \frac{1}{\mu_1}\right) B_1 \sin \theta_1$$

$$= \frac{\mu_2 - \mu_1}{\mu_0 \mu_1} B_1 \sin \theta_1$$

を得る．ただし，右辺の変形に(2)式を用いている． ■

8.4 磁性体の種類と強磁性体

磁界中で示す物質の磁性は，物質内のいろいろな磁気モーメントの性質によって決まる．物質内の磁気モーメントをあげると，原子内の原子核の固有の磁気モーメント，電子の軌道運動による磁気モーメントや固有のスピン磁気モーメントがある．また，金属の場合には，伝導電子の運動やスピンによる磁気モーメントも多様な磁性に貢献する．ただし，原子や電子の磁気モーメントは8.1節で導入し

た微小ループ電流に直接対応するわけではないことから，磁性体の磁気モーメントに対して，微小ループ電流は仮想的なモデルであることに注意が必要である．

磁性体におけるいろいろな磁気モーメントの性質は，おおまかに次のように分類される．

1) **反磁性**：物質内にもともと磁気モーメントはないが，磁界を加えると電磁誘導によって電子の運動が変化して磁界と反対方向に磁気モーメントを生じる現象である．つまり，(8.18)式で定義される磁化率 χ_m は負である．反磁性を示す物質を**反磁性体**（diamagnetic substance）という．通常，反磁性の $|\chi_m|$ は，常磁性と比べ小さい．

2) **常磁性**：物質を構成する原子が磁気モーメントをもつ場合に，熱運動によりその方向がでたらめとなり，互いに打ち消し合って平均的に磁化を示さないが，磁界を加えると個々の磁気モーメントがある程度磁界方向にそろう現象である．χ_m は1より非常に小さい．常磁性を示す物質を**常磁性体**（paramagnetic substance）という．$|\chi_m|$ が1より非常に小さい反磁性や常磁性を示す磁性体を併せて非磁性体と呼ぶことがある．

3) **強磁性**：物質内で原子または伝導電子がもつ磁気モーメントが相互作用により平行にそろって（正の交換相互作用と呼ぶ）**自発磁化**（spontaneous magnetization）をもつ現象である．χ_m は数百から数千程度，あるいは1万を超えるものもあり，非常に大きい．強磁性を示す物質を**強磁性体**（ferromagnetic substance）という．強磁性体の自発磁化は温度を上昇させると減少し，ある温度以上で自発磁化はなくなって常磁性を示すようになる．この自発磁化がなくなる転移温度をキュリー温度と呼ぶ．

4) **反強磁性**：結晶の隣り合った原子の磁気モーメントが互いに反平行にそろって（負の交換相互作用と呼ぶ）打ち消し合う現象である．通常，常磁性より χ_m は小さい．**反強磁性体**（antiferromagnetic substance）では，温度を上げていくと反平行にそろった配列が壊れて常磁性になり χ_m はかえって増加する．この転移温度をネール温度と呼ぶ．

5) **フェリ磁性**：反強磁性と同様に隣り合う磁気モーメントが互いに反平行にそろうが，反平行の磁気モーメントの大きさに差があって全体として自発磁化が生じている現象である．この場合も，キュリー温度以上では常磁性を示すようになる．現在，**フェリ磁性体**（ferrimagnetic substance）は安価な永久磁石の材料としても広く使われている．

以上のように，物質の磁性は組成や構造の特徴に即して多様であるが，特に，強磁性体（フェリ磁性体も含めて）については，電気機器の鉄心，各種の磁気記憶媒体，永久磁石など身近に利用されているので，もう少し詳しく磁化特性をみていくことにしよう．

自発磁化をもつのが強磁性体の特徴であるが，鉄などの通常の強磁性体は，磁気的なエネルギーを小さくするために，磁気モーメントがそろった領域（**磁区**，magnetic domain）が磁力線をできるだけ外部に出さないように配列した構造をとっている．このような強磁性体に磁界を加えたときの磁化の変化を図 8.7 に模式的に示す．磁区内の矢印は磁気モーメントの方向である．磁界がなく磁化されていない状態の磁区の配列（磁区構造）を図中 I に示す．この状態を出発点にして磁界を加えていくと，磁区内の磁化の方向は変わらずに磁区の境界（**磁壁**，domain wall）が移動して磁界方向の磁区の割合が増加し全体として磁界方向の磁化が増加する．この状態の磁区構造を図中 II に示す．さらに磁界を強めていくと磁界方向の磁区のみとなり磁化が飽和する．この状態の磁区構造は図中 III である．また，このときの磁化を**飽和磁化**（saturation magnetization）という．

電気機器の鉄心や磁気記憶媒体の書き込み用磁気ヘッドのように交流仕様で利用されるときには，交流磁界に対する磁化曲線により強磁性体の特性を評価している．このとき，図 8.8 に示すように，縦軸は磁化ではなく磁束密度をとることが多い．透磁率が大きいので，実質的には縦軸に磁化をとっても見方にほとんど差はない．図 8.8 では，はじめに磁界を加えたときの磁化の変化を破線で示している．磁化が飽和したときの磁束密度 B_s を**飽和磁束密度**（saturation magnetic

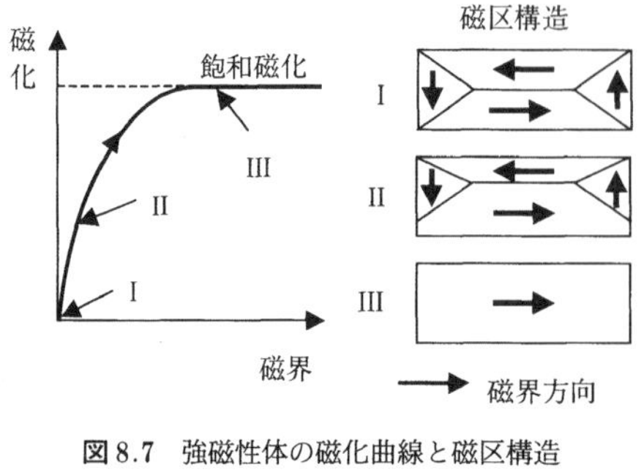

図 8.7　強磁性体の磁化曲線と磁区構造

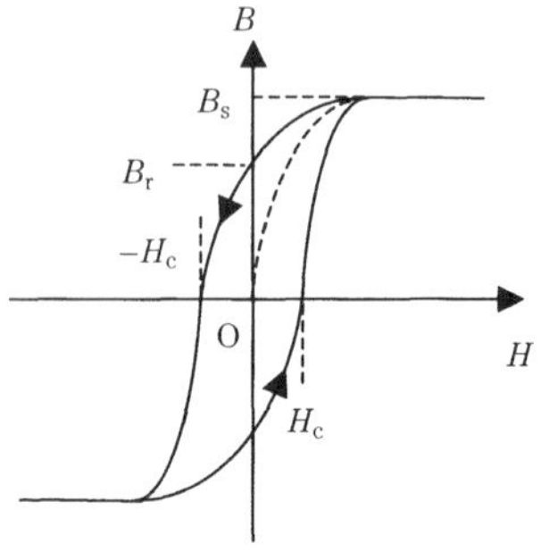

図 8.8　強磁性体における磁束密度-磁界曲線

flux density）という．その後，磁界を弱めて0にしたときでも磁束密度は0にはならず，ある有限の**残留磁束密度**（residual magnetic flux density）B_rまでしか減少しない．さらに磁界を逆方向に加えて磁束密度が0となるときの磁界の大きさH_cを**保磁力**（coercive force）と呼ぶ．このようにして，磁界を交流1周期にわたって変化させると磁束密度は不可逆に変化して磁束密度－磁界曲線はヒステリシスをもつ．このヒステリシス曲線が囲む面積は損失になる．そこで，交流仕様で利用する強磁性体に対しては，飽和にいたるまでの透磁率が高くH_cの小さい材料が望まれる．一方で，永久磁石として使われる強磁性体では，磁界を取り除いた状態で磁石が周囲に作る磁束密度を大きくするためにB_rとH_cがともに大きな材料が望まれる．

8.5 磁 気 回 路

強磁性体を鉄心に用いた磁気回路は，いろいろな電気機器などで頻繁に利用されている．このような磁気回路において磁束などの諸量を求めるときには電気回路との対応を考えると便利である．図8.9(a)，(b)に示す磁気回路と電気回路を比べると，磁束密度$\boldsymbol{B}$と電流密度$\boldsymbol{J}$，磁界$\boldsymbol{H}$と電界$\boldsymbol{E}$が対応する．つまり，電気回路の電流Iと起電力ε

$$I = \int_S \boldsymbol{J} \cdot dS \tag{8.26}$$

$$\varepsilon = \int_{c-c_b} \boldsymbol{E} \cdot dS \tag{8.27}$$

には，磁気回路では，磁束Φと起磁力$\mathscr{F}$

$$\Phi = \int_S \boldsymbol{B} \cdot dS \tag{8.28}$$

$$\mathscr{F} = \oint_c \boldsymbol{H} \cdot dS \tag{8.29}$$

が対応する．ここで，Sは電流または磁束が鎖交する面（図8.9では，鉄心または導体の断面）であり，cは電気回路または磁気回路に沿った閉路である．また，(8.27)式のc_bは図8.9(b)の閉路cのうち電池内部の部分を示している．さ

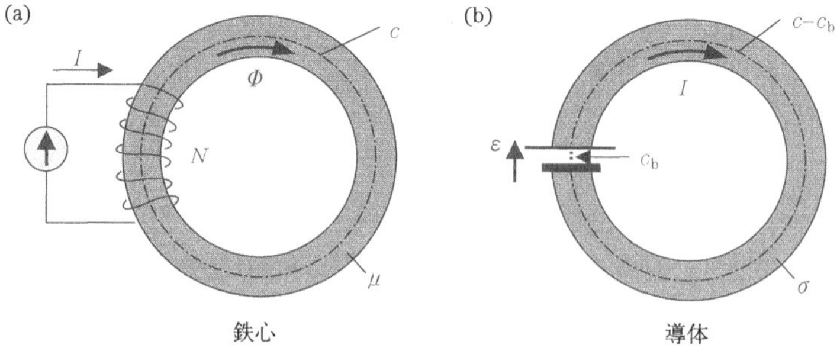

図 8.9 (a) 起磁力をもつ磁気回路，(b) 起電力をもつ電気回路

らに，(8.29)式の起磁力 $\mathscr{F}$ は，図 8.9(a)の場合，N をコイルの巻数，I を通電電流として

$$\mathscr{F} = NI \tag{8.30}$$

である．このような対応関係をまとめて表 8.2 に示してある．

表 8.2 電気回路と磁気回路の対応関係

	電 気 回 路	磁 気 回 路
基本方程式（微分形）	$\nabla \cdot \boldsymbol{J} = \rho$ $\nabla \times \boldsymbol{E} = 0$	$\nabla \cdot \boldsymbol{B} = 0$ $\nabla \times \boldsymbol{H} = \boldsymbol{J}$
関 係 式	$\boldsymbol{J} = \sigma \boldsymbol{E}$	$\boldsymbol{B} = \mu \boldsymbol{H}$
電流／磁束	$I_i = \int_{S_i} \boldsymbol{J} \cdot d\boldsymbol{S}^0$ （S_i: 電流の鎖交面）	$\Phi_i = \int_{S_i} \boldsymbol{B} \cdot d\boldsymbol{S}$ （S_i: 磁束の鎖交面）
第 1 法 則	$\sum_i I_i = 0$ （I_i: 接点から流出する電流）	$\sum_i \Phi_i = 0$ （Φ_i: 接点から流出する磁束）
第 2 法 則	$\boldsymbol{\varepsilon} = \int_{c-c_b} \boldsymbol{E} \cdot d\boldsymbol{s}$ （$\boldsymbol{\varepsilon}$: 起電力，c: 閉路，c_b: 電池部）	$\mathscr{F} = \oint_c \boldsymbol{H} \cdot d\boldsymbol{s}$ （$\mathscr{F}$: 起磁力，c: 閉路）

両者の対応において，注意を要する点がある．導体の導電率と真空の導電率の比は，通常 10^{10} 程度よりさらに大きいので，図 8.9(b)において，電流は実質的には導体内のみに流れているとして差し支えない．ところが，強磁性体の比透磁率は高々10^4 程度であるから，図 8.9(a)において，鉄心の外を通る磁束（**もれ磁束**，leakage magnetic flux）を考慮しなければいけないことがある．その意味では，磁気回路は近似的な考え方ではあるが，電気機器などにおいて比較的簡単に磁気的な設計を行える利点がある．

もう 1 つの注意点は，(8.27)式と(8.29)式の積分路の違いである．(8.27)式の起電力については，(2.24)式より図 8.9(b)の回路に沿った閉路 c 上で電界の線積分は 0 であるから，

$$\int_{c-c_\mathrm{b}} \boldsymbol{E} \cdot d\boldsymbol{s} = -\int_{c_\mathrm{b}} \boldsymbol{E} \cdot d\boldsymbol{s} = \int_{c_\mathrm{b}} \boldsymbol{E}_\mathrm{e} \cdot d\boldsymbol{s} = \varepsilon \tag{8.31}$$

となり，(8.27)式が得られる．ここで，$\boldsymbol{E}_\mathrm{e}$ は電池部で静電界に逆らって電荷を陰極から陽極へ汲み上げる「非電気的な」外力である．(8.31)式からわかるように，起電力に対抗するのは電池部を除いた経路 $c-c_\mathrm{b}$ に沿った電界の線積分になる．これに対して，アンペアの法則より

$$\oint_c \boldsymbol{H} \cdot d\boldsymbol{s} = NI = \mathscr{F} \tag{8.32}$$

となり，(8.29)式が得られる．つまり，(8.31)式とは異なり，(8.32)式では，起磁力に対抗するのはコイル部も含めた閉路 c に沿った磁界の線積分である．

例えば，図 8.9(a)の磁気回路について，もれ磁束を無視すると，電気回路におけるオームの法則に対応して，次のように磁気抵抗 $\mathscr{R}$ が定義できる．

$$\mathscr{R} = \frac{\mathscr{F}}{\varPhi} \tag{8.33}$$

ここで，リングの平均半径 a と比べて磁性体が十分細く断面内で磁界 $\boldsymbol{H}$ が均一であるとすると，$\mathscr{F} = 2\pi aH$，$\varPhi = \mu HS$ となりこれらを(8.33)式に代入して

$$\mathscr{R} = \frac{1}{\mu}\frac{2\pi a}{S} \tag{8.34}$$

を得る．これに対応する図 8.9(b)の電気回路における電気抵抗 R は，

$$R = \frac{1}{\sigma}\frac{2\pi a - \delta_\mathrm{b}}{S}$$

である．ここで，δ_b は電池内の経路 c_b に沿った長さである．

例題 8.4　図 8.10 に示すように，透磁率 μ で厚さ δ のギャップをもち，断面 S，平均半径 a のドーナツ状の鉄心に N ターン巻かれたコイルの自己インダクタンスを磁気回路の考え方により求めよ．ただし，磁気回路の長さ $2\pi a$ に対して δ や断面寸法は十分小さく，鉄心の比透磁率は十分大きくて，もれ磁束は無視できるものとする．

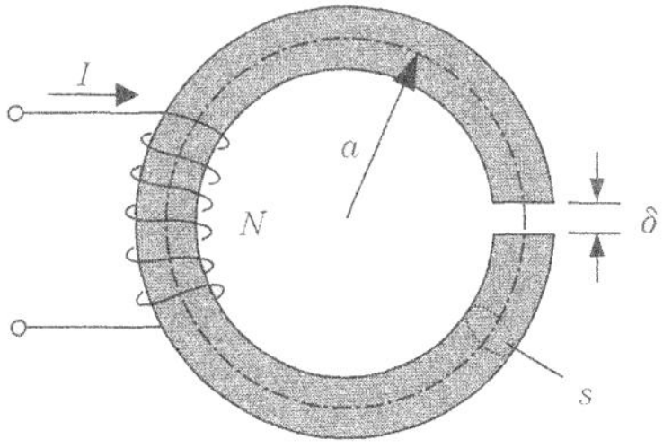

図 8.10　ギャップをもつドーナツ状鉄心の磁気回路

［**解**］　図 8.10 に対する回路の磁気抵抗は

$$\mathscr{R} = \mathscr{R}_1 + \mathscr{R}_2 = \frac{2\pi a - \delta}{\mu S} + \frac{\delta}{\mu_0 S} \cong \frac{2\pi a}{\mu S} + \frac{\delta}{\mu_0 S} \tag{8.35}$$

となる．$\mathscr{R}_1$ と $\mathscr{R}_2$ は，それぞれ鉄心部とギャップ部の磁気抵抗である．コイルに電流 I を通電したときのコイル１ターンへの鎖交磁束は，磁気回路のオームの法則より

$$\Phi = \frac{\mathscr{F}}{\mathscr{R}} = NI\left(\frac{2\pi a}{\mu S} + \frac{\delta}{\mu_0 S}\right)^{-1} = \frac{\mu_0 \mu_s SNI}{2\pi a + \mu_s \delta} \tag{8.36}$$

となる．ここで，$\mu_s = \mu / \mu_0$ である．よって，コイルの自己インダクタンス L は次のようになる．

$$L = \frac{N\Phi}{I} = \frac{\mu_0 \mu_s SN^2}{2\pi a + \mu_s \delta} \tag{8.37}$$

■

演　習　問　題

8.1　図8.11に示すように，一様な磁界 $\boldsymbol{H}_0$ 中に，透磁率が μ の球状磁性体（半径 a）を置いたとき，球状磁性体内外の磁界分布および球状磁性体内の磁化と磁化電流を求めよ．

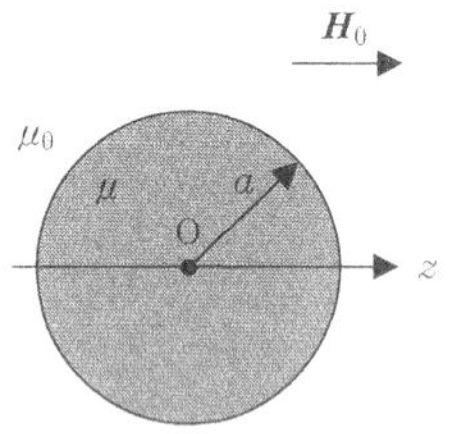

図8.11　均一磁界中の球状磁性体

8.2　図8.12に示すように，同軸状に配置された無限に長い半径 a と b の薄い中空円筒の間が透磁率 μ_1 と μ_2 の２層の磁性体で満たされている．この内外導体に往復電流が一様に流れているとき単位長さ当たりの自己インダクタンスを求めよ．

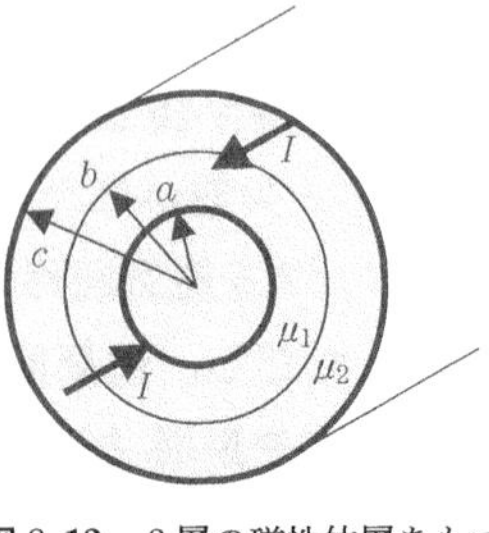

図8.12　２層の磁性体層をもつ同軸円筒状往復線路

8.3 図8.13に示すように，平均半径 a で断面積 S の細いドーナツ状磁性体に総巻数 N のコイルが巻かれている．このとき，磁性体の中心軸上の無限に長い直線状電流路とコイル間の相互インダクタンスを求めよ．ただし，鉄心の透磁率を μ とし，もれ磁束は無視できるものとする．

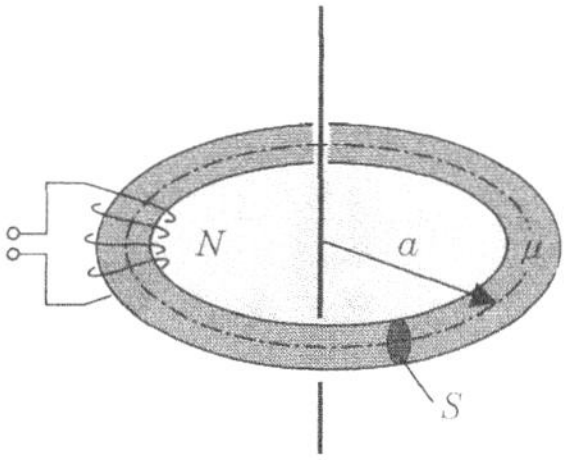

図8.13　直線状電流路とドーナツ状鉄心に巻かれたコイル

8.4 図8.14に示すように，3脚の鉄心のうちの2脚に巻数 N_1 のコイル1と巻数 N_2 のコイル2が巻かれている．磁路長は AB = BC = DE = EF = l_1，AF = BE = CD = l_2 である．鉄心の断面積はどこも S で，断面寸法は，l_1，l_2 と比べて十分小さいとする．コイル1とコイル2の自己インダクタンスと相互インダクタンスを求めよ．ただし，鉄心の透磁率を μ とし，もれ磁束は無視できるものとする．

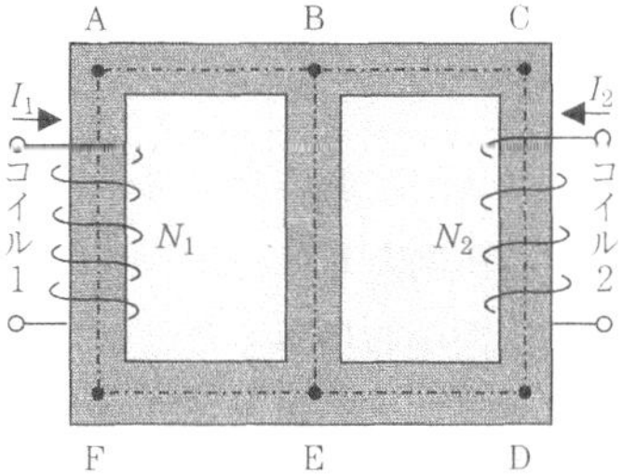

図8.14　3脚鉄心の磁気回路

9. 電磁誘導と磁界のエネルギー

9.1 電磁誘導の法則

これまでに組み立ててきた静電界と静磁界についての考え方は，それぞれクーロンの法則とビオ-サバールの法則を基本法則としている．ここでは，これらの基本法則からは導くことができない基本法則として電磁誘導の法則を導入する．

図 9.1 に示すように 1 次回路が作る磁界中に 2 次回路が置かれているとき，(a) 1 次回路の電流の時間的変化，(b) 1 次回路の運動，あるいは，(c) 2 次回路の運動により，2 次回路に電流が流れたり，流れている電流が変化したりする．(b)，(c) において，1 次回路に代わって永久磁石を用いた磁界中でも同様のことが起こる．これらの現象はファラデーが一連の実験により発見したもので，**電磁誘導**（electromagnetic induction）と呼ばれている．以上のさまざまな状況の中で共通していることは，2 次回路 c に鎖交する磁束 Φ が時間とともに変化

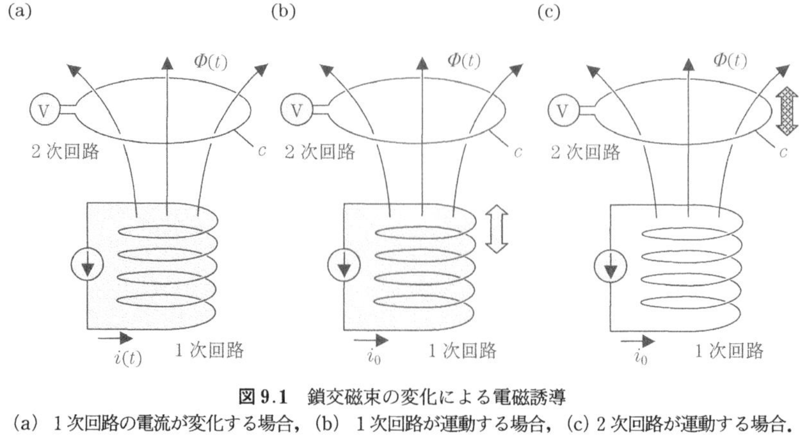

図 9.1 鎖交磁束の変化による電磁誘導
(a) 1 次回路の電流が変化する場合，(b) 1 次回路が運動する場合，(c) 2 次回路が運動する場合．

することであり，これにより 2 次回路に次式で表される起電力が生じたとみることができる.

$$V = -\frac{d\Phi}{dt} \tag{9.1}$$

これを電磁誘導の法則（**ファラデーの法則**，Faraday's law）と呼ぶ．上式で，負符号は「電磁誘導による起電力は磁束の変化を妨げる方向に生じる」ことを示しており，このことを**レンツの法則**（Lentz's law）という.

図 9.1 に示す 2 次回路に鎖交する磁束は，閉路 c が張る面を S として

$$\Phi = \int_S \boldsymbol{B} \cdot d\boldsymbol{S} \tag{9.2}$$

であるから，ある微小な時間間隔 Δt の間の閉路 c への鎖交磁束の変化は，静止した閉路 c 内の磁束密度分布の時間的変化による分 $\Delta\Phi_{\mathrm{f}}$ と時間的に一定の磁界中での閉路 c の運動による分 $\Delta\Phi_{\mathrm{b}}$ の和で表すと

$$\Delta\Phi = \Delta\Phi_{\mathrm{f}} + \Delta\Phi_{\mathrm{b}} \tag{9.3}$$

となる．ここで，

$$\Delta\Phi_{\mathrm{f}} = \int_S \boldsymbol{B}(t+\Delta t) \cdot d\boldsymbol{S} - \int_S \boldsymbol{B}(t) \cdot d\boldsymbol{S} = \int_S \Delta\boldsymbol{B}(t) \cdot d\boldsymbol{S} \tag{9.4}$$

$$\Delta\Phi_{\mathrm{b}} = \int_{S(t+\Delta t)} \boldsymbol{B} \cdot d\boldsymbol{S} - \int_{S(t)} \boldsymbol{B} \cdot d\boldsymbol{S} \tag{9.5}$$

である．図 9.1(a)，(b)における磁束の変化は(9.4)式により，また，図 9.1(c)における磁束の変化は(9.5)式により求めることができる.

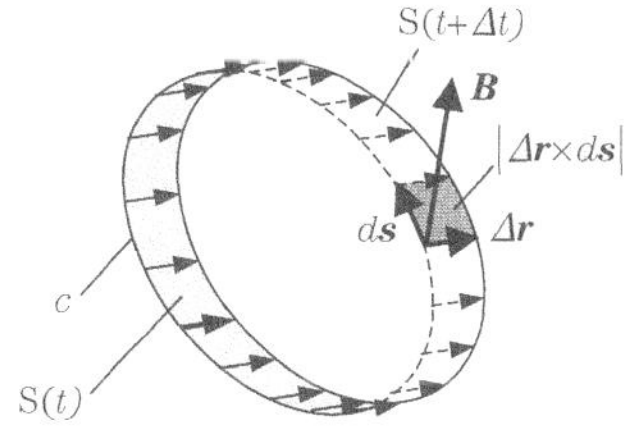

図 9.2 磁束密度中での閉路の運動による起電力

このうち，閉路 c の運動による鎖交磁束の変化 $\Delta\Phi_{\mathrm{b}}$ は，図 9.2 に示すように，閉路の線素 $d\boldsymbol{s}$ の部分が $\Delta\boldsymbol{r}$ だけ運動するときに掃く面積 $|\Delta\boldsymbol{r} \times d\boldsymbol{s}|$ への鎖交磁束の増加分 $\boldsymbol{B} \cdot (\Delta\boldsymbol{r} \times d\boldsymbol{s})$ を閉路 c に沿って周回積分することにより

$$\Delta\Phi_{\mathrm{b}} = \oint_c \boldsymbol{B} \cdot (\Delta\boldsymbol{r} \times d\boldsymbol{s}) = \oint_c (\boldsymbol{B} \times \Delta\boldsymbol{r}) \cdot d\boldsymbol{s} \tag{9.5'}$$

となる．ここで，線素の方向は $\boldsymbol{B}$ による鎖交が正になる方向にとることにする．(9.4)式と(9.5′)式により，(9.1)式は

$$V = -\frac{d\Phi}{dt} = -\lim_{\Delta t \to 0}\frac{\Delta\Phi_{\mathrm{f}} + \Delta\Phi_{\mathrm{b}}}{\Delta t} = -\int_s \frac{\partial \boldsymbol{B}}{\partial t}\cdot d\boldsymbol{S} + \oint_c (\boldsymbol{v} \times \boldsymbol{B})\cdot d\boldsymbol{s} \quad (9.6)$$

と変形できる．ここで，$\boldsymbol{v} = d\boldsymbol{r}/dt$ は閉路 c の運動の速度である．(9.6)式最右辺の起電力のうち第2項の磁束密度中での導体の運動による起電力については，右手で，運動速度の方向を親指，磁束密度の方向を人差し指，起電力の方向を中指とすると覚えやすい．これを**フレミングの右手の法則**（Fleming's right-hand rule）という．

これまで考えてきた電気的磁気的力は，電界 $\boldsymbol{E}$ 中で電荷 q に働くクーロン力

$$\boldsymbol{F} = q\boldsymbol{E} \quad (9.7)$$

と磁界密度 $\boldsymbol{B}$ 中での電流 ΔI に働く磁気力

$$\boldsymbol{F} = \Delta I \times \boldsymbol{B} \quad (9.8)$$

の2つの力であった．電磁気学では一般にこれら2つの力しか考えない．このことから，電荷 q で速度 $\boldsymbol{v}$ の荷電粒子に働く力はこれらの合力として

$$\boldsymbol{F} = q(\boldsymbol{E} + \boldsymbol{v} \times \boldsymbol{B}) \quad (9.9)$$

で表される．これを**ローレンツ力**（Lorentz force）と呼んでいる．ここで，$q\boldsymbol{v}$ をこの荷電粒子による電流としている．また，(9.9)式右辺の第2項を狭義のローレンツ力と呼ぶこともある．そこで，起電力を単位電荷になされる仕事と広く定義すると，図9.1に示す2次回路 c に発生した起電力は

$$V = \oint_c (\boldsymbol{E} + \boldsymbol{v} \times \boldsymbol{B})\cdot d\boldsymbol{s} \quad (9.10)$$

となる．(9.6)式と（9.10)式の被積分部第2項が互いに等しいことから，回路の運動による起電力は（9.8)式の磁気力が経路 c に沿って単位電荷当たりにする仕事であると解釈できる．また，両式からこの回路の運動による寄与分を差し引き，ストークスの定理を用いると，

$$\int_s \left(\nabla \times \boldsymbol{E} + \frac{\partial \boldsymbol{B}}{\partial t}\right)\cdot d\boldsymbol{S} = 0 \quad (9.11)$$

を得る．さらに，積分領域 S（閉路 c）は任意にとれるから，(9.11)式から

$$\nabla \times \boldsymbol{E} = -\frac{\partial \boldsymbol{B}}{\partial t} \quad (9.12)$$

を得る．これが電磁誘導の法則の微分形である．ここで注意を要するのは，(9.12)式は(9.1)式の中で磁束密度の時間的変化による寄与分を抜き出したもので，(9.12)式の $\boldsymbol{E}$ は磁束密度の時間的変化により生じている誘導電界であるということである．この電界は，静電界とは違い保存の界ではないが，静電界と同じように電荷に力を及ぼす．また，静電界は保存の界であることから，(9.12)式は静電界と誘導電界からなる広い意味の電界について成り立つ．

例題 9.1 図 9.3(a)に示すように，均一で一定の磁束密度 $\boldsymbol{B}$ 中で，$\boldsymbol{B}$ に垂直な軸をもつ $a \times b$ の 1 ターン矩形コイルが角周波数 ω で回転しているとき，コイルに生じる起電力を求めよ．

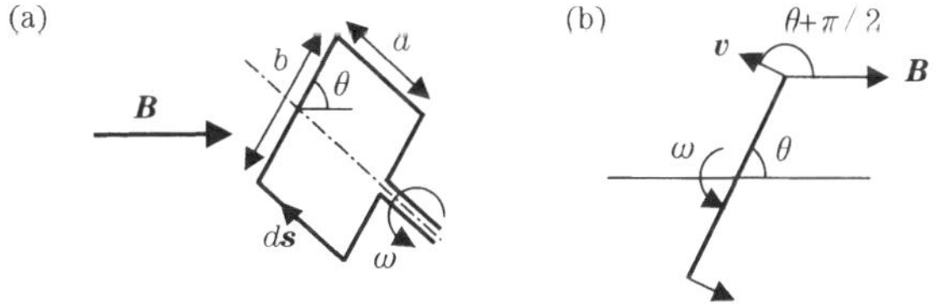

図 9.3 均一で一定の磁束密度中で回転する 1 ターン矩形コイルに生じる起電力

[**解**] 辺 b と磁束密度のなす角度を θ，辺 a の回転速度を $\boldsymbol{v}$ とする．磁束密度の時間的変化はないので(9.6)式の最右辺で第 1 項は 0 であり，起電力は第 2 項の 2 次回路の運動による寄与分のみである．図 9.3(a)に示すように，$\boldsymbol{B}$ による鎖交が正になる方向に線素 $d\boldsymbol{s}$ をとり，積分を矩形コイルの巻線に沿って実行すると，長さ b の 2 辺上では積分が打ち消されるので，長さ a の 2 辺上での積分として，

$$V = \oint \boldsymbol{v} \times \boldsymbol{B} \cdot d\boldsymbol{s} = -\, vB\sin\left(\theta + \frac{\pi}{2}\right) \times 2a = -\, ab\omega B\cos\omega t$$

が得られる．ここで，図 9.3(b)に示すように，$\boldsymbol{v}$ と $\boldsymbol{B}$ のなす角度は $\theta + \pi/2$ であり，負符号は起電力が線素とは逆向きであることを意味している．また，$v = \pi b(\omega/2\pi) = b\omega/2$ とした．一方，鎖交の正方向を上と同じにとり，直接矩形コイルに鎖交する磁束 Φ を求めると，

$$\Phi = abB\sin\theta = abB\sin\omega t$$

であるから，(9.1)式より

$$V = -\frac{d\Phi}{dt} = -\omega\frac{d\Phi}{d\omega t} = -ab\omega B\cos\omega t$$

となり，(9.6)式より求めた結果と一致する．■

例題 9.2 図 9.4 に示すように，均一で一定の磁束密度 $\boldsymbol{B}$ 中で，$\boldsymbol{B}$ に垂直な面上に一方が終端されている平行導体 ABCD があり，この平行導体に直角に可動の導体棒 PQ が差し渡されている．この導体棒が図に示すように速度 $\boldsymbol{v}$ で平行導体に沿って移動するとき，終端部に接続された電圧計に示される電圧を求めよ．ただし，導体および導体間の接触部の抵抗は無視できるものとする．

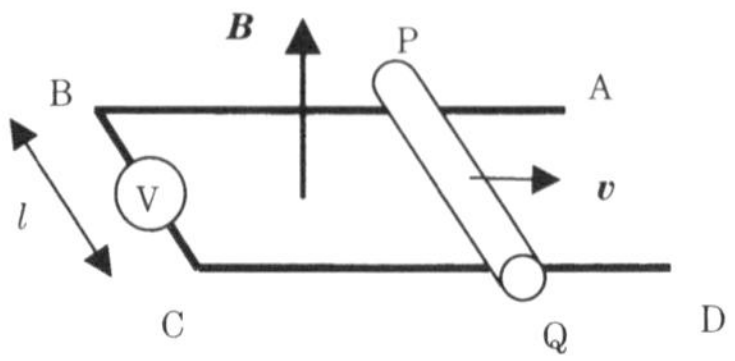

図 9.4 均一で一定の磁束密度中で可動部をもつ閉路に生じる起電力

［**解**］ 例題 9.1 と同様に磁束密度分布の時間変化はないので，閉路の運動に伴う鎖交磁束の時間変化による起電力のみが閉路に生じる．まず，(9.8)式の磁気力による仕事として閉路に生じる起電力を直接求めると，

$$V = \oint \boldsymbol{v}\times\boldsymbol{B}\cdot d\boldsymbol{s} = \int_Q^P \boldsymbol{v}\times\boldsymbol{B}\cdot d\boldsymbol{s} = -vBl$$

となる．ここで，閉路に沿った線素は $\boldsymbol{B}$ による鎖交が正になる方向（QPBC の向き）にとっており，負符号は，起電力が線素とは逆向きであることを意味している．以上より，回路において電圧計以外の部分の抵抗は無視できるから，電圧計の + 端子を C 側に接続すると電圧計には電圧 $+vBl$ [V] が示される．一方，微小な時間間隔 Δt の間の鎖交磁束の変化 $\Delta\Phi$ は $Blv\Delta t$ であるから，(9.1)式より，閉路に生じる起電力は $V = -vBl$ となり，上式の結果と一致する．■

9.2 運動する物質に発生する起電力

前節では，閉路を対象に，閉路に鎖交する磁束の時間変化と生じる起電力との関係を述べた．ここではさらに対象を広げて，運動する物質に発生する起電力について考えてみよう．

はじめに，図 9.5(a)のように，均一で一定の磁束密度 $\boldsymbol{B}$ 中を速度 $\boldsymbol{v}$ で運動する点電荷 $q\,(>0)$ を考えよう．点電荷に働く力はローレンツ力(9.9)式の第 2 項の磁気力 $q\boldsymbol{v}\times\boldsymbol{B}$ である．この力は運動方向に対して垂直に働くので，定常状

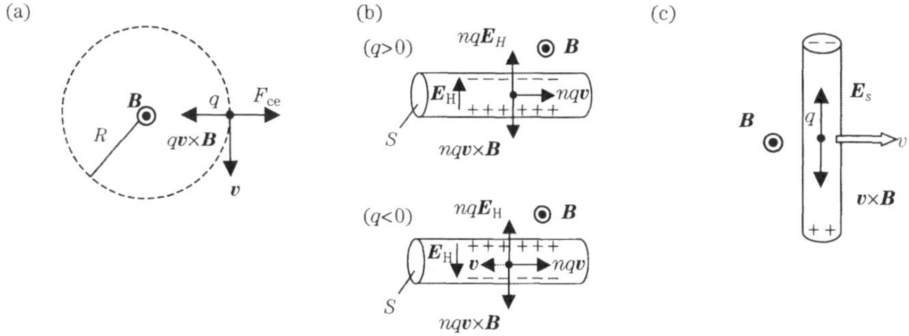

図 9.5　(a) 均一で一定の磁束密度中を運動する点電荷に働く力,
(b) 均一で一定の磁束密度中で導体に流れる電流に働く力,
(c) 均一で一定の磁束密度中で運動する導体棒に生じる起電力

態では，$\boldsymbol{B}$ に垂直な平面上で図中に破線で示すように磁気力と遠心力 F_{ce} とが釣り合う半径 R の円運動をする．力の釣り合い式は，点電荷の質量を m とすると

$$F_{\mathrm{ce}} = \frac{mv^2}{R} = qvB \tag{9.13}$$

であるから，円軌道の半径は

$$R = \frac{mv}{qB} \tag{9.14}$$

となる．このときの円運動の周波数は $f = v/2\pi R = qB/2\pi m$ である．この定常な円運動の半径をサイクロトロン半径，周波数をサイクロトロン周波数という．

次に，均一で一定の磁束密度 $\boldsymbol{B}$ 中で $\boldsymbol{B}$ に垂直に置かれた導体内を平均速度 $\boldsymbol{v}$ で運動する数密度 n，電荷 q の荷電粒子の定常的な運動を考えよう．まず，図 9.5(b)に示す $q > 0$ の場合，荷電粒子に働く単位体積当たりの磁気力は $nq\boldsymbol{v} \times \boldsymbol{B}$ であり，これにより荷電粒子は $nq\boldsymbol{v}$ と $\boldsymbol{B}$ に垂直な下向きに移動して，図に示すように導体の上下表面付近に負，正の電荷の層が生じる．断面積 $\boldsymbol{S}$ の導体の微小区間 $\boldsymbol{\Delta s}$ に働く力 $\boldsymbol{\Delta F}$ を求めると，

$$\boldsymbol{\Delta F} = nq\boldsymbol{v}(\boldsymbol{S} \cdot \boldsymbol{\Delta s}) \times \boldsymbol{B} = I\boldsymbol{\Delta s} \times \boldsymbol{B} = \boldsymbol{\Delta I} \times \boldsymbol{B} \tag{9.15}$$

となり，磁束密度の定義(7.1)式にもどる．ここで，$nq\boldsymbol{v}$ と $\boldsymbol{\Delta s}$ は平行としている．この電荷層による静電界 $\boldsymbol{E}_{\mathrm{H}}$ は荷電粒子に上向きに単位体積当たり $nq\boldsymbol{E}_{\mathrm{H}}$ のクーロン力を及ぼし，クーロン力と磁気力が釣り合うと，この方向の荷電粒子の移動は落ち着く．このように，磁気力はクーロン力との釣り合いを介して導体に及ぶ．また図 9.5(b)の $q < 0$ の場合，$q > 0$ の場合と同一方向に電流密度 $nq\boldsymbol{v}$

の電流が流れているとき（ただし，荷電粒子の実際の運動方向は破線で示したように電流とは逆向き），荷電粒子に働く単位体積当たりの磁気力は同じく $nq\boldsymbol{v} \times \boldsymbol{B}$ であり，これにより荷電粒子は導体の上下表面付近に電荷の層が生じる．しかし，$q > 0$ の場合とは，正負の電荷が逆転している．このように，電流の担い手である荷電粒子（ホールか電子）の電荷の正負によって，電荷層の電荷の符号が反転するので，この電荷層間の電圧の向きで荷電粒子の電荷の正負が判別できる．これを**ホール効果**（Hall effect）と呼び，発生する静電界 $\boldsymbol{E}_{\mathrm{H}} = -(q/|q|)\,\boldsymbol{v} \times \boldsymbol{B}$ を**ホール電界**（Hall electric field）という．

さて，図 9.5(c) に示すように，均一で一定の磁束密度 $\boldsymbol{B}$ に垂直な平面内で，自身の軸に垂直な方向に速度 $\boldsymbol{v}$ で並進運動している導体棒を考えよう．この場合も，導体内の電荷 $q\,(>0)$ には磁気力が働き，図 9.5(a) や (b) の場合と同様に，電荷の移動により導体棒の両端部に正負の電荷が集積する．これによる静電界 $\boldsymbol{E}_{\mathrm{S}}$ と起電力 $\boldsymbol{v} \times \boldsymbol{B}$ とが釣り合って電荷の移動は落ち着く．この場合も，導体棒の両端部には電位差が生じており，一種の起電力源とみなせる．ただし，この両端部の電位差を測るには注意を要する．導体棒と同じ速度で移動する電圧計の端子を導体棒の両端部に接続しても電圧計の針はふれない（あるいは，読みは 0 である）．導体棒と接続した電圧計から構成される閉回路で起電力が打ち消し合うからである．

もう 1 つ，運動する導体に発生する起電力の例を紹介しよう．図 9.6 に示すように，均一で一定の磁束密度 $\boldsymbol{B}$ 中で，$\boldsymbol{B}$ に平行な軸をもつ円柱状導体が角速度 ω で回転している．このとき，軸上の点 P と円柱側面上の点 Q の間で起電力が発生する．実際に図のように電圧計の両端子を接触させて閉路を構成すると，この起電力を観測できる．閉路の鎖交磁束は変化していないので，この起電力は，(9.1) 式の電磁誘導の法則では説明できないが，(9.8) 式の磁気力によると解釈できる．図 9.6 で，軸の太さを無視し円柱の半径を R とすると，点 P，Q 間の起電力は

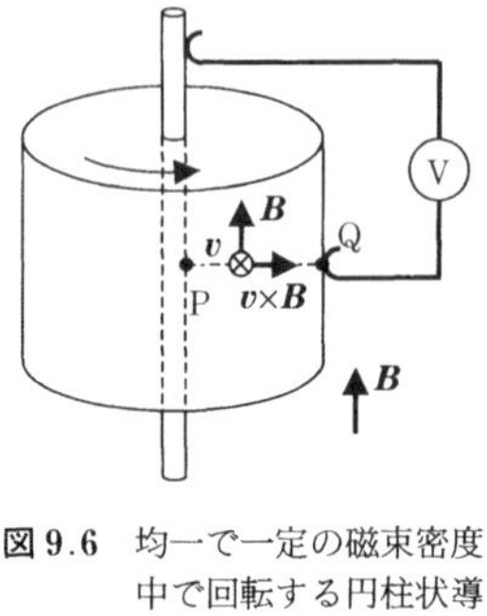

図 9.6　均一で一定の磁束密度中で回転する円柱状導体に生じる起電力

$$V = \int_0^R r\omega B dr = \frac{1}{2}\,\omega B R^2 \tag{9.16}$$

となる．また，導体の代わりに円柱状誘電体を磁界中で同様に回転させると，発生する起電力により分極が生じる．さらに，磁化された円柱状磁性体を同様に回転させても起電力が発生する．これを特に単極誘導と呼んでいる．

運動する物質に関連する起電力については，考え方を間違うことがよくあるので，以下の例題を参考にして整理してみるとよい．

例題 9.3　次に示す閉回路に生じる起電力について考察せよ．

(1)　図 9.7 に示すように，紙面に垂直な，均一で一定の磁束密度 $\boldsymbol{B}$ 中で，幅 l の導体が接触子の間を速度 $\boldsymbol{v}$ で滑って動くときの閉路の起電力．

(2)　図 9.8 に示すように，磁化された幅 l の磁性体が接触子の間を速度 $\boldsymbol{v}$ で滑って動くときの閉路の起電力．ただし，磁性体中では磁束密度 $\boldsymbol{B}$ は均一であり紙面に垂直とする．

[解]

(1)　接触子の間の経路を鎖線で表すと，図 9.6 で示した例と同様に，導体の運動に伴う閉路への鎖交磁束の変化はないので，(9.1)式による起電力は生じないが，接触子の間で(9.8)式の磁気力による起電力 vBl が図の方向に生じる．

(2)　接触子の間の経路を鎖線で表すと，前問と同様に接触子の間で(9.8)式の磁気力による起電力 vBl が図の方向に生じるが，磁性体の運動に伴い閉路への鎖交磁束が減少する．鎖交磁束変化による起電力は(9.1)式より $-vBl$ となるから接触子の間の起電力と打ち消し合って閉路全体で生じる起電力は 0 である．■

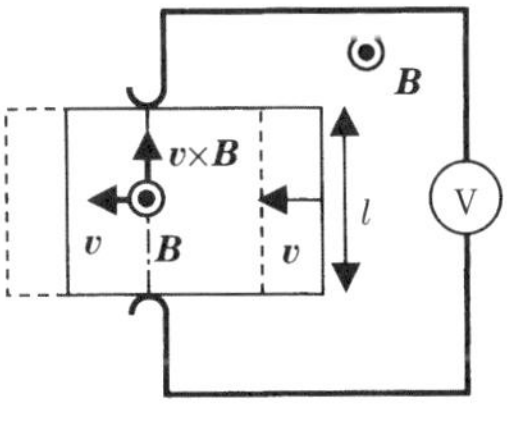

図 9.7　均一で一定の磁束密度中で，接触子で運動する導体を挟んだ閉路における起電力

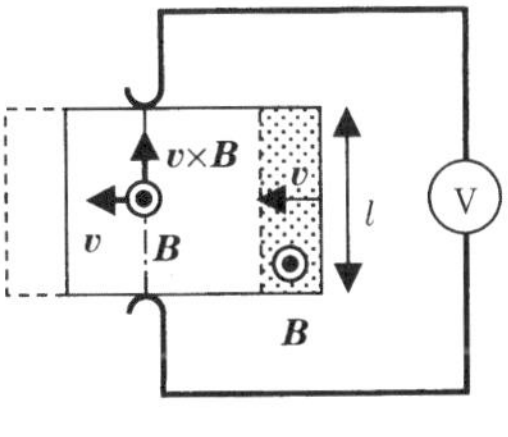

図 9.8　接触子で運動する一様に磁化した磁性体を挟んだ閉路における起電力

9.3　磁界のエネルギー

図 9.9(a)に示す自己インダクタンス L の閉回路 c に電源 G により起電力 ε_e

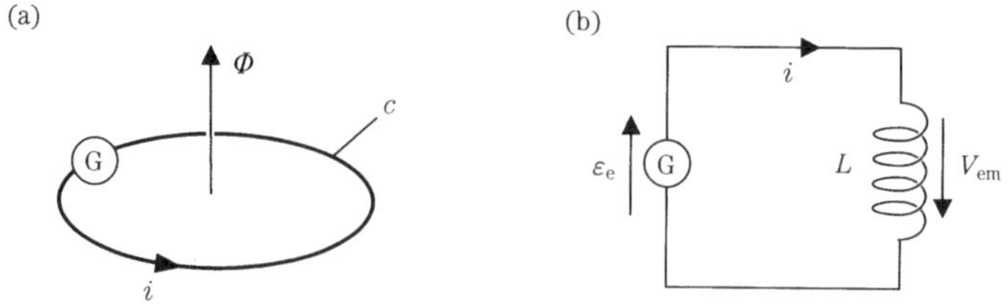

図 9.9　(a) 電源が閉路に対してする仕事，(b) 等価回路における起電力と逆起電力

が働いて電流 i が流れているとき，その積 $\varepsilon_e i$ は

$$\varepsilon_e i = \left(\oint_c \boldsymbol{E}_e \cdot d\boldsymbol{s}\right)\frac{dq}{dt} = \lim_{\Delta t \to 0}\left(\oint_c \Delta q \boldsymbol{E}_e \cdot d\boldsymbol{s}\right)\frac{1}{\Delta t} = \lim_{\Delta t \to 0}\frac{\Delta W}{\Delta t} \quad (9.17)$$

と変形できるので，これは，電源が単位時間当たりにする仕事を表している．いま，回路の抵抗が無視できるとして話を進める（抵抗がある場合でも，抵抗で消費されるエネルギー分を電源がする仕事から差し引いてやれば同じ議論ができる）．そこで，この閉電流 i を微小な時間 dt の間に di だけ変化させるとすると，この変化に伴う誘導起電力（逆起電力と呼ばれることもある）

$$V_{em} = -\frac{d\Phi}{dt} = -L\frac{di}{dt} \quad (9.18)$$

に逆らって電流を変化させるために，電源からの起電力 $\varepsilon_e = -V_{em}$ が必要になる．ここで，Φ は電流 i による閉路 c への鎖交磁束である．図 9.9(b) に等価回路を示す．図の矢印は正方向を示している．$di/dt > 0$ のとき，(9.18) 式の誘導起電力は電流を減らす方向に働く．このとき，電源が単位時間当たりにする仕事は

$$\frac{dW}{dt} = -V_{em} i = Li\frac{di}{dt} \quad (9.19)$$

となる．よって，電源により閉路 c の電流を 0 から I まで変化させたときに電源がする仕事は

$$W = \int_0^t \frac{dW}{dt}dt = \int_0^I Li\,di = \frac{1}{2}LI^2 \quad (9.20)$$

であり，これが閉路 c を含む系全体に蓄えられる磁界のエネルギー U_m となる．例えば，コイルが閉路 c の一部に局在し，コイルからのもれ磁界が無視できる場合には，磁界のエネルギーはコイルの内部にのみ蓄えられるといってよい．ま

た(9.20)式からわかるように，蓄えられる磁界のエネルギーは電流を変化させる経路にはよらず，到達している電流値によって決まっている．つまり，電流値が小さくなると蓄えられる磁界のエネルギーも少なくなり，その分は電源にもどされることになる．

さらに，自己インダクタンスが L_1, L_2 で相互インダクタンスが M の 2 つの閉路 c_1, c_2 にそれぞれ電流 I_1, I_2 が流れているときについても同様に，それぞれの閉路に対する電源のする仕事の和は

$$W = \int_0^t i_1 \frac{d\Phi_1}{dt} dt + \int_0^t i_2 \frac{d\Phi_2}{dt} dt$$
$$= \int_0^{I_1, I_2} \{i_1(L_1 di_1 + M di_2) + i_2(M di_1 + L_2 di_2)\} \tag{9.21}$$

となる．Φ_1, Φ_2 は，それぞれ閉路 c_1, c_2 への鎖交磁束である．まず，電流 i_1 を 0 から I_1 まで増加させ，次に，電流 i_2 を 0 から I_2 まで増加させたとすると，

$$W = \int_0^{I_1} L_1 i_1 di_1 + \int_0^{I_2} (M I_1 di_2 + L_2 i_2 di_2)$$
$$= \frac{1}{2} L_1 I_1^2 + M I_1 I_2 + \frac{1}{2} L_2 I_2^2 \tag{9.22}$$

となる．また，容易にわかるように，電流 I_1, I_2 の変化の順番を入れ替えても結果は同じである．(9.22)式についても，その右辺が閉路 c_1, c_2 を含む系全体に蓄えられる磁界のエネルギーである．

第 7 章の図 7.12 に示した n 個の閉路 c_i (電流 I_i) ($i = 1, 2, \cdots, n$) に拡張すると，この系全体に蓄えられる磁界のエネルギー U_m は

$$U_m = \frac{1}{2} \sum_{ij}^{n} M_{ij} I_i I_j = \frac{1}{2} \sum_{i}^{n} \Phi_i I_i \tag{9.23}$$

となる．ここで，M_{ii} は閉路 c_i の自己インダクタンス L_i, $M_{ij} = M_{ji}$ であり，Φ_i は閉路 c_i への鎖交磁束である．

9.4 磁界のエネルギー密度

(9.17)式は線電流ループに対して電源が単位時間当たりにする仕事を表しているが，これを電流が空間的に分布している場合に拡張すると，

$$\frac{dW}{dt} = \varepsilon_e i = \int_V \boldsymbol{E}_e \cdot \boldsymbol{J} dv = -\int_V \boldsymbol{E} \cdot \boldsymbol{J} dv \tag{9.24}$$

となる．また，ベクトル公式（付録Aの(付.44)式）を使って，後述のポインティングベクトル $\boldsymbol{E}\times\boldsymbol{H}$ の発散を計算すると

$$\nabla\cdot(\boldsymbol{E}\times\boldsymbol{H})=\boldsymbol{E}\cdot(\nabla\times\boldsymbol{H})-\boldsymbol{H}\cdot(\nabla\times\boldsymbol{E})=\boldsymbol{E}\cdot\boldsymbol{J}+\boldsymbol{H}\cdot\frac{\partial\boldsymbol{B}}{\partial t}\tag{9.25}$$

となる．ここでは，(8.17)式と(9.12)式を用いている．(9.25)式を(9.24)式に代入してさらに変形すると

$$\begin{aligned}\frac{dW}{dt}&=\int_V\left[-\nabla\cdot(\boldsymbol{E}\times\boldsymbol{H})+\boldsymbol{H}\cdot\frac{\partial\boldsymbol{B}}{\partial t}\right]dv\\&=-\int_S(\boldsymbol{E}\times\boldsymbol{H})\cdot dS+\int_V\boldsymbol{H}\cdot\frac{\partial\boldsymbol{B}}{\partial t}dv\end{aligned}\tag{9.26}$$

を得る．右辺の第1項はガウスの定理を使って変形している．この項は，体積分の領域 V を十分大きくとるとその境界 S 上では $\boldsymbol{E}$ や $\boldsymbol{H}$ は座標原点から境界までの距離 R に対して $1/R^2$, $1/R^3$ で小さくなるので無視できる．(9.20)式と同様に，電流を0から増加させていくときに電源がする仕事は

$$W=\int_0^t\int_V\boldsymbol{H}\cdot\frac{\partial\boldsymbol{B}}{\partial t}dvdt=\int_V\left[\int\boldsymbol{H}\cdot d\boldsymbol{B}\right]dv\tag{9.27}$$

となる．この場合，電源がした仕事がそのまま領域 V 内に磁界のエネルギー U_m として蓄えられるので，

$$u_{\mathrm{m}}=\int\boldsymbol{H}\cdot d\boldsymbol{B}\tag{9.28}$$

とすると

$$U_m=\int_V u_{\mathrm{m}}dv\tag{9.29}$$

であり，u_{m} は磁界のエネルギー密度とみなすことができる．(9.28)式は磁界のエネルギー密度 u_{m} を与える式である．透磁率 μ が一定の場合には，(9.28)式より

$$u_{\mathrm{m}}=\int\frac{\boldsymbol{B}}{\mu}\cdot d\boldsymbol{B}=\frac{1}{2\mu}B^2=\frac{1}{2}\boldsymbol{H}\cdot\boldsymbol{B}\tag{9.30}$$

となる．このとき，図9.10(a)に示すように，B-H 曲線は可逆であり，B の増加時に電源から供給されるエネルギーは B の減少時にそっくり電源に回収される．一方，強磁性体のように，B-H 曲線に図8.8に示すようなヒステリシスが

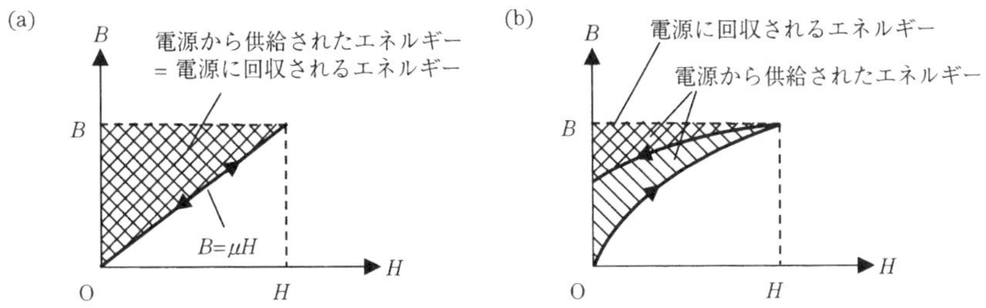

図 9.10 (a) 可逆な B-H 曲線におけるエネルギーの供給と回収，
(b) ヒステリシスをもつ B-H 曲線におけるエネルギーの供給と回収

ある場合には，磁界のエネルギー密度を求めるには(9.30)式ではなく(9.28)式を直接用いなければいけない．図 9.10(b)に，ヒステリシスの一部として，最初の増磁過程と続く減磁過程の B-H 曲線を示す．最初の増磁過程において電源から供給されたエネルギーはすべてが減磁過程で電源に回収されているわけではないことがわかる．この分を変化の 1 周期にわたり加算すると，図 8.8 に示すヒステリシス曲線が囲む面積に相当するエネルギーとなり，これが回収できず物質内で損失となっている．

例題 9.4 図 9.11 に示すように，透磁率 μ の磁性体で満たされている半径 a, b の厚さが無視できる同軸上円筒導体において，内外導体に反平行電流 I を流しているとき，(1)磁界のエネルギー密度分布，(2)単位長さ当たりの磁界のエネルギー，(3)単位長さ当たりの自己インダクタンス，を求めよ．

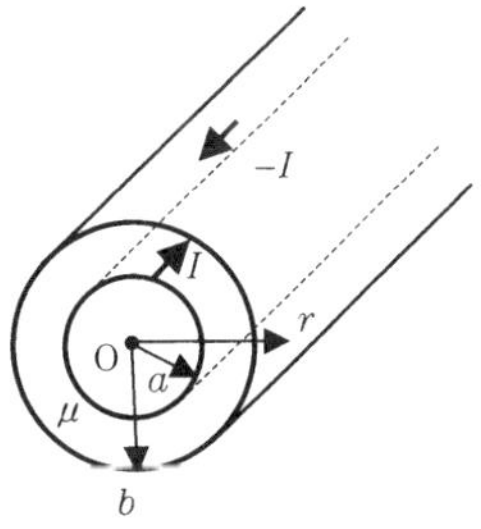

図 9.11 同軸上円筒導体に流れる往復電流による磁界のエネルギー分布

[解]

(1) アンペアの法則より，$a \leq r \leq b$ の範囲でのみ $H = I/2\pi r$ の磁界が発生している．したがって，(9.30)式より，磁界のエネルギー密度は，$a \leq r \leq b$ の領域で

$$u_{\mathrm{m}} = \frac{\mu}{2} H^2 = \frac{\mu I^2}{8\pi^2 r^2}$$

であり，他の領域では 0 である．

(2) 単位長さ当たりの磁界のエネルギー U_m は，導体単位長さ，$a \leq r \leq b$ の範囲でエネルギー密度を積分すると

$$U_m = \int_a^b \frac{\mu I^2}{8\pi^2 r^2} 2\pi r dr = \int_a^b \frac{\mu I^2}{4\pi r} dr = \frac{\mu I^2}{4\pi} \ln \frac{b}{a}$$

を得る．

(3)　単位長さ当たりの自己インダクタンスを L とすると，$U_m = LI^2/2$ より

$$L = \frac{\mu}{2\pi} \ln \frac{b}{a}$$

である．■

9.5 磁　気　力

電流が流れる導体間には磁気力が働く．電流を運動する電荷の集合とみなせば，他の電流が作る磁束密度中で運動する電荷の集合に働くローレンツ力の和としてこの電流間の磁気力は計算できる．一方で，5.4 節で示した静電力と同じように，仮想変位の原理によっても磁気力を求めることができる．ただし，電流路の仮想変位を考えるときには，それぞれの電流路には電源が接続されているので必要に応じて電源の効果までを取り入れることを忘れてはいけない．

n 個の閉路 $c_i\ (i = 1, 2, \cdots, n)$ に電源 G_i が接続されていて電流 I_i が流れているとする．図 9.12 には n 個の電流路のうち代表として c_k と c_l を示している．そこで，各閉路の電流を固定して，電流路 c_k の形を変えずにこれを仮想的に $\Delta \boldsymbol{s}_k$ だけ変位させてみよう．このとき，各閉路の鎖交磁束の変化分は

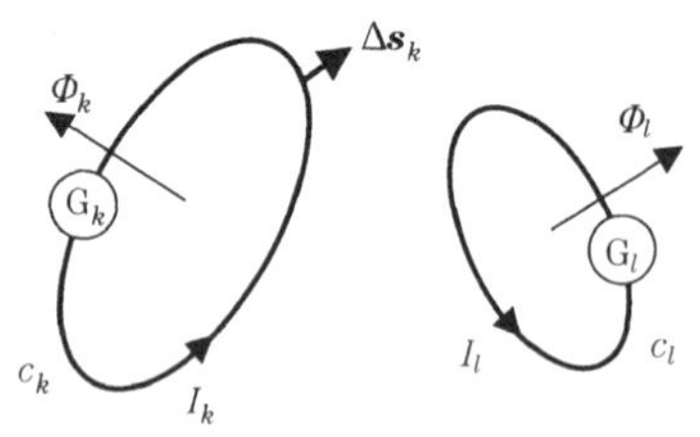

図 9.12　電流路の仮想変位による鎖交磁束の変化と電源がする仕事

$$\Delta_k \Phi_i = \Delta_k \sum_{j=1}^{n} M_{ij} I_j = \sum_{j=1}^{n} (\Delta_k M_{ij} I_j + M_{ij} \Delta_k I_j) = \sum_{j=1}^{n} \Delta_k M_{ij} I_j \quad (9.31)$$

である．ここで，Δ_k は k 番目の電流路の変位 $\Delta \boldsymbol{s}_k$ による変化分であることを示している．このときの磁界のエネルギーの変化分は (9.23) 式より

$$\Delta_k U_m = \frac{1}{2} \sum_{i,j=1}^{n} \Delta_k M_{ij} I_i I_j = \frac{1}{2} \sum_{i=1}^{n} \Delta_k \Phi_i I_i \quad (9.32)$$

となるが，(9.31)式で表される磁束変化に伴う誘導電界に対抗して各閉路で電流を一定に保つために電源から次に示すエネルギーを供給する必要がある．

$$\varDelta_k W = \sum_{i=1}^{n} \varDelta_k \varPhi_i I_i \tag{9.33}$$

そこで，電流路 c_k に加わっている磁気力を $\boldsymbol{F}_k$ とすると，次のエネルギーの釣り合い式が成り立つ．

$$\varDelta_k U_m = -\boldsymbol{F}_k \cdot \varDelta \boldsymbol{s}_k + \varDelta_k W \tag{9.34}$$

右辺第1項は磁気力 $\boldsymbol{F}_k$ に拮抗した外力 $-\boldsymbol{F}_k$ が仮想変位 $\varDelta \boldsymbol{s}_k$ でした仕事，第2項は電源から供給されたエネルギーであり，その合計が左辺の磁界のエネルギーの変化分に等しいことを示している．これより，電流路 c_k に加わっている磁気力 $\boldsymbol{F}_k$ は

$$\boldsymbol{F}_k = \frac{1}{2}\sum_{i=1}^{n} \frac{\partial \varPhi_i}{\partial \boldsymbol{s}_k} I_i = \frac{\partial U_m}{\partial \boldsymbol{s}_k} \tag{9.35}$$

となる．

例題 9.5　真空中（透磁率 μ_0）で，図 9.13 に示す無限長の直線導体に電流 I_1，長方形1ターンコイルに時計回りに電流 I_2 が流れているとき，長方形コイルに働く力を，(1)（7.1）式を直接用いる方法と，(2)（9.35）式を用いた仮想変位による方法によりそれぞれ求めよ．

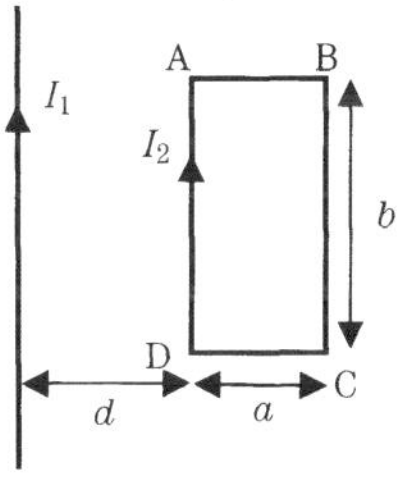

図 9.13　直線状導体と長方形1ターンコイルに流れる電流により働く力

[解]

(1)　コイルの電流路には紙面に垂直に磁束密度

$$B = \frac{\mu_0 I_1}{2\pi r}$$

が奥向きに生じているので，（7.1）式より，電流路 AB，BC，CD，DA に加わる磁気力を計算できる．このうち，電流路 AB，CD には上下逆向きに等しい力が加わるのでコイル全体としてみると釣り合っている．電流路 BC，CD に加わる力については，右向きを正方向としてその和をとると，（7.1）式を用いて

$$F = \frac{\mu_0 I_1 I_2}{2\pi(a+d)}\, b - \frac{\mu_0 I_1 I_2}{2\pi d}\, b = -\frac{\mu_0 ab I_1 I_2}{2\pi d(a+d)}$$

を得る．符号は負であるから，I_1 と I_2 が図の矢印の方向に流れる場合には引力が働くことになる．

(2)　電流 I_1 と I_2 を固定した条件の下に，直線導体と長方形コイルの間隔 d

を増やす方向に仮想変位をすると，その方向の力 $\boldsymbol{F}$ は，(9.35)式より

$$F=\frac{\partial U_m}{\partial d}=\frac{1}{2}\sum_{i,j=1}^{2}\frac{\partial M_{ij}}{\partial d}I_iI_j=\frac{\partial M}{\partial d}I_1I_2$$

となる．ここで，$M\,(=M_{12}=M_{21})$ は直線導体と長方形コイルの相互インダクタンスであり，例題7.10の結果を用いて

$$F=\frac{\partial M}{\partial d}I_1I_2=\frac{\mu_0 b}{2\pi}\frac{\partial}{\partial d}\ln\left(1+\frac{a}{d}\right)I_1I_2=-\frac{\mu_0 abI_1I_2}{2\pi d(a+d)}$$

を得る．この結果は，(1)の結果と一致している．■

演　習　問　題

9.1　図9.14に示すように，定常電流 I が流れている直線状電流路と同一平面状で距離 r だけ隔てて $a\times b$ の矩形の1ターンコイルが平行に置かれている．このコイルがこの平面上で電流路に垂直方向に速度 v で運動するときコイルの誘導起電力を求めよ．

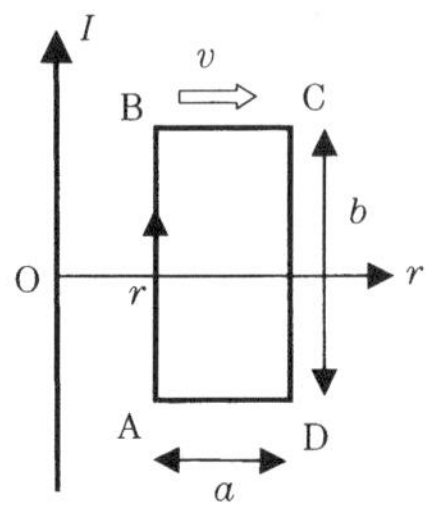

図9.14　直線状電流路と運動する矩形の1ターンコイル

9.2　図9.15に示すように，抵抗率が ρ_1 と ρ_2 で断面形状が等しい2つの細い導体半リングを接続した円形リング（平均半径 a）の2点P，Qに電圧タップを取り付け，点Qからの電圧リード線を点Pまでリングに沿わせている．点Pは2種類の1/2導体リングの境界にあり，角度 $\mathrm{POQ}=\theta$ とする．このリングに一様に掃引速度 $\dot{B}$ の磁束密度を印加したとき，電圧リード端子 R-S 間に生じる電圧を θ の関数として求めよ．ただし，リング内の接続部の抵抗およびリングの電流による磁束密度は無視できるものとする．

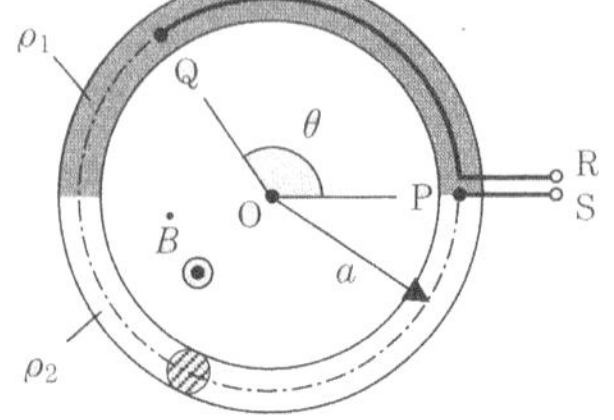

図9.15　抵抗率が ρ_1 と ρ_2 の1/2導体リングを接続した1つの円形リング

9.3 図 9.16 に示すように，半径 b，単位長さ当たりの巻数 n の無限長ソレノイドコイル内に半径 a，透磁率 μ の無限に長い円柱状磁性体が同軸状に置かれている．ソレノイドコイルに定常電流 I を流したとき，次の問に答えよ．ただし，巻線の太さは無視する．

(1) 各部の磁界と磁束密度を求めよ．

(2) 軸方向単位長さ当たりの磁界のエネルギーを求めよ．

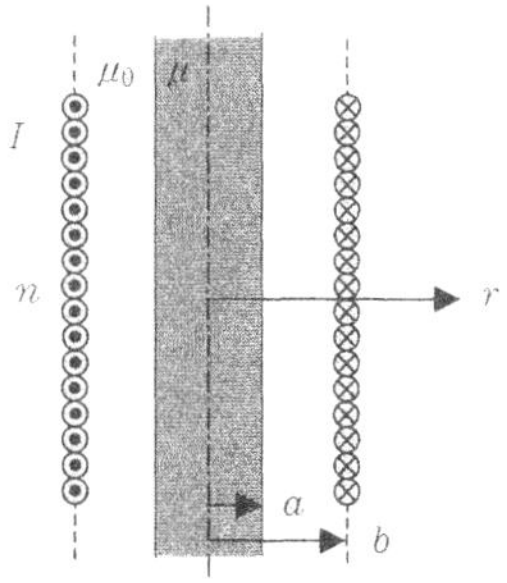

図 9.16 無限長ソレノイドコイル内に配置した透磁率 μ の無限に長い円柱状磁性体

9.4 図 8.10 に示したように，透磁率 μ で厚さ δ のギャップをもち，断面 S，平均半径 a のドーナツ状の鉄心に巻数 N ターンのコイルが巻かれている．このコイルに定常電流 I が流れているとき，次の問に答えよ．ただし，磁気回路の長さ $2\pi a$ に対して δ や断面寸法は十分小さく，鉄心の比透磁率は十分大きくて，もれ磁束は無視できるものとする．

(1) 鉄心内とギャップ部の磁界を求めよ．

(2) 回路に蓄えられている磁界のエネルギーを求めよ．

(3) (9.20)式より回路のインダクタンスを求め(8.37)式と一致することを確かめよ．

9.5 図 9.17 に示すように，密に巻かれた半径 a，長さ l，総巻数 N のソレノイドコイルに定常電流 I を流しているとき，コイルの軸方向に生じる磁気力を求めよ．ただし，コイルは十分に長く端部の効果は無視できるものとする．

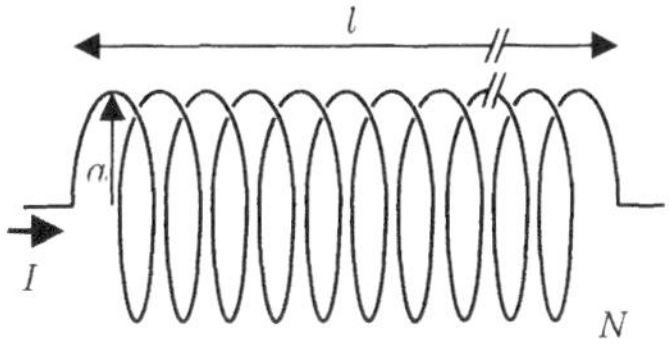

図 9.17 密に巻かれた半径 a，長さ l，総巻数 N のソレノイドコイル

10. マクスウェル方程式

これまでに説明してきた電界と磁界の基本法則は，実験的に得られた結果を整理して一般化する過程で，クーロンの法則，ビオ–サバールの法則（アンペアの法則），電磁誘導の法則として普遍化されたものである．これに対して，マクスウェルが提案した変位電流と磁界との関係を与える法則は実験により得られたものではなく，非定常な電界や磁界について，ビオ–サバールの法則を拡張する理論的な考察により得られたものである．マクスウェルは，変位電流を導入することにより，電界と磁界の基本法則を完成させている．これをマクスウェル方程式という．彼は電磁波の存在を理論的に考察し，その伝播速度が光速に等しいこと，横波であることなど電磁波のいろいろな性質を予言した．その後，電磁波はヘルツにより実験的に確認され（1888 年），いわゆる古典電磁気学が確立されている．ここでは，電界と磁界が互いに関連し合っている状況を表すためにこれらを総称して**電磁界**（electromagnetic field）と呼ぶことにしよう．

10.1 変位電流密度

定常電流界の基本の方程式を導くときに示した連続の式

$$\nabla \cdot \boldsymbol{J} + \frac{\partial \rho}{\partial t} = 0 \tag{10.1}$$

についてもう一度考えてみよう．これは電荷の保存則として広く成り立つ自然の法則と考えられている．一方で，定常電流界の基本の方程式である

$$\nabla \times \boldsymbol{H} = \boldsymbol{J} \tag{10.2}$$

の両辺の発散をとると

$$\nabla \cdot \boldsymbol{J} = 0 \tag{10.3}$$

となり，(10.1)式と一致しない．マクスウェルはこの溝を埋めるために(10.2)式に付加項を加えて

$$\nabla \times \boldsymbol{H} = \boldsymbol{J} + \frac{\partial \boldsymbol{D}}{\partial t} \tag{10.4}$$

とした．(10.4)式の両辺の発散をとり，$\nabla \cdot \boldsymbol{D} = \rho$ とすれば(10.1)式が導かれることがわかる．この付加項

$$\boldsymbol{J}_{\mathrm{d}} = \frac{\partial \boldsymbol{D}}{\partial t} \tag{10.5}$$

を**変位電流密度**（displacement current density）といい，電流密度［A/m^2］の次元をもつ．また，これに対応する電流を**変位電流**（displacement current）という．(10.4)式は，ビオ-サバールの法則から得られる定常な伝導電流と磁界との関係を拡張して，伝導電流と変位電流からなる一般化された電流と磁界との関係を与えている．

例えば，図10.1に示すように，途中が切断された導線を電源に接続し電流を流している場合を考えてみよう．切断部の片方の端を包むように閉曲面 S をとり，導線内の領域を S_1，それ以外の部分を S_2 とする．このとき，伝導電流密度 $\boldsymbol{J}$ が通過するのは面 S_1 のみである．この閉曲面 S で囲まれる領域内で(10.2)式の両辺の発散を体積分すると

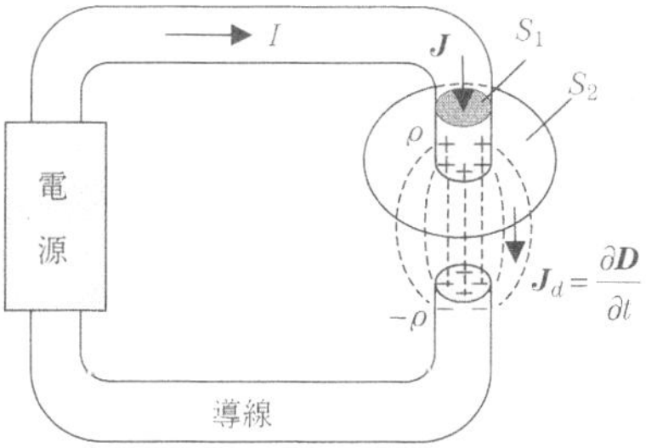

図10.1 切断された導線における電流の連続性

$$\int_V \nabla \cdot \boldsymbol{J}\, dv = \int_S \boldsymbol{J} \cdot d\boldsymbol{S} = \int_{S_1} \boldsymbol{J} \cdot d\boldsymbol{S} = 0 \tag{10.6}$$

であり，間違った結果を与えてしまう．そこで，(10.4)式を用いると

$$\int_V \nabla \cdot (\boldsymbol{J} + \boldsymbol{J}_{\mathrm{d}})\, dv = \int_{S_1} \boldsymbol{J} \cdot d\boldsymbol{S} + \int_{S_2} \boldsymbol{J}_{\mathrm{d}} \cdot d\boldsymbol{S} = 0 \tag{10.7}$$

となり，S_1 から流入する伝導電流と S_2 から流出する変位電流の両方を考慮することにより電流の連続性が満たされる．このように，マクスウェルが新たに導入した(10.4)式は連続の式(10.1)と矛盾していないことがわかる．

例題 10.1　図 10.2 に示すように，距離 d だけ隔たった半径 a の平行円板電極のコンデンサに一定電流 I_0 を流しているとき，電極間の変位電流密度と磁界を求めよ．ただし，$d \ll a$ として平行円板電極対面では一様な電荷分布になっているとする．また，導線の直径や円板の厚さは無視できるものとする．

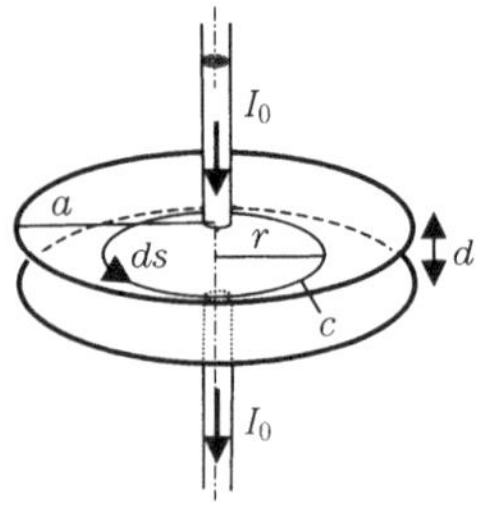

図 10.2　平行円板コンデンサの電極間の磁界

［**解**］　時刻 t_0 における上下部電極の対面で一様に分布する電荷を $\pm Q_0$ とすると，時刻 t における電極の電荷 $Q(t)$ は

$$Q(t) = Q_0 + I_0(t - t_0)$$

であるから，電極間の変位電流密度 $\boldsymbol{J}_\mathrm{d}$ は，下向きを正の方向として

$$\boldsymbol{J}_\mathrm{d} = \frac{\partial D}{\partial t} = \frac{\partial}{\partial t}\frac{Q(t)}{\pi a^2} = \frac{I_0}{\pi a^2}$$

となる．また，図 10.2 に示す電極の中心軸に垂直な平面上で，軸上に中心をもつ半径 $r\,(< a)$ の円周 c をとると，対称性より磁界 $\boldsymbol{H}$ はこの円周に沿い，この方向に一定であるから，円周 c に沿って(10.4)式の両辺を周回積分すると

$$\oint_c \boldsymbol{H} \cdot d\boldsymbol{s} = 2\pi r H = \int_S \boldsymbol{J}_\mathrm{d} \cdot d\boldsymbol{S} = I_0\left(\frac{r}{a}\right)^2$$

となる．よって，

$$H = \frac{I_0 r}{2\pi a^2}$$

を得る．磁界の方向は，円周 c 上で図に示した線素 $d\boldsymbol{s}$ の方向である．■

10.2　マクスウェル方程式

これまで電荷や定常電流による静電界，静磁界あるいは磁束密度の時間的変化による誘導電界に対して適用されていた基本の方程式に変位電流密度を導入する．こうすることで，これらの基本の方程式を電荷の保存則が成立する広い電磁界の範囲まで一足飛びに拡張して適用することにしたわけである．これらをまとめると次の通りになる．

$$\nabla \times \boldsymbol{E} = -\frac{\partial \boldsymbol{B}}{\partial t} \tag{10.8}$$

$$\nabla \times \boldsymbol{H} = \boldsymbol{J} + \frac{\partial \boldsymbol{D}}{\partial t} \tag{10.9}$$

$$\nabla \cdot \boldsymbol{D} = \rho \tag{10.10}$$

$$\nabla \cdot \boldsymbol{B} = 0 \tag{10.11}$$

これらを**マクスウェル方程式**（Maxwell's equation）という．ここでみてわかる通り，諸量 $\boldsymbol{E}$，$\boldsymbol{B}$，$\boldsymbol{D}$，$\boldsymbol{H}$ は，一般に，空間および時間の関数として扱われている．マクスウェル方程式と次の物質の性質を表す関係式

$$\boldsymbol{D} = \varepsilon \boldsymbol{E} \tag{10.12}$$

$$\boldsymbol{B} = \mu \boldsymbol{H} \tag{10.13}$$

$$\boldsymbol{J} = \sigma \boldsymbol{E} \tag{10.14}$$

により，電磁界を表すことができる．上の一連の式中で，ρ は自由電荷密度，物質定数の ε，μ，σ はそれぞれ誘電率，透磁率，導電率である．改めてマクスウェル方程式を説明しておくと，(10.8)式は電磁誘導の法則から導かれているが，電界は静電界と誘導電界を含む．(10.9)式は，ビオ–サバールの法則から導かれたアンペアの法則において伝導電流密度に変位電流密度を付け加えたもので，拡張されたアンペアの法則あるいはアンペア–マクスウェルの法則という．(10.10)式はクーロンの法則から導かれた電束についてのガウスの法則，(10.11)式はビオ–サバールの法則から導かれた磁束についてのガウスの法則である．

また，前章までの説明からわかるように，(10.8)〜(10.11)式のマクスウェル方程式は積分形でも表すことができ，

$$\oint_c \boldsymbol{E} \cdot d\boldsymbol{s} = -\frac{d}{dt}\int_{S_c} \boldsymbol{B} \cdot d\boldsymbol{S} \tag{10.15}$$

$$\oint_c \boldsymbol{H} \cdot d\boldsymbol{s} = \int_{S_c} \left(\boldsymbol{J} + \frac{\partial \boldsymbol{D}}{\partial t}\right) \cdot d\boldsymbol{S} \tag{10.16}$$

$$\int_S \boldsymbol{D} \cdot d\boldsymbol{S} = \int_V \rho dV \tag{10.17}$$

$$\int_S \boldsymbol{B} \cdot d\boldsymbol{S} = 0 \tag{10.18}$$

となる．(10.15)式と(10.16)式で，S_c は閉路 c に張る面であり，(10.17)式と

(10.18)式で，S は閉曲面，V は S で囲まれる領域を示している．

異なった物質定数の媒質 1 と媒質 2 が接する面における境界条件についても同様に求めることができる．これまでと同様に，(10.15)式と(10.16)式より，境界面をまたいで 2 辺が平行になる微小な矩形の閉路 c を適用し矩形の高さを十分小さくすると，それぞれ次のような境界条件が導かれる．

$$\boldsymbol{n} \times (\boldsymbol{E}_2 - \boldsymbol{E}_1) = 0 \tag{10.19}$$

$$\boldsymbol{n} \times (\boldsymbol{H}_2 - \boldsymbol{H}_1) = \boldsymbol{\kappa} \tag{10.20}$$

ここで，$\boldsymbol{n}$ は境界面上で媒質 1 から媒質 2 に向かう法線単位ベクトルであり，$\boldsymbol{\kappa}$ は境界面を流れる伝導電流面密度である．また，(10.15)式と(10.16)式の右辺の面積分において，磁束密度と変位電流密度は境界付近で有限であるから矩形の高さを小さくすることによってその寄与を無視している．一方，(10.17)式と(10.18)式については，境界面を含む薄い円柱表面 S に適用すると次式が得られる．

$$\boldsymbol{n} \cdot (\boldsymbol{D}_2 - \boldsymbol{D}_1) = \sigma_{\mathrm{ch}} \tag{10.21}$$

$$\boldsymbol{n} \cdot (\boldsymbol{B}_2 - \boldsymbol{B}_1) = 0 \tag{10.22}$$

ここで，σ_{ch} は境界面上の自由電荷面密度である．

10.3　拡散方程式と波動方程式

均一な媒質中では，(10.8)式と(10.9)式に(10.12)～(10.14)式を代入すると

$$\nabla \times \boldsymbol{E} = -\mu \frac{\partial \boldsymbol{H}}{\partial t} \tag{10.23}$$

$$\nabla \times \boldsymbol{H} = \sigma \boldsymbol{E} + \varepsilon \frac{\partial \boldsymbol{E}}{\partial t} \tag{10.24}$$

を得る．ここで，(10.23)式の両辺の回転をとり，(10.24)式を用いると

$$\nabla(\nabla \cdot \boldsymbol{E}) - \nabla^2 \boldsymbol{E} = -\sigma\mu \frac{\partial \boldsymbol{E}}{\partial t} - \varepsilon\mu \frac{\partial^2 \boldsymbol{E}}{\partial t^2} \tag{10.25}$$

と変形できる．いま，電荷が存在しない領域で考えれば，$\nabla \cdot \boldsymbol{E} = 0$ より，(10.25)式は

$$\nabla^2 \boldsymbol{E} = \sigma\mu \frac{\partial \boldsymbol{E}}{\partial t} + \varepsilon\mu \frac{\partial^2 \boldsymbol{E}}{\partial t^2} \tag{10.26}$$

となる．同様に，(10.24)式の両辺の回転をとり，(10.23)式を用いると

$$\nabla(\nabla\cdot\boldsymbol{H})-\nabla^2\boldsymbol{H}=-\sigma\mu\frac{\partial\boldsymbol{H}}{\partial t}-\varepsilon\mu\frac{\partial^2\boldsymbol{H}}{\partial t^2}\tag{10.27}$$

となる．さらに $\nabla\cdot\boldsymbol{H}=0$ を考慮すると，(10.26)式と同形の

$$\nabla^2\boldsymbol{H}=\sigma\mu\frac{\partial\boldsymbol{H}}{\partial t}+\varepsilon\mu\frac{\partial^2\boldsymbol{H}}{\partial t^2}\tag{10.28}$$

を得る．

(10.26)式と(10.28)式において，右辺第2項が無視できる場合には

$$\nabla^2\boldsymbol{E}=\sigma\mu\frac{\partial\boldsymbol{E}}{\partial t},\quad\nabla^2\boldsymbol{H}=\sigma\mu\frac{\partial\boldsymbol{H}}{\partial t}\tag{10.29}$$

となり，電界と磁界は放物形の偏微分方程式に従う．この形の方程式は**拡散方程式**（diffusion equation）と呼ばれ，拡散物質の濃度や物質中の温度分布などの拡散現象を記述する基礎方程式である．一方，(10.26)式と(10.28)式の右辺第1項が無視できる場合には

$$\nabla^2\boldsymbol{E}=\varepsilon\mu\frac{\partial^2\boldsymbol{E}}{\partial t^2},\quad\nabla^2\boldsymbol{H}=\varepsilon\mu\frac{\partial^2\boldsymbol{H}}{\partial t^2}\tag{10.30}$$

となる．これは，双曲形の偏微分方程式で**波動方程式**（wave equation）と呼ばれ，音波など広く波動現象を記述する際に用いられる．

(10.26)式や(10.28)式において，右辺の2項の大小関係を具体的にみるために，例えば，正弦波交流電磁界の複素数表示 $\boldsymbol{E}(\boldsymbol{r},\ t)=\boldsymbol{E}_0(\boldsymbol{r})\mathrm{e}^{i\omega t}$，$\boldsymbol{H}(\boldsymbol{r},\ t)=\boldsymbol{H}_0(\boldsymbol{r})\mathrm{e}^{i(\omega t+\phi)}$ を代入すると，

$$\begin{aligned}\nabla^2\boldsymbol{E}_0(\boldsymbol{r})&=-\omega^2\varepsilon\mu\left(\frac{\sigma}{i\omega\varepsilon}+1\right)\boldsymbol{E}_0(\boldsymbol{r})\\\nabla^2\boldsymbol{H}_0(\boldsymbol{r})&=-\omega^2\varepsilon\mu\left(\frac{\sigma}{i\omega\varepsilon}+1\right)\boldsymbol{H}_0(\boldsymbol{r})\end{aligned}\tag{10.31}$$

となる．ここで，i は虚数単位で $\sqrt{-1}$ に等しい．(10.31)式の右辺をみると，(10.26)式と(10.28)式は，$\sigma/\omega\varepsilon\gg1$ のとき放物形，$\sigma/\omega\varepsilon\ll1$ のときに双曲形でそれぞれ近似できることがわかる．つまり，導電率が大きな導体中で比較的低周波数の電磁界はよい近似で(10.29)式の拡散方程式により記述でき，導電率が小さい誘電体や真空中で比較的高周波数の電磁界はよい近似で(10.30)式の波動方

程式により記述できることになる．

同様に，電位（静電ポテンシャル）ϕ とベクトルポテンシャル $\boldsymbol{A}$ に対する基本の方程式についてもまとめておこう．ここで，ϕ と $\boldsymbol{A}$ との組を**電磁ポテンシャル**（electromagnetic potential）という．この電磁ポテンシャルにより電界と磁束密度を表すと

$$\boldsymbol{E} = -\nabla\phi - \frac{\partial \boldsymbol{A}}{\partial t} \tag{10.32}$$

$$\boldsymbol{B} = \nabla \times \boldsymbol{A} \tag{10.33}$$

である．ここで，(10.32)式については，両辺の回転をとると(10.8)式を満たしている．電界と磁束密度を直接求める代わりに，電磁ポテンシャルを求めてから(10.32)式と(10.33)式より電磁界を得ることもできる．さて，7.3節で述べたように，ベクトルポテンシャルにはスカラ関数 χ の勾配を加えても得られる磁束密度に違いはなかった．同様に，このようなゲージ変換において電界も不変にするには

$$\phi' = \phi - \frac{\partial \chi}{\partial t}, \quad \boldsymbol{A}' = \boldsymbol{A} + \nabla\chi \tag{10.34}$$

とすればよい．つまり，(10.34)式に示されるだけの任意性がある電磁ポテンシャルを一意的に決めるにはやはりある条件が必要になる．この条件として，電磁ポテンシャルについては，次の**ローレンツゲージ**（Lorentz gauge）がよく用いられる．

$$\varepsilon\mu\frac{\partial \phi}{\partial t} + \nabla \cdot \boldsymbol{A} = 0 \tag{10.35}$$

まず，(10.10)式の左辺を(10.32)式を用いて変形し，(10.35)式の条件を使うと

$$\nabla^2\phi - \varepsilon\mu\frac{\partial^2 \phi}{\partial t^2} = -\frac{\rho}{\varepsilon} \tag{10.36}$$

を得る．同様に，(10.9)式の両辺を(10.32)式を用いて変形し，(10.35)式の条件を使うと

$$\nabla^2\boldsymbol{A} - \varepsilon\mu\frac{\partial^2 \boldsymbol{A}}{\partial t^2} = -\mu\boldsymbol{J} \tag{10.37}$$

を得る．ϕ と $\boldsymbol{A}$ の各成分が独立に同形の偏微分方程式の解として得られるところが特徴である．$\rho=0$，$\boldsymbol{J}=0$ の領域では，(10.36)式と(10.37)式は(10.30)式と同形で波動方程式となる．

10.4　ポインティングベクトル

時間とともに変化する電磁界の全エネルギー密度は

$$u=\frac{1}{2}\boldsymbol{E}\cdot\boldsymbol{D}+\frac{1}{2}\boldsymbol{H}\cdot\boldsymbol{B}+\int\boldsymbol{E}\cdot\boldsymbol{J}dt \qquad (10.38)$$

と表される．おさらいをしておくと，第1項は電界のエネルギー，第2項は磁界のエネルギー，第3項は電流の担い手である電荷に対してなされる力学的仕事である．この第3項は，考えている電荷が真空中にある場合には，電荷が受け取る運動エネルギーであり，考えている電荷が抵抗体を流れる伝導電流を担っている場合には，この量は熱となって散逸される．よって，ある空間 V 内の全エネルギーの時間変化は

$$\begin{aligned}\frac{\partial}{\partial t}\int_V u\,dV&=\int_V\left(\varepsilon\boldsymbol{E}\cdot\frac{\partial\boldsymbol{E}}{\partial t}+\frac{\boldsymbol{B}}{\mu}\cdot\frac{\partial\boldsymbol{B}}{\partial t}+\boldsymbol{E}\cdot\boldsymbol{J}\right)dV\\&=\int_V\left[\boldsymbol{E}\cdot\left(\frac{\partial D}{\partial t}+\boldsymbol{J}\right)+\boldsymbol{H}\cdot\frac{\partial\boldsymbol{B}}{\partial t}\right]dV\end{aligned} \qquad (10.39)$$

となる．この右辺を(10.8)式と(10.9)式を用いて変形し，ベクトル公式（付録Aの(付.44)式）およびガウスの定理を使うと

$$\begin{aligned}\frac{\partial}{\partial t}\int_V u\,dV&=\int_V(\boldsymbol{E}\cdot\nabla\times\boldsymbol{H}-\boldsymbol{H}\cdot\nabla\times\boldsymbol{E})\,dV\\&=-\int_V\nabla\cdot(\boldsymbol{E}\times\boldsymbol{H})\,dV=-\int_S(\boldsymbol{E}\times\boldsymbol{H})\cdot d\boldsymbol{S}\end{aligned} \qquad (10.40)$$

となる．ここで，S は領域 V の表面境界である．

(10.40)式をエネルギーの保存則と考えると，(10.40)式の左辺は単位時間当たりに領域 V につぎ込まれたエネルギーの総和を表していることから，その最右辺は単位時間当たりに領域 V の表面境界 S から流れ込む電磁エネルギーとなる．ここで，

$$\boldsymbol{S}_{\mathrm{P}}=\boldsymbol{E}\times\boldsymbol{H} \qquad (10.41)$$

とおくと，(10.40) 式は

$$\frac{\partial}{\partial t}\int_V u\, dV + \int_S \boldsymbol{S}_{\mathrm{P}} \cdot d\boldsymbol{S} = 0 \tag{10.42}$$

となる．また，この電磁エネルギーの保存則を微分形で表すと

$$\frac{\partial}{\partial t} u + \nabla \cdot \boldsymbol{S}_{\mathrm{P}} = 0 \tag{10.43}$$

となる．ここで，(10.41)式で定義されるベクトルを**ポインティングベクトル** (Poynting vector) といい，単位時間当たり単位面積当たりの電磁エネルギーの流れを表すと解釈できる．

また，正弦波交流電磁界の時間変化を $\boldsymbol{E}(\boldsymbol{r},\ t) = \boldsymbol{E}_0(r)\,\mathrm{e}^{i\omega t}$，$\boldsymbol{H}(\boldsymbol{r},\ t) = \boldsymbol{H}_0(r)\,\mathrm{e}^{i(\omega t+\phi)}$ のように複素数で表す場合，それぞれの振幅は(10.31)式の解として得られるが，一般には場所についても複素数のベクトル関数である．このような場合には，それぞれの実部が実際に測定される量であるから，ポインティングベクトルは

$$\boldsymbol{S}_{\mathrm{p}} = \mathrm{Re}[\boldsymbol{E}] \times \mathrm{Re}[\boldsymbol{H}] \tag{10.41$'$}$$

により求めればよい．Re[　] は実部を意味する．また，その 1 周期にわたる時間平均値は

$$\langle S_{\mathrm{p}} \rangle = \mathrm{Re}\left[\frac{1}{2}\boldsymbol{E} \times \boldsymbol{H}^*\right] \tag{10.44}$$

である（例題 10.3 参照）．ここで，$\boldsymbol{H}^*$ は $\boldsymbol{H}$ の複素共役である．このとき，$(1/2)(\boldsymbol{E} \times \boldsymbol{H}^*)$ を複素ポインティングベクトルと呼ぶ．

例題 10.2　図 10.3(a)に示すように，距離 d だけ隔てられた 2 枚の幅 w，長さ l の長い平板状導体で構成された平行線路の一端が抵抗 R で終端され，他端に直流電圧 V_0 の電池を接続したとき，電磁エネルギーの流れを示せ．ただし，導体の抵抗は無視できるとし，$d \ll w \ll l$ とする．

［**解**］　題意より，2 枚の電極間に電界と磁界は局在すると考えてよい．この場合，図 10.3(a)に示すように座標軸をとると，上部電極から下部電極に向かって一様な電界 $E = V_0/d$ が，また，電極間で y 軸の負方向に一様な磁界 $H = V_0/(Rw)$ が発生している．電界と磁界は直交しているので，(10.41)式よりポインティングベクトルの大きさ S は $V_0{}^2/(Rwd)$ となり，方向は電池側から

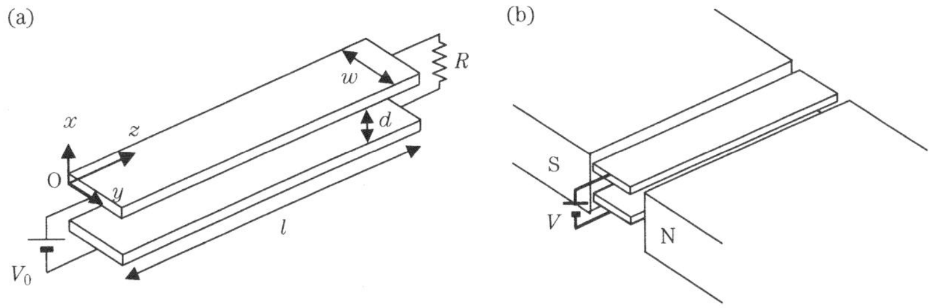

図 10.3 平行平板線路による電磁エネルギーの輸送
(a) 線路が抵抗で終端された場合，(b) 終端が開放され静磁界を印加した場合．

抵抗側を向いている．電磁エネルギーの全体の流れ P [W] を線路に垂直な断面 S 上でポインティングベクトルを面積分して求めると

$$P = \int_S (\boldsymbol{E} \times \boldsymbol{H}) \cdot d\boldsymbol{S} = \frac{V_0{}^2}{Rwd}\, wd = \frac{V_0{}^2}{R}$$

となり，抵抗での散逸エネルギーに相当する電磁エネルギーが電池より電極間の空間を通って供給されている． ■

図 10.3(a)の平行線路において，終端された抵抗をとりはずしてこの一端を開放し，その代わりに図 10.3(b)に示すように，永久磁石により例題 10.2 における電流による磁界と同等の磁界を 2 枚の電極間に印加した場合を考えてみよう．この場合，電極に電流は流れていないが，電極間では例題 10.2 と同じく上部電極から下部電極に向かって一様な静電界 $E = V_0/d$ が生じている．また，永久磁石により電極間で幅方向に紙面奥向きに一様な静磁界 H_0 が加えられているので電極間のポインティングベクトルの大きさは V_0H_0/d となり，方向は電池側から抵抗側を向いている．この場合も，電磁エネルギーが線路に沿って供給されているのであろうか？ その答えは否である．この場合，実は対電極の外側の領域ではポインティングベクトルは逆向きになっており，線路に垂直な断面 S 上でポインティングベクトルを面積分して全体としての電磁エネルギーの流れを求めてみると打ち消し合ってしまうことが示される．このように，電磁エネルギーが線路を介して還流している結果が得られるが実際の電磁エネルギーの流れに即しているわけではない．静電界と静磁界が共存するような場合に，ポインティングベクトルを使って電磁エネルギーの流れを求めるときには注意が必要である．

10.5 準定常電磁界

これまでに，(10.1)式の電荷保存の法則が成り立つ広い領域で電磁界を記述するために変位電流が導入されたことを述べてきたが，時間的に変動する電磁界において，伝導電流に比べて変位電流を無視して差し支えない領域も身の回りに多い．このような状態を定常電流の条件の(10.3)式が近似的に成り立つという意味で準定常電磁界と呼んでいる．この場合，マクスウェル方程式(10.8)〜(10.11)式において，(10.9)式の変位電流の項を除けば準定常電磁界の基本の方程式が得られる．特に，電荷の寄与がなければ，電磁界は(10.29)式に従う．ここでは，準定常電流界の典型的な例として，表皮効果と集中定数回路を取り上げる．

10.5.1 表皮効果

図10.4(a)に示すように，導電率 σ，透磁率 μ の無限平面導体に平行に交流磁界

$$H = H_0 e^{i\omega t} \tag{10.45}$$

を印加した場合を考える．変位電流を無視できる条件は $\sigma/\omega\varepsilon \gg 1$ であるから，ε を真空の誘電率($\cong 9 \times 10^{-12}$ F/m)にとり，σ を銅の室温における導電率($\cong 5 \times 10^{7}$ S/m)とすると，この条件は，周波数 $\ll 10^{18}$ Hz となる．右辺の周波数帯域はX線の領域であるから，マイクロ波程度の周波数($< 10^{12}$ Hz)の場合でも，導体内においては準定常電磁界とする扱いで問題はない．いま，座標の原点を導体表面に，磁界の印加方向を y 軸，導体の深さ方向を z 軸にとると，拡散方程式の(10.29)式より導体内の磁界は次の方程式により記述できる．

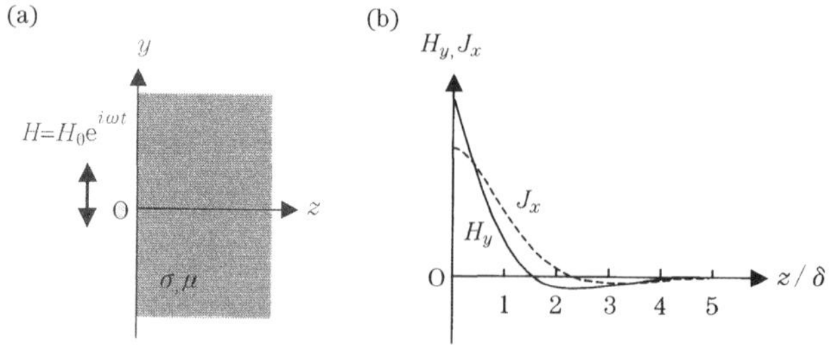

図10.4　無限平面導体の電磁界
(a) 平面に平行に印加された交流磁界，
(b) 導体内の準定常電磁界（$\omega t = 0$ のとき）．

$$\frac{\partial^2 H_y}{\partial z^2} = \alpha^2 H_y \tag{10.46}$$

ここで，

$$\alpha = \sqrt{i\omega\sigma\mu} = (1 + i)\sqrt{\frac{\omega\sigma\mu}{2}} \tag{10.47}$$

である．$H_y(z)$ の一般界は $H_y(z) = H_1\exp(\alpha z) + H_2\exp(-\alpha z)$ で与えられるが，境界条件 $H_z(0) = H_0$, $H_z(\infty) = 0$ より，

$$H_y(z, t) = H_0 e^{i\omega t} e^{-\alpha z} = H_0 e^{-z/\delta} e^{i(\omega t - z/\delta)} \tag{10.48}$$

を得る．(10.48) 式で δ は**表皮深さ** (skin depth) と呼ばれ，次式で表される．

$$\delta = \sqrt{\frac{2}{\omega\sigma\mu}} \tag{10.49}$$

また，導体内の伝導電流密度は，(10.9)式で変位電流を無視すると x 軸方向を向き，その成分は

$$J_x(z, t) = -\frac{\partial H_y(z, t)}{\partial z} = \alpha H_0 e^{i\omega t} e^{-\alpha z} = \frac{\sqrt{2}}{\delta} H_0 e^{-z/\delta} e^{i(\omega t - z/\delta + \pi/4)} \tag{10.50}$$

となる．

導体内の磁界と電流分布をみるために，(10.48)式と(10.50)式の実部

$$\mathrm{Re}[H_y(z, t)] = H_0 e^{-z/\delta} \cos(\omega t - z/\delta) \tag{10.48$'$}$$

$$\mathrm{Re}[J_x(z, t)] = \frac{\sqrt{2}}{\delta} H_0 e^{-z/\delta} \cos(\omega t - z/\delta + \pi/4) \tag{10.50$'$}$$

を図 10.4(b)に示す ($\omega t = 0$ のとき)．図において z 座標は δ で規格化している．この結果をみると，表面から δ 程度の範囲で電磁界が急速に減少して，内部深くまで侵入していないことがわかる．このことは，(10.50)式で示される表面付近の電流が磁界の侵入を妨げているともいえる．この表面付近に流れる電流を**うず電流** (eddy current) という．また，このような効果を**表皮効果** (skin effect) という．この表面層の厚さを表皮深さとして見積ると，室温の銅平板の場合，透磁率を真空での値($4\pi \times 10^{-7}$ H/m)として，商用周波数 60 Hz，1 MHz に対して，それぞれ 9 mm，0.07 mm となる．

交流機器内では，導線や鉄心に交流磁界が印加されるので，その表面付近にうず電流が流れ，これによるエネルギーの散逸が発生する．これを極力抑えるために，導線を細い線を束ねた構造にしたり，絶縁した薄い鋼板を積層して鉄心を構

成したりするような工夫がされている．一方で，内部への電磁界の侵入を防ぐには，その領域を表皮厚さよりも厚い導体で囲めばよい．これを**電磁シールド** (electromagnetic field) という．この効果は周波数が高くなるほど有効であり，高周波領域の装置では広く利用されている．

10.5.2　集中定数回路

6.3，6.4 節で，電気回路におけるキルヒホッフの法則が定常電流界の基本の方程式

$$\nabla \cdot \boldsymbol{J} = 0, \quad \nabla \times \boldsymbol{E} = 0 \tag{10.51}$$

と対応していることを示した．つまり，第 1 式は回路の各接点に流れ込む枝電流の総和は 0 であること（電流則），第 2 式は回路内の任意のループに沿って各区間の電圧の積算は 0 になること（電圧則）を意味している．ところが，この第 1 式は (10.1)式で与えられる電荷の連続の式を満たしていないことから，キルヒホッフの電流則が一般の電気回路で採用できるとは限らないが，準定常電流界の条件下で，各素子の集中近似が成立する**集中定数回路** (lumped parameter circuit) ではキルヒホッフの法則が近似的に適用できる．図 10.5 に集中定数回路にキルヒホッフの法則を用いる考え方をまとめた．この場合，抵抗 R，インダクタンス L，キャパシタンス C，電源 V を接続する導線内にはいずれの断面においても等しい伝導電流 I が流れている．素子間あるいは素子と導線間で変位電流が流れて伝導電流に対する電流則が損なわれることはない．一方で集中定数素子とは，素子内部の磁束変化が外部にもれるなど素子内の現象が外部に影響を与えるようなことのない素子である．よって，各素子の端子間電圧はそれぞれ一義的に決まり電圧則も満たされるので，次式に示すように閉回路に沿った電界の

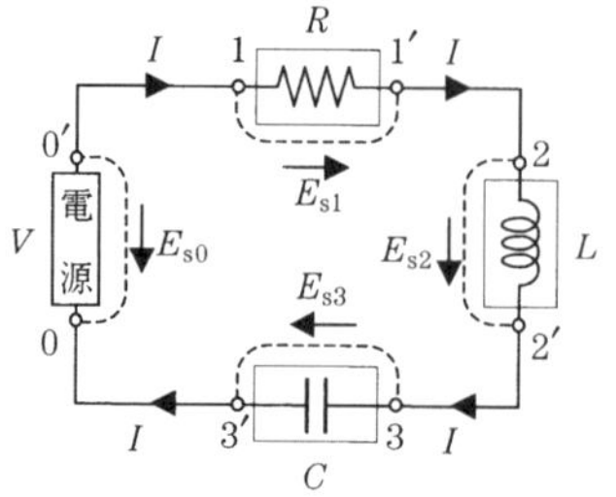

$$V_1 = \int_1^{1'} \boldsymbol{E}_{s1} \cdot d\boldsymbol{s} = RI$$

$$V_2 = \int_2^{2'} \boldsymbol{E}_{s2} \cdot d\boldsymbol{s} = L\frac{dI}{dt}$$

$$V_3 = \int_3^{3'} \boldsymbol{E}_{s3} \cdot d\boldsymbol{s} = \frac{1}{C}\int I dt$$

$$V_0 = \int_0^{0'} \boldsymbol{E}_{s0} \cdot d\boldsymbol{s} = -V$$

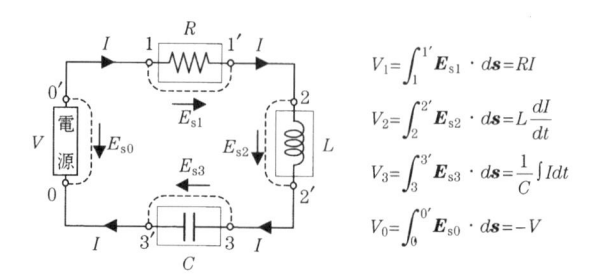

図 10.5　抵抗，インダクタンス，キャパシタンスをもつ交流回路

周回積分は0になる.

$$\oint \boldsymbol{E}\cdot d\boldsymbol{s}=\int_1^{1'}\boldsymbol{E}_{s1}\cdot d\boldsymbol{s}+\int_2^{2'}\boldsymbol{E}_{s2}\cdot d\boldsymbol{s}+\int_3^{3'}\boldsymbol{E}_{s3}\cdot d\boldsymbol{s}+\int_0^{0'}\boldsymbol{E}_{s0}\cdot d\boldsymbol{s}$$

$$=RI+L\frac{dI}{dt}+\frac{1}{C}\int Idt-V=0 \tag{10.52}$$

しかし，このような集中定数回路の考え方には適用範囲があることに注意が必要である．つまり，回路に流れる電流の周波数が高くなってその波長に対して回路の長さが無視できなくなると，次節で述べる電磁波の性質が現れてくるので，伝導電流に加えて変位電流までを考慮する**分布定数回路**（distributed parameter circuit）としての解析が必要になる．例えば，1 MHz の周波数では波長は 300 m であるから，通常の回路では集中定数回路としての扱いが可能である．さらに，商用周波数の波長 5000 km に対しては，数十 km 規模の送電を考えるときには集中定数回路の取り扱いで十分であるが，線路の障害などにより高い周波数の電圧が加わるときにはもっと短い線路においても分布定数回路としての取り扱いが必要となることがある．

例題 10.3 図 10.6 に示す薄い同軸円筒状往復線路のある断面で，内外導体間に交流電圧 $V(t)=V_0e^{i\omega t}$ が加わっており，内外導体には往復電流 $I(t)=I_0e^{i(\omega t-\phi)}$ が一様に流れている（$V_0>0$, $I_0>0$, $-\pi\leq\phi\leq\pi$）．このとき，複素ポインティングベクトルを用いてこの断面を通って輸送されている単位時間当たりの平均電磁エネルギーを求めよ．ただし，往復線路の抵抗は無視でき，周波数は十分低く準定常電磁界の条件が満たされているとする．

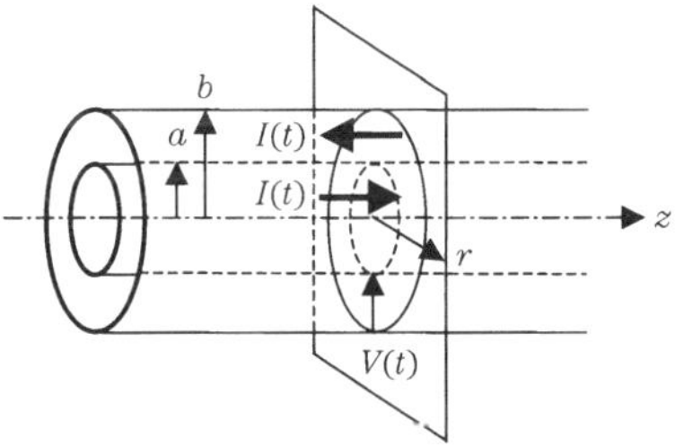

図 10.6 薄い同軸円筒状往復線路における電力輸送

［**解**］ 内外導体間で，準定常電流による円周方向磁界はアンペアの法則より

$$\boldsymbol{H}(r,\ t)=\frac{I(t)}{2\pi r}=\frac{I_0e^{i(\omega t-\phi)}}{2\pi r}$$

である．また，内外導体に生じている単位長さ当たりの電荷を $\pm\lambda(t)$ とすると，内外導体間の半径方向の電界はガウスの法則より

$$\boldsymbol{E}(r,\ t)=\frac{\lambda(t)}{2\pi\varepsilon r}$$

である．内外導体間の電位差 $V(t)$ より $\lambda(t)$ を求めると，

$$\lambda(t)=\frac{2\pi\varepsilon}{\ln(b/a)}V(t)$$

を得る．そこで，複素ポインティングベクトルを断面内で面積分してこの面を介して流れる単位時間当たりの平均電磁エネルギー P_c を求めると，

$$P_c=\frac{1}{2}\int_a^b \boldsymbol{E}(r,\ t)\,\boldsymbol{H}^*(r,\ t)\,2\pi r dr=\frac{1}{2}\int_a^b \frac{V(t)\,I^*(t)}{\ln(b/a)\,r}dr=\frac{1}{2}V_0I_0e^{i\phi}$$

を得る．ここで，H^* は H の複素共役である．P_c の実部 $(V_0I_0/2)\cos\phi$ と虚部 $(V_0I_0/2)\sin\phi$ をそれぞれ有効電力（ポインティングベクトルの時間平均値）と無効電力という．この場合，$\phi>0$（誘導性）であれば，無効電力 >0，$\phi<0$（容量性）であれば無効電力 <0 となる（注：無効電力の正・負は，電力の移動の方向を表すものではなく，電流に対する電圧の位相の進み・遅れを表す）．■

10.6 電　磁　波

真空中，あるいは一様な誘電体中では伝導電流や電荷がないので，マクスウェル方程式(10.8)～(10.11)式においてこれらの寄与を除けば電磁波を記述する(10.30)式が得られる．ここでは，このような電磁波の基本的な性質をまとめておこう．

10.6.1 平面電磁波の性質

一様な誘電体中で，電磁界は z 方向にのみ変化しており，x，y 方向には一様な場合を考えよう．このとき，マクスウェル方程式(10.8)式と(10.9)式を成分に分けて表すと，$\partial/\partial x=\partial/\partial y=0$ として

$$-\frac{\partial E_y}{\partial z}=-\mu\frac{\partial H_x}{\partial t},\quad \frac{\partial E_x}{\partial z}=-\mu\frac{\partial H_y}{\partial t},\quad 0=-\mu\frac{\partial H_z}{\partial t} \tag{10.53}$$

$$-\frac{\partial H_y}{\partial z}=\varepsilon\frac{\partial E_x}{\partial t},\quad \frac{\partial H_x}{\partial z}=\varepsilon\frac{\partial E_y}{\partial t},\quad 0=\varepsilon\frac{\partial E_z}{\partial t} \tag{10.54}$$

となる．ここで，(10.54)式では伝導電流の項を無視している．2組の式において，E_x と H_y についての方程式と E_y と H_x についての方程式が独立しており，それぞれ個別に扱えることがわかる．ここでは，電界は x 方向を向き，磁界は y 方向を向いた解の性質をみていくことにしよう．この電磁界に対しては，(10.53)式第2式と(10.54)式第1式を10.3節に示した手順により変形していくと次の同形の一次元波動方程式が得られる．

$$\frac{\partial^2 E_x}{\partial z^2} = \varepsilon\mu \frac{\partial^2 E_x}{\partial t^2}, \quad \frac{\partial^2 H_y}{\partial z^2} = \varepsilon\mu \frac{\partial^2 H_y}{\partial t^2} \tag{10.55}$$

この波動方程式は $f_\pm(z \pm ct)$ の形の解をもつことが知られている．実際，これらを(10.55)式に代入すると方程式を満たしていることがわかる．ここで，

$$c = \frac{1}{\sqrt{\varepsilon\mu}} \tag{10.56}$$

は**伝搬速度**（propagation velocity）である．$f_\pm(z \pm ct)$ の形の解は，図 10.7 に示すように，速度 $\pm c$ で進む進行波を表す解である．例えば，$t = 0$ のときに $f_\pm(z \pm ct) = f(z)$ が与えられると，時間の経過とともに，$f_+(z + ct)$ と $f_-(z - ct)$ はそれぞれ関数形をそのままに ct だけ z 軸の負の方向と正の方向に移動していく．つまり，速度 c で左右に進む波を表している．そこで，

$$E_x(z, t) = f_+(z + ct) + f_-(z - ct) \tag{10.57}$$

とおくと，(10.53)式第 2 式あるいは(10.54)式第 1 式より

$$H_y(z, t) = \sqrt{\frac{\varepsilon}{\mu}}\{-f_+(z + ct) + f_-(z - ct)\} \tag{10.58}$$

となることがわかる．図 10.8 に電界と磁界の方向と進行方向を示す．電界の方向から磁界の方向に回したとき右ねじの進む方向が進行方向である．これらの結果より，電界と磁界は相伴って速度 c で進む波となっており，そういう意味で**電磁波**（electromagnetic wave）と呼ばれている．$z =$ 一定の面はある時刻で状態が同じである座標点の集まりで**波面**（wave front）という．いまの場合，波面は進行方向に垂直な平面である．波面が平面である波を一般に**平面波**

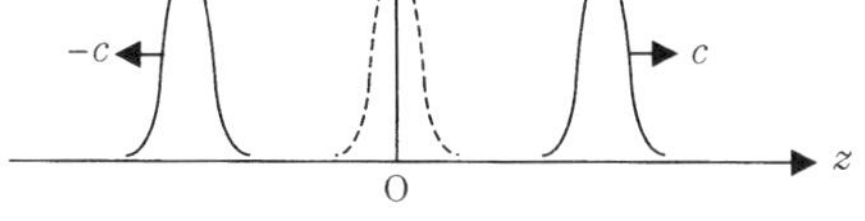

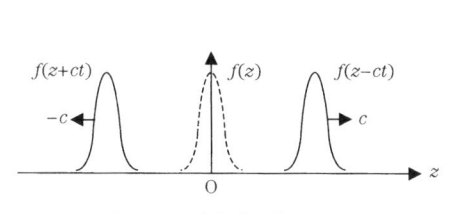

図 10.7　進行波の時間推移

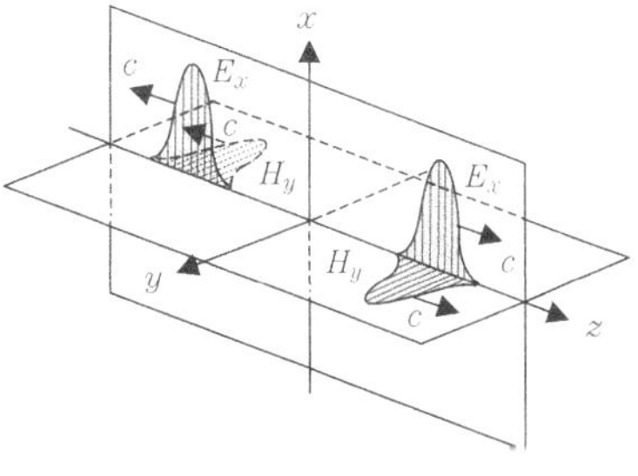

図 10.8　平面電磁波における電界と磁界の方向と進行方向

(plane wave) という．また，(10.53)式と(10.54)式の第 3 式より，電磁波は進行方向に成分をもつ波ではないことがわかる．つまり，電界と磁界は，互いに垂直で進行方向の成分をもたず，それぞれ進行方向に垂直な x 方向と y 方向を向いた波，いわゆる**横波** (transverse wave) である．ここで，(10.56)式の ε，μ を ε_0，μ_0 で置き換えて，電磁波の真空中での速度を見積もると，

$$c_0 = \frac{1}{\sqrt{\varepsilon_0 \mu_0}} = 2.997925 \times 10^8 \tag{10.59}$$

となる．歴史的には，この速度が真空中での**光速度** (light velocity) に等しいことが確かめられて，光も一種の電磁波であるという発見にいたっている．電磁波は γ 線から電波まで幅広い波長（振動数）の領域にわたってさまざまな分野で利用されている．図 10.9 に各種の電磁波の波長（振動数）域を概略示している．

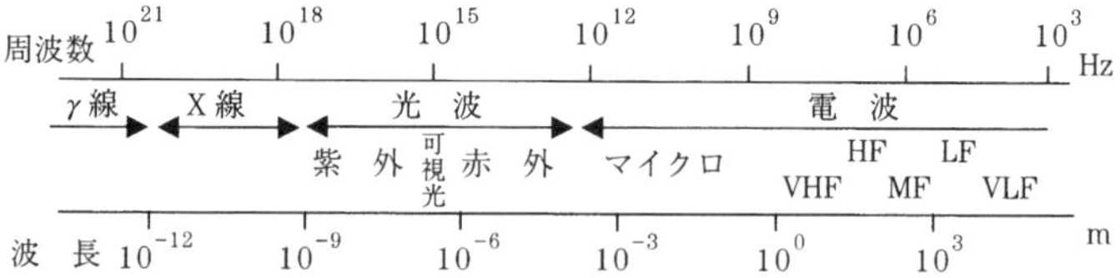

図 10.9　各種の電磁波の周波数域と波長域

これまで，関数 $f_\pm(z \pm ct)$ は任意の関数として一般的な性質を示してきたが，ここからは，角周波数 ω の正弦平面電磁波の場合を考えよう．このとき，(10.57)式と(10.58)式に対応して，複素数表示で

$$E_x(z,\ t) = E_+ \mathrm{e}^{i(\omega t + kz)} + E_- \mathrm{e}^{i(\omega t - kz)} \tag{10.60}$$

$$\begin{aligned} H_y(z,\ t) &= H_+ \mathrm{e}^{i(\omega t + kz)} + H_- \mathrm{e}^{i(\omega t - kz)} \\ &= \sqrt{\frac{\varepsilon}{\mu}} \left\{ E_+ \mathrm{e}^{i(\omega t + kz)} - E_- \mathrm{e}^{i(\omega t - kz)} \right\} \end{aligned} \tag{10.61}$$

を得る．ここで，k は**波数** (wave　number) あるいは伝搬定数と呼ばれ，**波長** (wave length) λ と

$$k = \frac{2\pi}{\lambda} \tag{10.62}$$

の関係にある．また，光速度は

$$c = \frac{\omega}{k} \tag{10.63}$$

である．さらに，(10.60)式と(10.61)式より，同一方向に相伴って進む電界と磁界の振幅の比は等しく

$$Z = \frac{E_+}{H_+} = \frac{E_-}{H_-} = \sqrt{\frac{\mu}{\varepsilon}} \tag{10.64}$$

となる．これを**波動インピーダンス**（wave impedance）という．単位は[Ω]である．真空の波動インピーダンスは約377 Ωである．

平面電磁波について，ある座標点における電界ベクトルと進行方向を含む面を**偏波面**（plane of polarization）という．図10.8では，各点で偏波面は $x-z$ 平面で固定している．このような電磁波を**直線偏波**（linearly polarized wave）という．一般には，(10.53)式と(10.54)式で示されているように，z 方向に進む電磁波では，電界成分は x 方向電界と y 方向電界の重ね合せで

$$\boldsymbol{E}(z,\ t) = \boldsymbol{i}_x E_{x0} \mathrm{e}^{i(\omega t - kz)} + \boldsymbol{i}_y E_{y0} \mathrm{e}^{i(\omega t - kz + \phi)} \tag{10.65}$$

と表される．ここで，$\boldsymbol{i}_x$，$\boldsymbol{i}_y$ は x，y 方向の単位ベクトルである．これに対して磁界成分は，(10.53)式と(10.54)式より

$$\boldsymbol{H}(z,\ t) = -\boldsymbol{i}_x \sqrt{\frac{\varepsilon}{\mu}} E_{y0} \mathrm{e}^{i(\omega t - kz + \phi)} + \boldsymbol{i}_y \sqrt{\frac{\varepsilon}{\mu}} E_{x0} \mathrm{e}^{i(\omega t - kz)} \tag{10.66}$$

である．(10.65)式より，ある座標点において，$x-y$ 面内で電界成分の頂点の軌跡を描くと図10.10に示すように一般には楕円を描く．このような波を**楕円偏波**（elliptically polarized wave）という．図では，$0 < \phi < \pi/2$ の範囲で軌跡が時計回り（右回り）の場合を示している．特に，$0 \leq \phi \leq \pi$ の範囲では，$\phi = 0$，π のとき，軌跡は直線状で，上に示した直線偏波になる．図10.10では $\phi = 0$ のときの軌跡も示している．

10.6.2 平面電磁波の反射と屈折

電磁波が異なった媒質の境界に入射する場合の反射と屈折について考えてみよう．簡単化のために，図10.11(a)に示すように，誘電率と透磁率がそれぞれ ε_1，μ_1 と ε_2，μ_2 の媒質の平面境界($z=0$)に，入射角が θ_1 で電界成分が

$$\begin{aligned} E_1 &= E_{10} \exp[i(\omega t - \boldsymbol{k}_1 \cdot \boldsymbol{r})] \\ &= E_{10} \exp[i\{\omega t - k_1(y \sin\theta_1 + z\cos\theta_1)\}] \end{aligned} \tag{10.67}$$

の平面電磁波が入射しているとしよう．電界の方向は x 方向（紙面に垂直）とする．波数ベクトル $\boldsymbol{k}_1$ は波の進行方向を向き，大きさは波長を λ_1 として波数

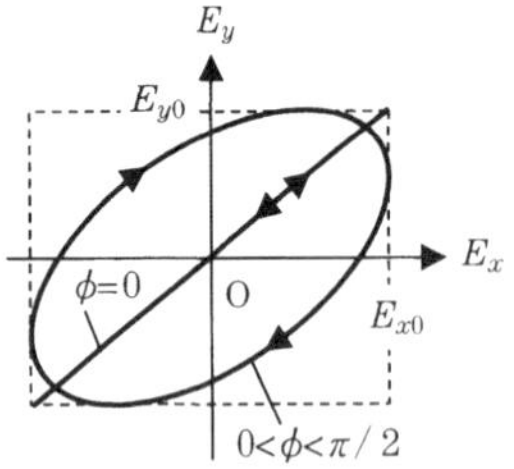

図 10.10 直線偏波と楕円偏波

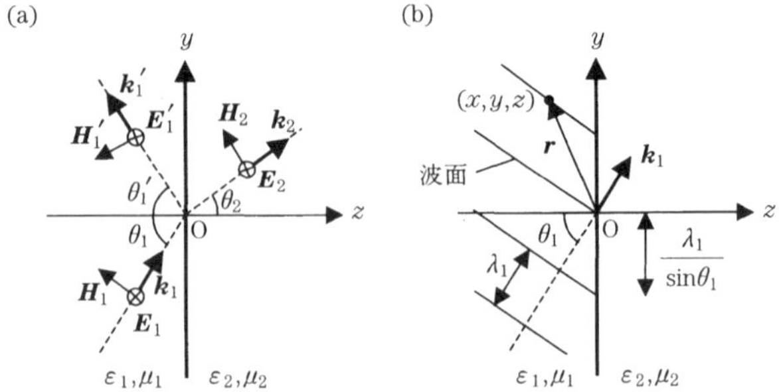

図 10.11 媒質平面境界への電磁波の入射（電界成分が境界に平行な場合）
(a) 電磁波の反射と屈折，(b) 入射波の波面．

$k_1 = 2\pi/\lambda_1$ に等しい．また，$\boldsymbol{r}$ は原点から座標点へ向かう位置ベクトルである．$\boldsymbol{k}_1 \cdot \boldsymbol{r}$ = 一定は波面を表す．いまの場合には平面である．入射波の波面を波長 λ_1 ごとに図 10.11(b) に示す．この入射波の電界成分は境界面上では

$$E_1(z=0) = E_{10}\exp[i(\omega t - k_1 y \sin\theta_1)] \tag{10.68}$$

となる．

同様にして，反射波と屈折波の電界成分はそれぞれ

$$\begin{aligned} E_1' &= E_{10}'\exp[i(\omega t - \boldsymbol{k}_1' \cdot \boldsymbol{r})] \\ &= E_{10}'\exp[i\{\omega t - k_1(y\sin\theta_1' - z\cos\theta_1')\}] \end{aligned} \tag{10.69}$$

$$\begin{aligned} E_2 &= E_{20}\exp[i(\omega t - \boldsymbol{k}_2 \cdot \boldsymbol{r})] \\ &= E_{20}\exp[i\{\omega t - k_2(y\sin\theta_2 + z\cos\theta_2)\}] \end{aligned} \tag{10.70}$$

と表すことができる．ここで，$k_1' = k_1$ としている．これらも境界上では

$$E_1'(z=0) = E_{10}'\exp[i(\omega t - k_1 y \sin\theta_1')] \tag{10.71}$$

$$E_2(z=0) = E_{20}\exp[i(\omega t - k_2 y \sin\theta_2)] \tag{10.72}$$

となる．これらの電界成分の境界条件は，(10.19)式より，

$$\begin{aligned} &E_{10}\exp[i(\omega t - k_1 y\sin\theta_1)] + E_{10}'\exp[i(\omega t - k_1 y \sin\theta_1')] \\ &\quad = E_{20}\exp[i(\omega t - k_2 y\sin\theta_2)] \end{aligned} \tag{10.73}$$

である．境界面上のあらゆる座標点に対して(10.73)式が成り立つには

$$k_1\sin\theta_1 = k_1\sin\theta_1' = k_2\sin\theta_2 \tag{10.74}$$

$$E_{10} + E_{10}' = E_{20} \tag{10.75}$$

が条件となる．(10.74)式より

$$\theta_1 = \theta_1' \tag{10.76}$$

$$\frac{\sin \theta_2}{\sin \theta_1} = \frac{k_1}{k_2} = \frac{c_2}{c_1} = \frac{\sqrt{\varepsilon_1 \mu_1}}{\sqrt{\varepsilon_2 \mu_2}} \tag{10.77}$$

を得る．(10.76)式は反射の法則，(10.77)式は屈折の法則という．

また，入射波，反射波，屈折波の磁界成分は，(10.61)式よりそれぞれ

$$H_1 = E_1 \sqrt{\varepsilon_1/\mu_1}, \quad H_1' = E_1' \sqrt{\varepsilon_1/\mu_1}, \quad H_2 = E_2 \sqrt{\varepsilon_2/\mu_2} \tag{10.78}$$

である．これらの磁界成分については境界条件(10.20)式より，

$$H_1 \cos \theta_1 - H_1' \cos \theta_1' = H_2 \cos \theta_2 \tag{10.79}$$

となるので，(10.76)式と(10.78)式より

$$\sqrt{\varepsilon_1/\mu_1}\,(E_{10} - E_{10}') \cos \theta_1 = \sqrt{\varepsilon_2/\mu_2}\, E_{20} \cos \theta_2 \tag{10.80}$$

を得る．よって，(10.75)式と(10.80)式より，反射波と屈折波の電界成分の振幅は

$$E_{10}' = \frac{\sqrt{\varepsilon_1/\mu_1} \cos \theta_1 - \sqrt{\varepsilon_2/\mu_2} \cos \theta_2}{\sqrt{\varepsilon_1/\mu_1} \cos \theta_1 + \sqrt{\varepsilon_2/\mu_2} \cos \theta_2} E_{10} \tag{10.81}$$

$$E_{20} = \frac{2\sqrt{\varepsilon_1/\mu_1} \cos \theta_1}{\sqrt{\varepsilon_1/\mu_1} \cos \theta_1 + \sqrt{\varepsilon_2/\mu_2} \cos \theta_2} E_{10} \tag{10.82}$$

となる．以上より，反射波と屈折波の電界成分は求められた．また，磁界成分についても(10.78)式より計算することができる．

例題 10.4　図 10.12 に示すように，誘電率と透磁率がそれぞれ ε_1，μ_1 と ε_2，μ_2 の媒質の平面境界 $(z=0)$ に，入射角が θ_1 で電界成分が $E_1 = E_{10} \exp[i(\omega t - \boldsymbol{k}_1 \cdot \boldsymbol{r})]$ の平面電磁波が入射している．図に示すように電界の方向が紙面に平行のとき，反射波と屈折波の電界成分の振幅 E_{10}'，E_{20} を求めよ．

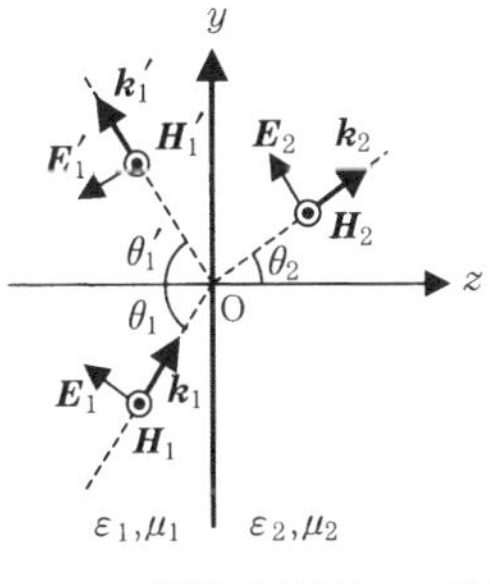

図 10.12　媒質平面境界への電磁波の入射（磁界成分が境界に平行な場合）

［**解**］　反射角と屈折角をそれぞれ θ_1'，θ_2 とすると，境界条件の(10.19)式と(10.20)式より，(10.76)式と(10.77)式，および次式を得る．

$$(E_{10} - E_{10}') \cos \theta_1 = E_{20} \cos \theta_2$$

$$\sqrt{\frac{\varepsilon_1}{\mu_1}}(E_{10} + E_{10}') = \sqrt{\frac{\varepsilon_2}{\mu_2}} E_{20}$$

これらを E_{10}'，E_{20} について解くと，

$$E_{10}'=\frac{\sqrt{\varepsilon_2/\mu_2}\cos\theta_1-\sqrt{\varepsilon_1/\mu_1}\cos\theta_2}{\sqrt{\varepsilon_2/\mu_2}\cos\theta_1+\sqrt{\varepsilon_1/\mu_1}\cos\theta_2}E_{10},\quad E_{20}=\frac{2\sqrt{\varepsilon_1/\mu_1}\cos\theta_1}{\sqrt{\varepsilon_2/\mu_2}\cos\theta_1+\sqrt{\varepsilon_1/\mu_1}\cos\theta_2}E_{10}$$

となる．ここで，θ_2 と θ_1 の関係は(10.77)式で与えられる． ■

演 習 問 題

10.1 図 10.13 に示すように，真空中（透磁率 μ_0）で，PQ 間で距離 d だけ切断された無限長の直線状導体に定常電流 I が流れている．いま，電流路を x 軸にとり，座標原点を PQ の中点とするとき，次の問に答えよ．ただし，切断された端部に蓄積する電荷は切断点 P，Q の十分近傍に局在しているとする．

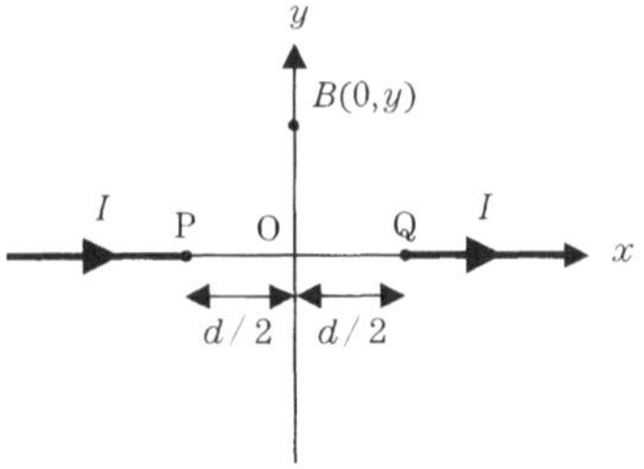

図 10.13 途中が切断された直線電流が作る磁束密度

(1) 導体中を流れる伝導電流による座標点 (0, y) における磁束密度を求めよ．

(2) 拡張されたアンペアの法則により座標点 (0, y) における磁束密度を求めよ．

10.2 例題 10.1 で取り上げた図 10.2 において，導線と上下円板電極を流れる伝導電流が電極間に作る磁界を求めよ．また，例題 10.1 で求めた結果と比較・検討せよ．

10.3 (10.41′)式の時間平均が(10.44)式に等しくなることを示せ．

10.4 図 10.3(a)の平行平板線路において，一端に直流電圧 V_0 の電池を接続し終端部を短絡した．ポインティングベクトルの分布を求め，電磁エネルギーの流れを示せ．ただし，線路の導体の単位長さ当たりの抵抗を r とし，$d \ll w \ll l$ とする．

10.5 図 10.4(a)において，表面を介して流入する単位時間当たりの電磁エネルギーを求めよ．

10.6 図 10.14 のように，透磁率 μ の小半径 a，大半径 b のドーナツ状磁性体に総巻数 N で密に一様に巻かれたトロイド状コイルに交流電源（電圧 $V=V_0e^{i\omega t}$）を接続したとき次の問に答えよ．ただし，$a \ll b$ であり，透磁率は十分大きくて，もれ磁束は無視できる．また，巻線の抵抗は無視でき，準定常電磁界の条件が満たされているものとする．

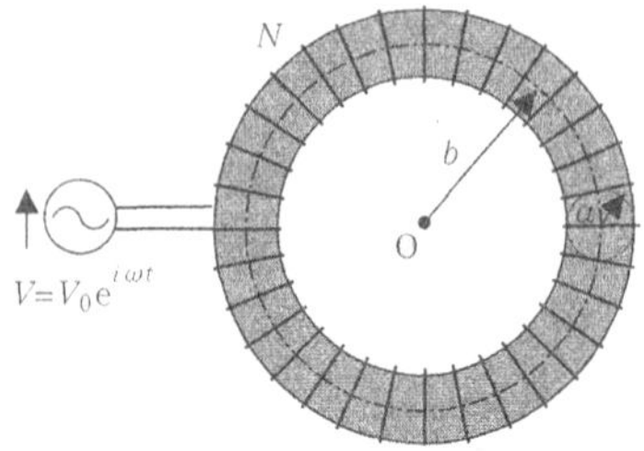

図 10.14 透磁率 μ のドーナツ状鉄心に巻かれたトロイド状コイル

(1) コイルに流れる電流を $I=I_0e^{i(\omega t+\phi)}$ として，電源から供給される複素電力 $P_c=(1/2)VI^*$ を求めよ．ただし，I^* は I の複素共役である．

(2)　ドーナツ状磁性体の表面から侵入する交流１周期当たりの平均電磁エネルギーを複素ポインティングベクトルから求めよ．

10.7　誘電率 ε，透磁率 μ の媒質中（ただし，$\rho = 0$，$\boldsymbol{J} = 0$）を z 軸の正方向に進行する平面電磁波

$$\boldsymbol{E} = \boldsymbol{i}_x E_{x0} \exp\left[i\left(\omega t - kz\right)\right], \quad \boldsymbol{H} = \boldsymbol{i}_y \sqrt{\frac{\varepsilon}{\mu}} E_{x0} \exp\left[i\left(\omega t - kz\right)\right]$$

について，(10.32)，(10.33)式より電磁ポテンシャルを求めよ．また，それらが(10.36)式と(10.37)式を満たしていることを示せ．ここで，$\boldsymbol{i}_x$，$\boldsymbol{i}_y$ は x，y 方向の単位ベクトルである．

参　考　文　献

1)　松下照男：新電磁気学－電気・磁気の新しい体系の確立－，コロナ社（2004）

2)　柁川一弘，金谷晴一：ベクトル解析とフーリエ解析（電気電子工学シリーズ 17），朝倉書店（2007）

3)　宮副 泰：電磁気学Ｉ・II，朝倉書店（1991）

演習問題解答

第2章

2.1 図A.1のように，中心軸からの距離 x の点に各電荷が作る電界の大きさは，(2.18)式より，

$$E = \frac{\lambda}{2\pi\varepsilon_0\sqrt{d^2 + x^2}}$$

である．各電界ベクトルを足し合わせると，電荷を結ぶ方向の成分だけとなり，その大きさは図を参考にすると，

$$\frac{\lambda d}{\pi\varepsilon_0(d^2 + x^2)}$$

となる．

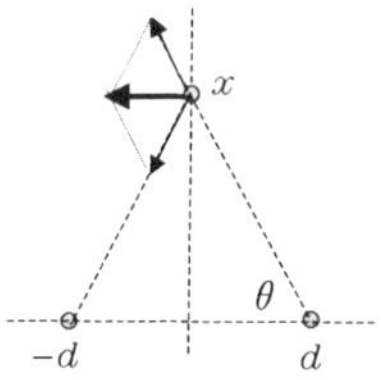

図 A.1

2.2 図A.2のように円の中心に対して微小な角度 $\Delta\theta$ の円環部分の電荷 $\lambda a\Delta\theta$ が，円の中心から x の軸上に作る電界の大きさ ΔE は，

$$\Delta E = \frac{\lambda a\Delta\theta}{4\pi\varepsilon_0(a^2 + x^2)}$$

である．円環上の各電荷の作る電界を足し合わせると，対称性から円環に垂直な軸上の成分

$$\Delta E_x = \frac{\lambda a\Delta\theta}{4\pi\varepsilon_0(a^2 + x^2)}\frac{x}{\sqrt{a^2 + x^2}}$$

のみが残る．円環全体の電荷による電界の大きさ E は，これを足し合わせて，

$$E = \int_0^{2\pi}\frac{\lambda a d\theta}{4\pi\varepsilon_0(a^2 + x^2)}\frac{x}{\sqrt{a^2 + x^2}} = \frac{\lambda a x}{2\varepsilon_0(a^2 + x^2)^{3/2}}$$

となる．

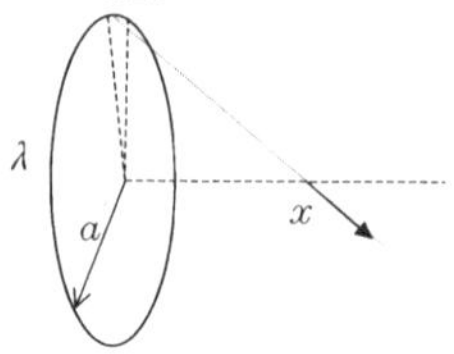

図 A.2

2.3 前問2.2より半径 $r \sim r + dr$ の円環が作る電界は，円盤に垂直な方向の成分だけである．その大きさ ΔE は，前問の結果で a を r と置いて，$\lambda = \sigma dr$ と置けばよい．すなわち，

$$\varDelta E = \frac{\sigma r x dr}{2\varepsilon_0 (r^2 + x^2)^{3/2}}$$

である．円盤全体の電荷による電界の大きさ E は，半径について $0 \sim a$ まで足し合わせればよい．

$$E = \int_0^a \frac{\sigma r x dr}{2\varepsilon_0 (r^2 + x^2)^{3/2}} = \frac{\sigma}{2\varepsilon_0}\left(1 - \frac{r}{\sqrt{a^2 + r^2}}\right)$$

2.4 電界は対称性から x 方向の成分である．図A.3のように $x = 0$ の両側に底面積が S の円筒閉曲面に対してガウスの法則を適用する．電界の大きさを $\boldsymbol{E}$ とすると，

$2\varepsilon_0 SE = 2\rho x S\,(d > x)$，　$2\varepsilon_0 SE = \rho d S(x > d)$

となる．これより，

$$E = \frac{\rho}{\varepsilon_0} x\,(d > x), \quad E = \frac{\rho d}{2\varepsilon_0}(x > d)$$

となる．

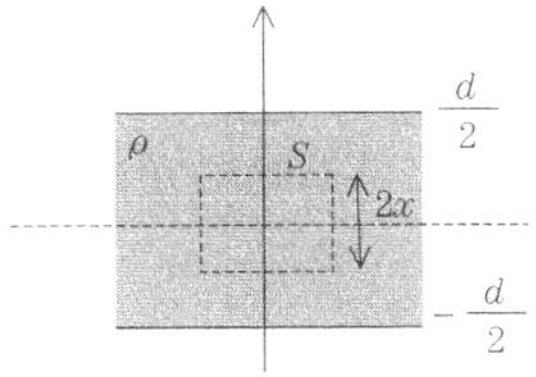

図 A.3

2.5 前問2.4で，$x = -d/2$ および $x = d/2$ に中心を持つ電荷分布の重ね合せを考えればよい．それぞれ，次の領域に分けて考える．x の正方向を電界が正として，電界の向きに注意して足し合わせると，次のようになる．

$x < -d$　　$E = \dfrac{\rho d}{2\varepsilon_0} - \dfrac{\rho d}{2\varepsilon_0} = 0$

$-d < x < 0$　　$E = -\dfrac{\rho}{\varepsilon_0}\left(x + \dfrac{d}{2}\right) - \dfrac{\rho d}{2\varepsilon_0} = -\dfrac{\rho}{\varepsilon_0}(x + d)$

$0 < x < d$　　$E = \dfrac{\rho}{\varepsilon_0}\left(x - \dfrac{d}{2}\right) - \dfrac{\rho d}{2\varepsilon_0} = \dfrac{\rho}{\varepsilon_0}(x - d)$

$d < x$　　$E = \dfrac{\rho d}{2\varepsilon_0} - \dfrac{\rho d}{2\varepsilon_0} = 0$

2.6 ガウスの公式を適用するのに，例題2.5と同様に長さが L の同心円筒表面を考えると，$r > a$ では

$$2\pi r L E = \frac{\pi a^2 L}{\varepsilon_0}\rho \quad \text{より} \quad E = \frac{a^2 \rho}{2\varepsilon_0 r}$$

$a > r$ では

$$2\pi r L E = \frac{\pi r^2 L}{\varepsilon_0}\rho \quad \text{より} \quad E = \frac{r\rho}{2\varepsilon_0}$$

第3章

3.1 上側電極に現れる面電荷密度を σ とすると，中間電極の上側，下側にはそれぞれ $-\sigma$，σ の電荷が誘起され，下部電極にも $-\sigma$ の電荷が現れる．このとき，各電極間の電位差は，それぞれ $\sigma t_1/\varepsilon_0$，$\sigma t_2/\varepsilon_0$ であり，$V = \sigma(t_1 + t_2)/\varepsilon_0$ となる．こ

れより，$\sigma = \varepsilon_0 V/(t_1 + t_2)$ と求められる．電極に現れる電荷量は $S\sigma$ である．各電極間の電位差は，$\sigma t_1/\varepsilon_0$，$\sigma t_2/\varepsilon_0$ に σ を代入すればよい．

3.2 導体表面に対して対称な位置に図A.4のように影像電荷を仮定する．このとき，対称性から導体上の位置では電位がゼロであることは明らかである．また，無限遠点でも電位はゼロになり，点電荷 q の極近傍では電位は点電荷の電位に漸近するので，境界条件を満たす．これから，導体に囲まれた任意の点 $(x, y, 0)$ の電位 ϕ は，これら4つの点電荷の作る電位を足し合わせればよい．すなわち，

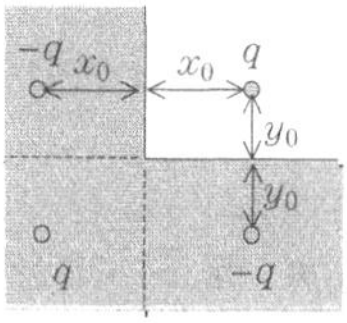

図A.4

$$\phi = \frac{q}{4\pi\varepsilon_0}\left(\frac{1}{r_1} - \frac{1}{r_2} - \frac{1}{r_3} + \frac{1}{r_4}\right)$$

ただし，

$$r_1 = \sqrt{(x - x_0)^2 + (y - y_0)^2}, \quad r_2 = \sqrt{(x + x_0)^2 + (y - y_0)^2},$$
$$r_3 = \sqrt{(x - x_0)^2 + (y + y_0)^2}, \quad r_4 = \sqrt{(x + x_0)^2 + (y + y_0)^2}$$

3.3 電線の単位長さ当たりの電荷を λ と仮定する．平面導体に対して電線と対称の位置に単位長さ当たり $-\lambda$ の影像電荷を考えればよい．電荷を結ぶ線上の電界の大きさ E は，例題3.2(c)と同様に考えて，

$$E = \frac{\lambda}{2\pi\varepsilon_0}\left(\frac{1}{r} + \frac{1}{2d - r}\right)$$

となる．したがって，導体と電線の間の電位差は，

$$\phi = -\frac{\lambda}{2\pi\varepsilon_0}\int_d^a \left(\frac{1}{r} + \frac{1}{2d - r}\right) dr = \frac{\lambda}{2\pi\varepsilon_0}\ln\frac{2d - a}{a}$$

である．静電容量 C は，$C = \lambda/\phi$ より $C = 2\pi\varepsilon_0/\ln(2d/a)$ となる．なお，最後の式では $d \gg a$ により近似した．

3.4 円の中心から δ の位置に，電荷量 q' の影像電荷を考える．このとき，例題3.6で $d \to \delta$，$\delta \to d$，$q \to q'$ と置き換えて考えればよい．すなわち，球の中心より a^2/δ の位置に，$-dq/a$ の影像電荷を考えればよい．したがって，空洞内の電位分布 ϕ は，

$$\phi = \frac{q}{4\pi\varepsilon_0}\left(\frac{1}{r_1} - \frac{d}{a}\frac{1}{r_2}\right)$$

ただし，r_1，r_2 は電荷 q および影像電荷から考えている点Pまでの距離．

第4章

4.1 内導体，外導体の単位長さ当たりの電荷をそれぞれ λ，$-\lambda$ と仮定する．このとき，ガウスの定理より $D = \lambda/2\pi r$ となり，$\boldsymbol{E} = \boldsymbol{D}/\varepsilon$ より，$E = \lambda/2\pi\varepsilon r$ となる．電極間の電位差は V であるから，

$$V = -\int_b^a \frac{\lambda}{2\pi\varepsilon r}\,dr = \frac{\lambda}{2\pi\varepsilon}\ln\frac{b}{a}$$

であり，上の電界 $\boldsymbol{E}$，電束密度 $\boldsymbol{D}$ に，$\lambda = 2\pi\varepsilon V/\ln(b/a)$ を代入すればよい．

次に，$\boldsymbol{P} = \boldsymbol{D} - \varepsilon_0\boldsymbol{E}$ であるから，分極 $\boldsymbol{P}$ は，

$$P = \frac{\lambda}{2\pi r}\left(1 - \frac{\varepsilon_0}{\varepsilon}\right)$$

である．分極電荷密度の分布 $\rho_p(r) = -\nabla\cdot\boldsymbol{P}$ で与えられる．(付.50)式より

$$\rho_p(r) = 0$$

と求められる．

4.2 電束密度 $\boldsymbol{D}$ にガウスの定理を適用すると，$\boldsymbol{D}$ は自由電荷のみによって決まるので，$\boldsymbol{D}$ の大きさは誘電体の場所によらず，$D = Q/4\pi r^2$ となる．$\boldsymbol{D} = \varepsilon\boldsymbol{E}$ より，電界は $d > r > a$ では $E_1 = Q/4\pi\varepsilon_1 r^2$ となり，$b > r > d$ では $E_2 = Q/4\pi\varepsilon_2 r^2$ となる．

分極の大きさ P は，$\boldsymbol{P} = \boldsymbol{D} - \varepsilon_0\boldsymbol{E}$ より，$d > r > a$ では

$$P_1 = \frac{Q}{4\pi r^2}\left(1 - \frac{\varepsilon_0}{\varepsilon_1}\right)$$

であり，$b > r > d$ では，

$$P_2 = \frac{Q}{4\pi d^2}\left(1 - \frac{\varepsilon_0}{\varepsilon_2}\right)$$

となる．

誘電体の境界に現れる分極電荷密度 σ_p は，(4.27)式より，$-\sigma_p = P_2 - P_1$ であり，

$$\sigma_p = \frac{\varepsilon_0 Q}{4\pi r^2}\left(\frac{1}{\varepsilon_2} - \frac{1}{\varepsilon_1}\right)$$

となる．

静電容量 C は，電極間の電位差を ϕ とすると，ϕ は

$$\phi = -\int_b^d E_2 dr - \int_d^a E_1 dr = \frac{Q}{4\pi\varepsilon_2}\left(\frac{1}{d} - \frac{1}{b}\right) + \frac{Q}{4\pi\varepsilon_1}\left(\frac{1}{a} - \frac{1}{d}\right)$$

であり，$C = Q/\phi$ より静電容量 C が求められる．

4.3 電界は，対称性より半径方向の成分だけであり，誘電体境界で電界の接線成分は等しいことから，両誘電体内で電界は等しい．その値を E とする．$\boldsymbol{D} = \varepsilon\boldsymbol{E}$ より，誘電体1および2の内部の電束密度の大きさ $D_{1,2}$ は，それぞれ $D_1 = \varepsilon_1 E$，$D_2 = \varepsilon_2 E$ である．$\boldsymbol{D}$ は自由電荷密度に対応しているので，内導体の表面にガウスの定理を適用すると，誘電体1に接する電極には単位長さ当たり $\pi r D_1 = \pi r\varepsilon_1 E$ の電荷が，誘電体2に接する電極には単位長さ当たり $\pi r D_2 = \pi r\varepsilon_2 E$ の電荷が存在することになる．内導体全体では単位長さ当たり λ の電荷があるので，$\lambda = \pi a E(\varepsilon_1 + \varepsilon_2)$ であり，

$$E = \frac{\lambda}{\pi r(\varepsilon_1 + \varepsilon_2)}$$

となる．

電極間の電位差 ϕ は，

$$\phi = -\int_b^a E dr = \frac{\lambda}{\pi(\varepsilon_1 + \varepsilon_2)} \ln\left(\frac{b}{a}\right)$$

であるから，単位長さ当たりの静電容量 C は，$C = \lambda/\phi$ より求められる．

4.4 電束密度が自由電荷のみに関係することに着目して，$\boldsymbol{D}$ にガウスの定理を適用する．誘電体内部では $4\pi r^2 D = 4\pi r^3 \rho/3$ より，$D = \rho r/3$ である．また，誘電体外部の領域では $4\pi r^2 D = 4\pi a^3 \rho/3$ より，$D = \rho a^3/3r^2$ である．$\boldsymbol{E}$ と $\boldsymbol{P}$ は，$\boldsymbol{E} = \boldsymbol{D}/\varepsilon$，$\boldsymbol{P} = \boldsymbol{D} - \varepsilon_0 \boldsymbol{E}$ より求められ，それぞれ

誘電体内部では，$\boldsymbol{E} = \dfrac{\rho r}{3\varepsilon}$，　$\boldsymbol{P} = \dfrac{\rho r}{3}\left(1 - \dfrac{\varepsilon_0}{\varepsilon}\right)$ となる．

誘電体の外部では，$\boldsymbol{E} = \dfrac{\rho a^3}{3\varepsilon_0 r^2}$，$\boldsymbol{P} = 0$ である．

この結果，誘電体表面には，

$$\sigma_p = \frac{\rho a}{3}\left(1 - \frac{\varepsilon_0}{\varepsilon}\right)$$

の分極面電荷密度が現れる．

4.5 導体に対して円筒導体と対称な位置に影像電荷 $-\lambda$ を考える．各電荷が X の位置に作る電束密度の大きさは，

$$D = \frac{\lambda}{2\pi\sqrt{d^2 + x^2}}$$

である．これらを合成すると電束密度の導体に垂直な成分のみとなり，その大きさは図 A.5 を参考にすると，

$$\frac{\lambda d}{\pi(d^2 + x^2)}$$

となり，これは導体上に誘導される面電荷密度に等しい．

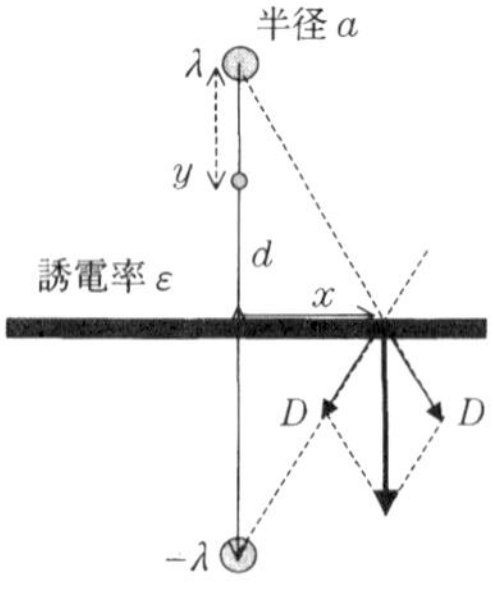

図 A.5

円筒導体から平面導体に垂直な線上で考えると，円筒導体から y の位置での電界 $\boldsymbol{E}$ は，影像電荷分も合わせると，

$$E = \frac{\lambda}{2\pi\varepsilon y} + \frac{\lambda}{2\pi\varepsilon(2d - y)}$$

である．したがって，平面導体と円筒導体間の電位差 ϕ は，

$$\phi = -\int_d^a E dy = \frac{\lambda}{2\pi\varepsilon} \ln\left(\frac{2d - a}{a}\right)$$

となる．$d \gg a$ とすると，

$$\phi \cong \frac{\lambda}{2\pi\varepsilon}\ln\left(\frac{2d}{a}\right)$$

となる．単位長さ当たりの静電容量 C は，$C = \lambda/\phi$ である．

第5章

5.1 外導体の電位と内導体の電位は例題 3.1(3) で求めているので，これを使うと系の静電エネルギー U は，(5.10)式より

$$U = \frac{1}{2}\frac{Q_2(Q_1+Q_2)}{4\pi\varepsilon_0 c} + \frac{1}{2}\frac{Q_1(Q_1+Q_2)}{4\pi\varepsilon_0 c} + \frac{1}{2}\frac{{Q_1}^2}{4\pi\varepsilon_0}\left(\frac{1}{a}-\frac{1}{b}\right)$$

となる．

5.2 例題 4.2 の(4.33)式より，導体球周辺の電界の大きさは次式で与えられる．

$$E = \frac{Q}{4\pi\varepsilon r^2}\quad (b > r > a),\qquad E = \frac{Q}{4\pi\varepsilon_0 r^2}\quad (r > b)$$

したがって，導体の電位 ϕ は，

$$\phi = -\int_\infty^b \frac{Q}{4\pi\varepsilon_0 r^2}\,dr - \int_b^a \frac{Q}{4\pi\varepsilon r^2}\,dr = \frac{Q}{4\pi\varepsilon_0}\left\{\frac{1}{b}+\frac{\varepsilon_0}{\varepsilon}\left(\frac{1}{a}-\frac{1}{b}\right)\right\}$$

である．静電エネルギー U は，(5.10)式より，$U = Q\phi/2$ と求められる．

5.3 電界を境界に垂直な成分 $E_S = E\sin\theta$ と，平行成分 $E_p = E\cos\theta$ に分けて考える．ここで，E は電界 $\boldsymbol{E}$ の大きさである．境界条件より，境界に平行な電界成分は境界の両側で等しく，境界に垂直な電束密度成分は境界の両側で等しいことに注意しよう．まず，境界面に平行な成分による単位面積当たりの力は，(5.45)式より

$$\frac{1}{2}(\varepsilon_1-\varepsilon_2){E_S}^2 = \frac{1}{2}(\varepsilon_1-\varepsilon_2)E^2\sin^2\theta$$

となる．境界に垂直な成分による単位面積当たりの力は，境界に垂直な電束密度成分を $D_n = \varepsilon_1 E\cos\theta$ と置くと，(5.47)式より

$$\frac{1}{2}\left(\frac{1}{\varepsilon_2}-\frac{1}{\varepsilon_1}\right){D_n}^2 = \frac{1}{2}\left(\frac{1}{\varepsilon_2}-\frac{1}{\varepsilon_1}\right){\varepsilon_1}^2E^2\cos^2\theta$$

となる．いずれも，誘電体 1 から 2 の方向に，境界に垂直な力となる．全体の力は，両者の和となる．

5.4 電極間の電界の大きさ E は $E = V/d$ であるので，(5.45)式より境界の単位面積当たり

$$\frac{1}{2}(\varepsilon-\varepsilon_0)E^2 = \frac{1}{2}(\varepsilon_1-\varepsilon_0)\left(\frac{V}{d}\right)^2$$

となる．これが，ρhg と釣り合っている．したがって，密度 ρ は，

$$\rho gh = \frac{1}{2}(\varepsilon-\varepsilon_0)\left(\frac{V}{d}\right)^2$$

となる．これより密度 ρ は，

$$\rho = \frac{1}{2}\frac{(\varepsilon_1 - \varepsilon_0)}{gh}\left(\frac{V}{d}\right)^2$$

と求められる．

5.5 誘電体 1 および 2 に接する外導体の単位面積当たりの電荷密度を σ_1 および σ_2 とすると，導体には単位面積当たり

$$\frac{{\sigma_1}^2}{2\varepsilon_1},\quad \frac{{\sigma_2}^2}{2\varepsilon_2}$$

の力が導体に垂直に働く．導体全体の力を求める際，図 A.6 のように水平方向から θ の角度にある表面では，水平方向の力以外は打ち消し合う．角度 θ から $\theta + \varDelta\theta$ のリング部分の面積 $\varDelta S$ は，$\varDelta S = 2\pi b \sin\theta b\,\varDelta\theta$ である．この微小面積に働く力の水平方向成分 $\varDelta F$ は，

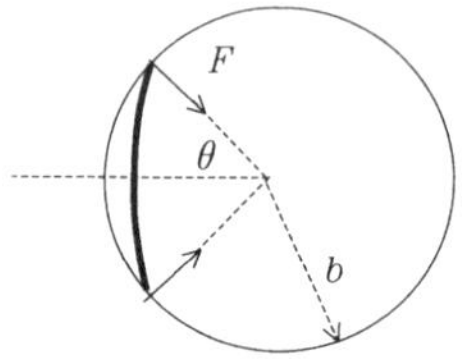

図 A.6

$$\varDelta F_1 = \frac{{\sigma_1}^2}{2\varepsilon_1}\cos\theta \times 2\pi b^2 \sin\theta\varDelta\theta$$

$$\varDelta F_2 = \frac{{\sigma_2}^2}{2\varepsilon_2}\cos\theta \times 2\pi b^2 \sin\theta\varDelta\theta$$

となる．したがって，外導体の誘電体 1 および 2 に接する部分全体に働く力の大きさ $\boldsymbol{F}$ は，

$$\boldsymbol{F}_1 = \frac{\pi b^2 {\sigma_1}^2}{\varepsilon_1}\int_0^{\pi/2}\cos\theta\sin\theta d\theta = \frac{\pi b^2 {\sigma_1}^2}{2\varepsilon_1}$$

$$\boldsymbol{F}_2 = \frac{\pi b^2 {\sigma_2}^2}{\varepsilon_2}\int_0^{\pi/2}\cos\theta\sin\theta d\theta = \frac{\pi b^2 {\sigma_2}^2}{2\varepsilon_2}$$

と求められる．

電荷密度 σ_1 および σ_2 は，次のようにして求められる．内導体で誘電体 1 に接する電極部に現れる電荷を Q_1，誘電体 2 に接する部分の電荷を Q_2 とする．半径 r の半球上で，電束密度についてガウスの定理を適用すると，各誘電体中の電束密度の大きさは，

$$D_1 = \frac{Q_1}{2\pi r^2},\quad D_2 = \frac{Q_2}{2\pi r^2}$$

となる．また，電界は半径方向の成分のみであり，境界の両側で接線成分は等しいので，電界の大きさを E とおく．$\boldsymbol{D}_1 = \varepsilon_1\boldsymbol{E}$，$\boldsymbol{D}_2 = \varepsilon_2\boldsymbol{E}$ であり，また $Q_1 + Q_2 = Q$ であるから，これらをまとめると，

$$E = \frac{Q}{2\pi r^2(\varepsilon_1 + \varepsilon_2)}$$

となる．これを，$\boldsymbol{D}_1$，$\boldsymbol{D}_2$ の式に代入すると，

$$Q_1 = \frac{\varepsilon_1}{\varepsilon_1 + \varepsilon_2}Q,\quad Q_2 = \frac{\varepsilon_1}{\varepsilon_1 + \varepsilon_2}Q$$

となる．したがって，外導体の単位面積当たりの電荷密度は，これを半球の面積 $2\pi b^2$ で割ればよい．

第 6 章

6.1 半径 $r \sim r + dr$ の円環部分の抵抗 dR は，

$$dR = \rho \frac{dr}{2\pi rL}$$

である．全体の抵抗 R はこの抵抗が直列になっていると考えればよいので，

$$R = \int_a^b \rho \frac{dr}{2\pi rL} = \frac{\rho}{2\pi L} \ln \frac{b}{a}$$

となる．導体間を流れる電流 I は，$I = V/R$ より求められる．

6.2 円弧の中心から $r \sim r + dr$ の部分を考えると，電極間の長さが $\pi r/2$，断面積が wdr の導体とみなせるので，この部分の抵抗 dR は，$dR = \rho\pi r/2wdr$ である．全体の抵抗 R は，これが電極間で並列になっていると考えればよい．よって，

$$\frac{1}{R} = \int_a^b \frac{2wdr}{\rho\pi r} = \frac{2w}{\pi\rho} \ln \frac{b}{a}$$

となる．

6.3 媒質の誘電率を ε とすると，この導体系の静電容量 C は，例題 3.2(c) より

$$C = \frac{2\pi\varepsilon}{\ln(b/a)}$$

である．(6.27) 式より，

$$R = \frac{\varepsilon\rho}{C} = \frac{\rho \ln(b/a)}{2\pi}$$

となる．

6.4 導体の単位長さ当たりに流れる電流を I とすると，電流密度の大きさ J は媒質の種類によらず

$$J = \frac{I}{2\pi r}$$

である．$\boldsymbol{E} = \rho \boldsymbol{J}$ より，各媒質中の電界の大きさ E は，

$$E_1 = \frac{\rho_1 I}{2\pi r} \quad \text{および} \quad E_2 = \frac{\rho_2 I}{2\pi r}$$

である．導体間の電位差は V であるから，次の関係が成り立つ．

$$V = -\frac{\rho_2 I}{2\pi} \int_c^b \frac{dr}{r} - \frac{\rho_1 I}{2\pi} \int_b^a \frac{dr}{r}$$

これより，導体間を流れる単位長さ当たりの電流 I は，

$$I = 2\pi V \left\{ \rho_2 \ln\left(\frac{c}{b}\right) + \rho_1 \ln\left(\frac{b}{a}\right) \right\}^{-1}$$

となる．また，電束密度の大きさ D は $\boldsymbol{D} = \varepsilon \boldsymbol{E}$ であるから，境界に現れる自由電荷密度 ρ_f は，

$$\rho_f = D_2(r = b) - D_2(r = b) = \frac{I}{2\pi b}(\varepsilon_2\rho_2 - \varepsilon_1\rho_1)$$

となる．

第7章

7.1 題意より，磁束密度は円周方向を向き，また円周方向に一様である．図7.15において，トロイド状コイルの軸上に中心をもつ半径 r の円 c を考えると，この閉路 c に鎖交する電流は，閉路がトロイド状コイル内にとられていると NI，その外側にとられていると0となる．よって，アンペアの法則より，

$$B = \frac{\mu_0 NI}{2\pi r} \quad (\text{トロイド状コイル内}), \qquad 0 \quad (\text{トロイド状コイル外})$$

となる．これより，トロイド状コイル内ではコイル軸からの距離に反比例した円周方向に一様な磁束密度が生じており，コイルの外では磁束密度は生じていない．また，$b \gg a$ のときは，コイル内の磁束密度は

$$B = \frac{\mu_0 NI}{2\pi b} = \mu_0 nI$$

で近似的に表される．ここで，n は単位長さ当たりの平均的な巻数である．

7.2 図7.16に示すように，コイル軸を z 軸とし，片端に座標の原点をとると，微小区間 z - $z + dz$ にある巻線が z 軸上の点 $\mathrm{P}(z_0)$ に作る磁束密度は z 軸方向を向きその大きさ dB は例題7.2の結果より

$$dB = \frac{\mu_0 na^2 Idz}{2\{a^2 + (z_0 - z)^2\}^{3/2}}$$

となる．$\tan\theta = a/(z_0 - z)$ とすると，$dz = ad\theta/\sin^2\theta$ より

$$B = \int_0^l dB = \int_{\theta_1}^{\theta_2} \frac{\mu_0 na^2 I}{2(a/\sin\theta)^3}\frac{a}{\sin^2\theta}d\theta = \frac{\mu_0 nI}{2}\int_{\theta_1}^{\theta_2}\sin\theta d\theta$$
$$= \frac{1}{2}\mu_0 nI(\cos\theta_1 - \cos\theta_2)$$

が得られる．

7.3 空洞部の磁束密度は，半径 b の円筒部全体に一様に流れる電流（電流密度 $\boldsymbol{J}$）と空洞部に仮想的に逆向きに一様に流れる電流（電流密度 $-\boldsymbol{J}$）による磁束密度 $\boldsymbol{B}_1$ と $\boldsymbol{B}_2$ の重ね合せとして求める．$\mathrm{OP} = r_1$，$\mathrm{O'P} = r_2$ とすると，点Pにおけるそれぞれの磁束密度の x，y 成分は

$$B_{1x} = -\frac{\mu_0 Jr_1}{2}\cos\theta_1 = -\frac{\mu_0 Jy}{2}, \quad B_{1y} = \frac{\mu_0 Jr_1}{2}\sin\theta_1 = \frac{\mu_0 Jx}{2}$$

$$B_{2x} = \frac{\mu_0 J r_2}{2}\cos\theta_2 = \frac{\mu_0 J y}{2},\quad B_{2y} = -\frac{\mu_0 J r_2}{2}\cos\theta_2 = -\frac{\mu_0 J(x-d)}{2}$$

となる．ここで，θ_1，θ_2 は OP と O′P が x 軸となす角度である．よって，これらの合成磁束密度 $\boldsymbol{B}$ の x，y 成分は

$$B_x = B_{1x} + B_{2x} = 0,\quad B_y = B_{1y} + B_{2y} = \frac{\mu_0 J d}{2}$$

である．その結果，図 7.17 に示す断面の空隙内では，y 軸方向に一様な磁束密度が生じることがわかる．

7.4

(1) 磁束密度は軸対称で円周方向を向いているので，円筒軸を中心とする半径 r の円に沿ってアンペアの法則を適用すると，

$$B\cdot 2\pi r = \mu_0 I_c$$

となる．ここで，I_c は閉路 c に鎖交する電流であり，次のように表される．

$$I_c = I\left(\frac{r}{a}\right)^2; r \le a,\quad I; a \le r \le b,\quad I - I\frac{r^2-b^2}{c^2-b^2}; b \le r \le c,\quad 0; c \le r$$

よって，各部の磁束密度は

$$B = \frac{\mu_0 I r}{2\pi a^2}; r \le a,\quad \frac{\mu_0 I}{2\pi r}; a \le r \le b,\quad \frac{\mu_0 I}{2\pi(c^2-b^2)}\left(\frac{c^2}{r} - r\right); b \le r \le c,\quad 0; c \le r$$

となる．

(2) 電流はコイル軸方向に流れているのでベクトルポテンシャルもコイル軸方向線分のみをもつ．図A.7の縦断面図に示すように，コイル軸方向に単位長さの矩形閉路を考える．辺 AB と辺 CD はコイル軸に平行で，それぞれコイル軸からの距離を r，b とする．このとき，(7.31)式の最右辺は $A(r) - A(b)$ に等しい．ここで，$A(r)$ はコイル軸から距離 r の地点のベクトルポテンシャルの軸方向成分である．一方，この閉路への鎖交磁束は

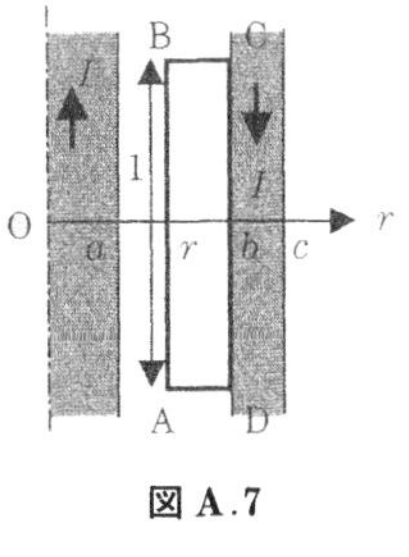

図 A.7

$$\Phi = \int_r^b \frac{\mu_0 I}{2\pi r}\,dr = \frac{\mu_0 I}{2\pi}\ln\frac{b}{r}$$

であるから，(7.31)式より

$$A(r) = \frac{\mu_0 I}{2\pi}\ln\frac{b}{r} + A_0$$

となる．ここで，$A_0 = A(b)$ とした．

7.5 図 7.19 で 1 ターンコイルの中心を原点に，中心軸を z 軸にとる．1 ターンコイルに定常電流 I を流すと，z 軸上で座標 z の地点に作る磁束密度は，例題 7.2 より，軸方向を向き，大きさは

$$B(z) = \frac{\mu_0 I b^2}{2(z^2 + b^2)^{3/2}}$$

である．これより，ソレノイドコイルに鎖交する磁束 Φ は

$$\Phi = 2\int_0^l \frac{\mu_0 I b^2}{2(z^2 + b^2)^{3/2}} \pi a^2 \frac{N}{2l} dz = \frac{\mu_0 \pi a^2 NI}{2l} \int_0^{l/b} \frac{d\hat{z}}{(\hat{z}^2 + 1)^{3/2}}$$

$$= \frac{\mu_0 \pi a^2 NI}{2l} \left[\frac{\hat{z}}{\sqrt{\hat{z}^2 + 1}} \right]_0^{l/b} = \frac{\mu_0 \pi a^2 NI}{2\sqrt{l^2 + b^2}}$$

を得る．ただし，$z = b\hat{z}$ としている．よって，1ターンコイルとソレノイドコイルの相互インダクタンス M は

$$M = \frac{\Phi}{I} = \frac{\mu_0 \pi a^2 N}{2\sqrt{l^2 + b^2}}$$

となる．

7.6

(1) 図A.8で，x 軸上に中心をもち点 (x, y) を通る半径 y の円周についてアンペアの法則を考える．対称性より，磁束密度はこの円周の接線方向を向き，円周に沿って一様である．また，この円周内に鎖交する電流は，抵抗体中を点対称に流れる全電流 I のうち，原点Oからこの円周をみた立体角 Ω 内の部分のみである．この立体角は，図A.8中に示す角 θ を使うと

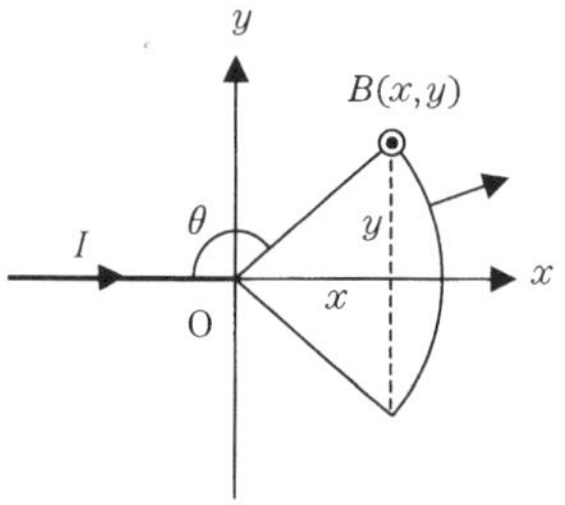

図 A.8

$$\Omega = \int_0^{\pi-\theta} 2\pi \sin\phi d\phi = 2\pi\left[-\cos\phi\right]_0^{\pi-\theta} = 2\pi(1 + \cos\theta)$$

となるので，よって，アンペアの法則より，

$$2\pi y B(x, y) = \mu_0 I \frac{2\pi(1 + \cos\theta)}{4\pi}$$

を得る．ここで，$\cos\theta = -x/\sqrt{x^2 + y^2}$ であるから，求める磁束密度は

$$B(x, y) = \frac{\mu_0 I}{4\pi y}\left(1 - \frac{x}{\sqrt{x^2 + y^2}}\right)$$

となる．

(2) 図7.3に示した変数を使い，(7.6)式と同様に点 (x, y) での磁束密度を求めると

$$B(x, y) = \frac{\mu_0 I}{4\pi y}\int_\theta^\pi \sin\theta d\theta = \frac{\mu_0 I}{4\pi y}(1 + \cos\theta) = \frac{\mu_0 I}{4\pi y}\left(1 - \frac{x}{\sqrt{x^2 + y^2}}\right)$$

となる．

(3) (1)のアンペアの法則から得た磁束密度が(2)の導体電流による磁束密度と一致することは，後者の結果が局所的な電流による磁束密度を与えることから，導

体端から流れ出る点対称の電流分布は，実際には磁束密度の源になっていないことを意味する．そこで，(7.30)式により点対称の電流分布によるベクトルポテンシャル $\boldsymbol{A}$ をみてみると，電流分布の対称性から $\boldsymbol{A}$ も点対称で，極座標系で半径方向成分のみをもち，この成分は半径のみの関数である．このとき，磁束密度は，$\boldsymbol{A}_r = A_r(r)$，$\boldsymbol{A}_\phi = 0$，$\boldsymbol{A}_\theta = 0$，$\partial/\partial\phi = \partial/\partial\theta = 0$ より

$$\boldsymbol{B} = \nabla \times \boldsymbol{A} = (0,\ (1/r\sin\theta)\partial A_r/\partial\phi,\ -(1/r)\partial A_r/\partial\theta) = 0$$

となることが示される．このように，この点対称の電流分布は，全体としては磁束密度を発生していないが，アンペアの法則を適用する手順では正しい磁束密度を与えている．

第8章

8.1 磁性体の表面では伝導電流がないことから，(8.23)式と (8.24)式より，磁界の接線成分と磁束密度の法線成分が磁性体表面で連続となる．このような境界条件を満たす解として，

$r \leq a$の領域：$\boldsymbol{H}_0$ に平行一様磁界 $\boldsymbol{H}$（図A.9(a)を参照）

$a \leq r$の領域：一様磁界 $\boldsymbol{H}_0$ とこれに平行な球の中心に置いた磁気双極子モーメント $\boldsymbol{m}$ の作る磁界の和（図A.9(b)を参照）

を考える．球状磁性体の中心を原点とした球座標表示で，$\boldsymbol{m}$ による磁束密度は(8.4)式で与えられるので，磁界の接線成分と磁束密度の法線成分に対する境界条件は，それぞれ

$$-H_0\sin\theta + \frac{m}{4\pi}\frac{\sin\theta}{a^3} = -H\sin\theta$$

$$-\mu_0 H_0\cos\theta + \frac{\mu_0 m}{2\pi}\frac{\cos\theta}{a^3} = -\mu_0 H\cos\theta$$

となる．上の2式を m と H について解くと

$$m = \frac{\mu - \mu_0}{\mu + 2\mu_0}4\pi a^3 H_0$$

$$H = \frac{3\mu_0}{\mu + 2\mu_0}H_0$$

を得る．磁化電流については，磁性体内では，磁界が一様であるから磁束密度，

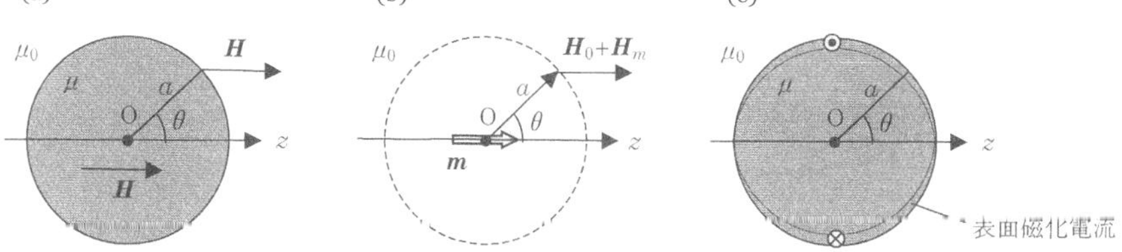

図A.9 (a) 一様磁界$\boldsymbol{H}$（球内），(b) 一様磁界 $\boldsymbol{H}_0$ と $\boldsymbol{H}_m$ 双極界の重ね合せ（球外），(c) 表面磁化電流分布

磁化も一様であり，(8.11)式より $\boldsymbol{J}_m = 0$ となる．このとき，磁性体内の一様な磁化は磁界に平行で，その大きさは

$$M = \frac{B}{\mu_0} - H = \left(\frac{\mu}{\mu_0} - 1\right)\frac{3\mu_0}{\mu + 2\mu_0}H_0 = \frac{3(\mu - \mu_0)}{\mu + 2\mu_0}H_0$$

である．一方，磁性体表面では，(8.12)式より磁化電流の面密度は

$$\kappa_m = M\sin\theta = \frac{3(\mu - \mu_0)}{\mu + 2\mu_0}H_0 \sin\theta$$

となる．つまり，磁性体表面上で位置ベクトル $\boldsymbol{r}$ の地点の磁化電流の面密度は，$\boldsymbol{r}$ と z 軸とのなす角度 θ に対して $\sin\theta$ に比例して分布している（図A.9(c)に表面磁化電流の分布を示している）．

8.2　内外導体に一様な往復電流 I が流れているとき，磁界は円周方向を向きかつ円周方向に一様である．よって，磁界に対するアンペアの法則より，内外導体間の磁界は

$$H = \frac{I}{2\pi r}$$

となる．これより，内外導体間の鎖交磁束は，軸方向単位長さ当たり

$$\Phi = \int_a^b \frac{\mu_1 I}{2\pi r}dr + \int_b^c \frac{\mu_2 I}{2\pi r}dr = \frac{I}{2\pi}\left(\mu_1 \ln\frac{b}{a} + \mu_2 \ln\frac{c}{b}\right)$$

である．よって，単位長さ当たりの自己インダクタンス

$$L = \frac{\Phi}{I} = \frac{1}{2\pi}\left(\mu_1 \ln\frac{b}{a} + \mu_2 \ln\frac{c}{b}\right)$$

を得る．

8.3　直線状電流 I からリングの平均半径 a だけ離れたところの磁界 H は，アンペアの法則より

$$H = \frac{I}{2\pi a}$$

であるから，コイルへの鎖交磁束 Φ は近似的に

$$\Phi = \mu HSN = \frac{\mu SN}{2\pi a}I$$

と表される．よって，直線状電流路とコイルとの相互インダクタンス

$$M = \frac{\Phi}{I} = \frac{\mu SN}{2\pi a}$$

を得る．

8.4　磁路AFとCD，ABEFとCBEDの磁気抵抗 $\mathscr{R}_1$，$\mathscr{R}_2$ はそれぞれ

$$\mathscr{R}_1 = \frac{\mu l_2}{S}, \quad \mathscr{R}_2 = \frac{\mu(2l_1 + l_2)}{S}$$

となる．これらを用いて，コイル1，2に電流 I_1，I_2 を通電したときのそれぞれのコイルの起磁力による各部の磁束は図A.10(a)，(b)の磁気回路により求められ

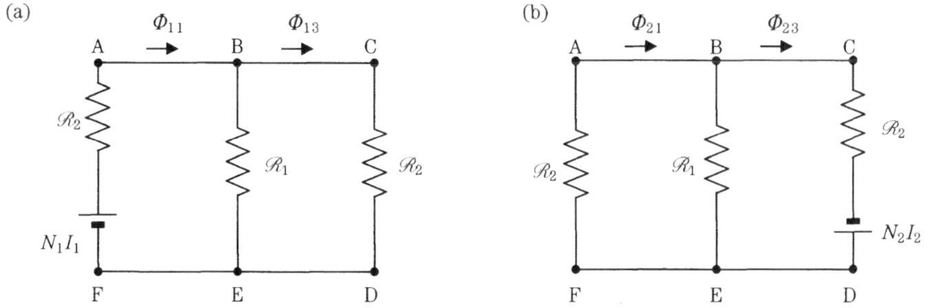

図 A.10　(a) コイル 1 に対する磁気回路，(b) コイル 2 に対する磁気回路

る．まず，コイル 1 の起磁力による磁路 AF と CD 部の磁束 Φ_{11}，Φ_{13} はそれぞれ

$$\Phi_{11} = \frac{N_1 I_1}{\mathscr{R}_2 + \dfrac{1}{1/\mathscr{R}_1 + 1/\mathscr{R}_2}}, \quad \Phi_{13} = \Phi_{11}\frac{\mathscr{R}_1}{\mathscr{R}_1 + \mathscr{R}_2} = \frac{N_1 I_1 \mathscr{R}_1}{\mathscr{R}_2(2\mathscr{R}_1 + \mathscr{R}_2)}$$

となる．同様に，コイル 2 の起磁力による磁路 CD と AF 部の磁束 Φ_{23}，Φ_{21} はそれぞれ

$$\Phi_{23} = \frac{N_2 I_2}{\mathscr{R}_2 + \dfrac{1}{1/\mathscr{R}_1 + 1/\mathscr{R}_2}}, \quad \Phi_{21} = \Phi_{23}\frac{\mathscr{R}_1}{\mathscr{R}_1 + \mathscr{R}_2} = \frac{N_2 I_2 \mathscr{R}_1}{\mathscr{R}_2(2\mathscr{R}_1 + \mathscr{R}_2)}$$

となる．よって，コイル 1 とコイル 2 の自己インダクタンス L_1，L_2 は

$$L_1 = \frac{N_1 \Phi_{11}}{I_1} = \frac{N_1^2}{\mathscr{R}_2 + \dfrac{1}{1/\mathscr{R}_1 + 1/\mathscr{R}_2}}, \quad L_2 = \frac{N_2 \Phi_{23}}{I_2} = \frac{N_2^2}{\mathscr{R}_2 + \dfrac{1}{1/\mathscr{R}_1 + 1/\mathscr{R}_2}}$$

であり，相互インダクタンス M は

$$M = \frac{N_2 \Phi_{13}}{I_1} = \frac{N_1 \Phi_{21}}{I_2} = \frac{N_1 N_2 \mathscr{R}_1}{\mathscr{R}_2(2\mathscr{R}_1 + \mathscr{R}_2)}$$

となる．

第 9 章

9.1　直線状電流路から距離 r だけ隔たった矩形コイルへの鎖交磁束 Φ は

$$\Phi = \int_r^{r+a} \frac{\mu_0 I}{2\pi r} b\,dr = \frac{\mu_0 I b}{2\pi} \ln \frac{r + a}{r}$$

であるから，(9.1)式より，コイルの誘導起電力 V は

$$V = -\frac{d\Phi}{dt} = -\frac{d\Phi}{dr}\frac{dr}{dt} = \frac{\mu_0 I b v}{2\pi}\left(\frac{1}{r} - \frac{1}{r + a}\right) = \frac{\mu_0 I a b v}{2\pi r(r + a)}$$

となる．また，(9.6)式の最右辺で第 1 項は 0 であり，第 2 項の積分を矩形コイルの巻線に沿って実行すると，

$$V=\int_{AB} vB(r)ds+\int_{DC}\{-vB(r+a)\}ds=\frac{\mu_0 Ibv}{2\pi}\left(\frac{1}{r}-\frac{1}{r+a}\right)=\frac{\mu_0 Iabv}{2\pi r(r+a)}$$

となり，(9.1)式より直接得られた上の結果と一致する．

9.2 リングに生じる誘起起電力の大きさは (9.1)式より $\pi a^2\dot{B}$であり，これはリングの１周にわたる抵抗による電圧降下に等しい．２種類の抵抗率の1/2リングの直列接続では，各部の電圧降下は抵抗率に比例するので，R-S 端子間電圧は

$$V=a^2\dot{B}\frac{\theta\rho_1}{\rho_1+\rho_2};0\le\theta\le\pi,\quad a^2\dot{B}\frac{\pi\rho_1+(\theta-\pi)\rho_2}{\rho_1+\rho_2};\pi\le\theta\le 2\pi$$

となる．

9.3

(1) 磁界に対するアンペアの法則により，磁界分布は

$$H=nI;r<b,\quad 0;b<r$$

である．よって，磁束密度分布は

$$B=\mu nI;r<a,\quad \mu_0 nI;b<r,\quad 0;b<r$$

となる．

(2) 軸方向単位長さ当たりの磁界のエネルギーは，(9.29)式と (9.30)式より

$$U_m=\int_0^a\frac{\mu}{2}(nI)^2 2\pi rdr+\int_a^b\frac{\mu_0}{2}(nI)^2 2\pi rdr=\frac{\pi}{2}n^2I^2\{\mu a^2+\mu_0(b^2-a^2)\}$$

となる．

9.4

(1) 鉄心とギャップにおける磁界をそれぞれ $\boldsymbol{H}$, $\boldsymbol{H}_0$ とすると，題意よりこれらは円周方向を向き断面に垂直で断面内で一様だから，磁束密度に対する境界条件(8.24)式より，

$$\mu H=\mu_0 H_0$$

である．また，磁界に対するアンペアの法則(8.21)式より

$$(2\pi a-\delta)H+\delta H_0=NI$$

となる．これら２式を H, H_0 について解くと，

$$H=\frac{NI}{2\pi a-\delta+(\mu/\mu_0)\delta}\cong\frac{NI}{2\pi a+(\mu/\mu_0)\delta},\quad H_0=\frac{\mu}{\mu_0}H\cong\frac{(\mu/\mu_0)NI}{2\pi a+(\mu/\mu_0)\delta}$$

を得る．

(2) (9.29)式と (9.30)式より，回路に蓄積される磁界のエネルギーは

$$U_m=\frac{1}{2}\mu H^2S(2\pi a-\delta)+\frac{1}{2}\mu_0 H_0^2 S\delta\cong\frac{1}{2}\mu H^2S[2\pi a+(\mu/\mu_0)\delta]$$

$$=\frac{1}{2}\frac{\mu SN^2}{2\pi a+(\mu/\mu_0)\delta}I^2$$

となる．

(3) (9.20)式より，回路のインダクタンス L は

$$L = \frac{\mu S N^2}{2\pi a + (\mu/\mu_0)\delta}$$

となり，磁気回路の方法で求めた (8.36)式と一致する．

9.5 端部の効果を無視すると，コイル内の磁界のエネルギーは

$$U_m = \frac{\mu_0}{2}\left(\frac{NI}{l}\right)^2 \pi a^2 l = \frac{\mu_0}{2}\pi a^2 \frac{N^2 I^2}{l}$$

である．電源が接続されている電流路に加わる軸方向の磁気力 F_{axis} については，(9.35)式において，軸方向のコイル長についての偏微分より

$$F_{\mathrm{axis}} = \frac{\partial U_m}{\partial l} = -\frac{\mu_0}{2}\pi a^2 \left(\frac{N}{l}\right)^2 I^2$$

を得る．符号は負であるから，この軸方向の磁気力は圧縮力である．

第10章

10.1

(1) 図10.13に示すように，左右の電流路に流れる伝導電流による座標点 $(0,\ y)$ における磁束密度は対称性より等しい．左側の電流路の伝導電流による寄与は，演習問題7.6(2)の結果において $x = d/2$ とすれば得られるので，座標点 $(0,\ y)$ における磁束密度は

$$\boldsymbol{B}(0,\ y) = \frac{\mu_0 I}{4\pi y}\left(1 - \frac{d/2}{\sqrt{(d/2)^2 + y^2}}\right) \times 2 = \frac{\mu_0 I}{2\pi y}\left(1 - \frac{d/2}{\sqrt{(d/2)^2 + y^2}}\right)$$

となる．

(2) 切断点P, Qに蓄積される電荷によりPQ間に流れる変位電流は，図A.11に示すように，一端Pから点対称に流れ出る変位電流と一端Qに向かって点対称に流れ込む変位電流の重ね合せになる．いま，原点を中心とし x 軸に垂直な半径 y の円 c を考えると，上の2つの電流分布について円 c に鎖交する変位電流は対称性より互いに等しい．そこで，一端Pから点対称に流れ出る変位電流による寄与分を求めると，拡張されたアンペアの法則より，演習問題7.6(1)において伝導電流による結果をそのまま変位電流に対して適用し $x = d/2$ とすればよいので，座標点 $(0,\ y)$ における磁束密度

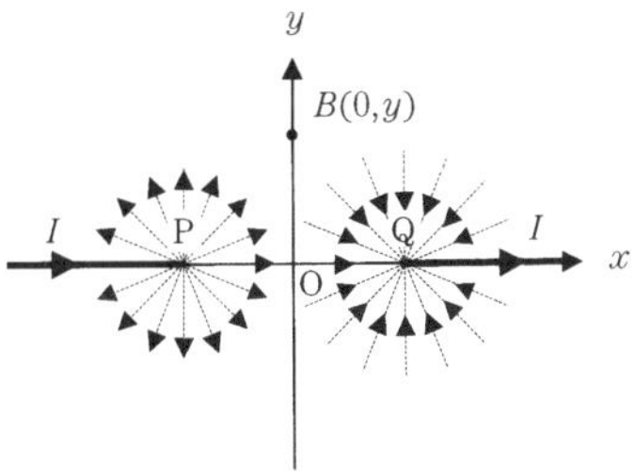

図A.11 切断点間の変位電流の分布

$$\boldsymbol{B}(0,\ y) = \frac{\mu_0 I}{2\pi y}\left(1 - \frac{d/2}{\sqrt{(d/2)^2 + y^2}}\right)$$

を得る．(1)と(2)の結果が等しいことより，演習問題7.6の場合と同様に，こ

こでも，切断部 PQ 間に流れる変位電流は座標点 $(0, y)$ に磁束密度を作るわけではないが，この点の磁束密度は，拡張されたアンペアの法則より上の円 c に鎖交する変位電流より求めることができる．

10.2　上下円板電極内では半径方向外向きおよび内向きに伝導電流が流れる．まず，これによる磁界を考える．磁界分布における軸対称性を考慮すると，磁界は円周方向成分のみをもち，半径方向の座標 r のみの関数である．そこで，例えば上部電極については図 A.12 に示すように，電極を挟み電極に平行な円弧で構成された閉路 s をとる．この閉路にアンペアの法則を適用すると，円弧に沿った磁界を H_s として

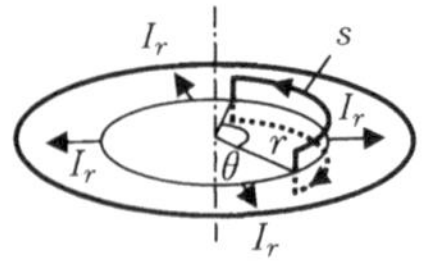

図 A.12　上部電極の伝導電流が作る磁界

$$2r\theta H_s = -\,I_r\,\frac{\theta}{2\pi}$$

となる．ここで，θ は円弧をみる角度で，右辺の負符号は電流の鎖交方向を考慮したものである．また，I_r は半径 r の円周上での半径方向の全伝導電流で，

$$I_r = I\,\frac{a^2 - r^2}{a^2}$$

である．よって，閉路 s に沿った磁界は

$$H_s = \frac{I}{4\pi r}\left(\frac{r^2}{a^2} - 1\right)$$

を得る．下部電極では電流の方向が逆であるから，上下電極による磁界は，外側では打ち消し合い，内側では上式の 2 倍になる．

次に，距離 d だけ途切れた無限長直線状導線部に流れる伝導電流 I による上下電極間の点 P における磁界 H_c は，$d \ll r$ の条件下ではよい近似で（演習問題 10.1 の結果において，y を r で置き換え，$d \ll r$ の条件を用いて近似すると）

$$H_c = \frac{I}{2\pi r}$$

となる．これらの結果を用いると，この導線と上下電極に流れる伝導電流による図 10.2 の円 c 上の磁界は

$$H = 2H_s + H_c = \frac{I}{2\pi r}\left(\frac{r^2}{a^2} - 1\right) + \frac{I}{2\pi r} = \frac{Ir}{2\pi a^2}$$

となり，例題 10.1 の結果と一致する．

以上より，上下電極間の磁界は，コンデンサの直線状導線と上下電極に流れる伝導電流により生じており，上下電極間に流れる変位電流の寄与はないといえる．一方で，例題 10.1 に示したように，上下電極間の磁界は，拡張されたアンペアの法則より，図 10.2 の円 c に鎖交する変位電流より求めることもできる．

10.3 複素数表示の電磁界 $\boldsymbol{E}(\boldsymbol{r},\ t) = \boldsymbol{E}_0(\boldsymbol{r})\,\mathrm{e}^{i\omega t}$，$\boldsymbol{H}(\boldsymbol{r},\ t) = \boldsymbol{H}_0(\boldsymbol{r})\,\mathrm{e}^{i(\omega t+\phi)}$ に対して，振幅をそれぞれ

$$\boldsymbol{E}_0 = \boldsymbol{E}_{0\mathrm{R}} + i\boldsymbol{E}_{0\mathrm{I}}, \quad \boldsymbol{H}_0 = \boldsymbol{H}_{0\mathrm{R}} + i\boldsymbol{H}_{0\mathrm{I}}$$

と表す．ここで，添え字のRとIは実部と虚部を意味している．この表示を用いると

$$\begin{aligned}
\boldsymbol{S}_\mathrm{P} &= \mathrm{Re}[\boldsymbol{E}] \times \mathrm{Re}[\boldsymbol{H}] \\
&= (\boldsymbol{E}_{0\mathrm{R}} \cos \omega t - \boldsymbol{E}_{0\mathrm{I}} \sin \omega t) \times (\boldsymbol{H}_{0\mathrm{R}} \cos[\omega t + \phi] - \boldsymbol{H}_{0\mathrm{I}} \sin[\omega t + \phi]) \\
&= (\boldsymbol{E}_{0\mathrm{R}} \times \boldsymbol{H}_{0\mathrm{R}})(\cos[2\omega t + \phi] + \cos \phi)/2 \\
&\quad - (\boldsymbol{E}_{0\mathrm{R}} \times \boldsymbol{H}_{0\mathrm{I}})(\sin[2\omega t + \phi] + \sin \phi)/2 \\
&\quad - (\boldsymbol{E}_{0\mathrm{I}} \times \boldsymbol{H}_{0\mathrm{R}})(\sin[2\omega t + \phi] - \sin \phi)/2 \\
&\quad + (\boldsymbol{E}_{0\mathrm{I}} \times \boldsymbol{H}_{0\mathrm{I}})(- \cos[2\omega t + \phi] + \cos \phi)/2
\end{aligned}$$

を得る．よって，$\boldsymbol{S}_\mathrm{P}$ の時間平均は

$$\begin{aligned}
\langle \boldsymbol{S}_\mathrm{P} \rangle &= \frac{1}{2\pi} \int_0^{2\pi} \boldsymbol{S}_\mathrm{P} d\omega t \\
&= \frac{1}{2}(\boldsymbol{E}_{0\mathrm{R}} \times \boldsymbol{H}_{0\mathrm{R}}) \cos \phi - \frac{1}{2}(\boldsymbol{E}_{0\mathrm{R}} \times \boldsymbol{H}_{0\mathrm{I}}) \sin \phi + \frac{1}{2}(\boldsymbol{E}_{0\mathrm{I}} \times \boldsymbol{H}_{0\mathrm{R}}) \sin \phi \\
&\quad + \frac{1}{2}(\boldsymbol{E}_{0\mathrm{I}} \times \boldsymbol{H}_{0\mathrm{I}}) \cos \phi \\
&= \frac{1}{2}(\boldsymbol{E}_{0\mathrm{R}} \times \boldsymbol{H}_{0\mathrm{R}} + \boldsymbol{E}_{0\mathrm{I}} \times \boldsymbol{H}_{0\mathrm{I}}) \cos \phi \\
&\quad + \frac{1}{2}(- \boldsymbol{E}_{0\mathrm{R}} \times \boldsymbol{H}_{0\mathrm{I}} + \boldsymbol{E}_{0\mathrm{I}} \times \boldsymbol{H}_{0\mathrm{R}}) \sin \phi
\end{aligned}$$

となる．一方，$\boldsymbol{H}_0{}^* = \boldsymbol{H}_{0\mathrm{R}} - i\boldsymbol{H}_{0\mathrm{I}}$ だから，(10.44)式は

$$\begin{aligned}
\langle \boldsymbol{S}_\mathrm{P} \rangle &= \left[\frac{1}{2} \boldsymbol{E} \times \boldsymbol{H}^*\right]_\mathrm{R} = \frac{1}{2}[(\boldsymbol{E}_0 \times \boldsymbol{H}_0{}^*)\mathrm{e}^{-i\phi}]_\mathrm{R} \\
&= \frac{1}{2}[\boldsymbol{E}_0 \times \boldsymbol{H}_0{}^*]_\mathrm{R} \cos \phi - \frac{1}{2}[\boldsymbol{E}_0 \times \boldsymbol{H}_0{}^*]_\mathrm{I} \sin \phi \\
&= \frac{1}{2}(\boldsymbol{E}_{0\mathrm{R}} \times \boldsymbol{H}_{0\mathrm{R}} + \boldsymbol{E}_{0\mathrm{I}} \times \boldsymbol{H}_{0\mathrm{I}}) \cos \phi - \frac{1}{2}(\boldsymbol{E}_{0\mathrm{R}} \times \boldsymbol{H}_{0\mathrm{I}} - \boldsymbol{E}_{0\mathrm{I}} \times \boldsymbol{H}_{0\mathrm{R}}) \sin \phi
\end{aligned}$$

となり，両者は一致する．

10.4 線路に流れる定常電流は $I = V_0/(2lr)$ であり，座標軸を図10.3(a)に示すようにとると，電池の接続点から距離 z だけ離れた地点の線路間の電位差は $V(z) = V_0(l - z)/l$ となる．この地点で，z 軸に垂直な断面内での電磁界を考えると，上部電極から下部電極に向かって一様な電界 $E_x = V(z)/d$ が，また，電極間で y 軸の負方向に一様な磁界 $H_y = I/w$ が発生している．これらによるポインティングベクトルは(10.42)式より z 軸方向を向き，その大きさは $S_z(z) = V(z)I/(wd)$ である．よって，z 軸に垂直な断面内で電池側から抵抗側へ向かう電磁エネルギ

ーは平行線路間に局在しその大きさ $P_z(z)$ は

$$P_z(z) = S_z(z)wd = V(z)I = \frac{V_0^2}{2Lr}\frac{I - z}{l}$$

となる．一方，上部電極下面（下部電極上面）では，z 軸方向（$-z$ 軸方向）に一様な電界の成分 $E_z = V_0/(2l)$ が，同じく y 軸の負方向に一様な磁界 $H_y = I/w$ が発生している．よって，これらによるポインティングベクトルは x 軸方向（$-x$ 軸方向）を向き，その大きさは $S_z(z) = V_0I/(2lw)$ である．この上部電極下面（下部電極上面）から導体内部に進入するポインティングベクトルは線路に沿った単位長さ当たり

$$P_x = S_x(z)w = \frac{V_0I}{2l} = \frac{V_0^2}{(2l)^2r} = \frac{P_z(z=0)}{2l}$$

となる．電池から供給される電磁エネルギーは毎秒 $P_z(z=0) = V_0^2/(2lr)$ であり，線路の往復長 $2l$ にわたって電極に進入しジュール損失として消費されている．

10.5　導体表面の電磁界は，(10.48)式と (10.50)式より

$$H_y(0,\ t) = H_0\mathrm{e}^{i\omega t},\quad E_x(0,\ t) = \frac{J_x(0,\ t)}{\sigma} = \frac{\sqrt{2}}{\sigma\delta}H_0\mathrm{e}^{i(\omega t+\pi/4)}$$

であるから，導体表面上の複素ポインティングベクトルは z 成分のみをもち

$$S_z = \frac{1}{2}E_x(0,\ t)\,H_y{}^*(0,\ t) = \frac{1}{\sqrt{2}\sigma\delta}H_0^2\mathrm{e}^{i\pi/4} = \frac{1}{2\sigma\delta}H_0^2(1+i)$$

となる．S_z の実部は，導体内に流入する単位表面積当たり 1 周期間の平均電磁エネルギーであり，渦電流により消費される電力に等しい．実際，(10.50)式を用いて単位表面積当たり渦電流により消費される電力 P を求めると

$$P = \frac{1}{2\pi}\int_0^{2\pi}\int_0^{\infty}\frac{1}{\sigma}\{\mathrm{Re}[J_x(z,\ \omega t)]\}^2dzd\omega t = \frac{1}{\sigma}\left(\frac{H_0}{\delta}\right)^2\int_0^{\infty}\mathrm{e}^{-2z/\delta}dz = \frac{1}{2\sigma\delta}H_0^2$$

となり，S_zの実部に等しい．

10.6

(1)　電流 $I(t) = I_0\mathrm{e}^{i(\omega t+\phi)}$ に対して，ドーナツ状鉄心内の磁界は，$a \ll b$ より鉄心断面内で一様で円周方向を向くと考えて，半径 b の円周についてアンペアの法則より

$$H(t) = \frac{NI(t)}{2\pi b} = \frac{NI_0}{2\pi b}\mathrm{e}^{i(\omega t+\phi)}$$

となる．また，鉄心内の磁束変化によりコイルに発生する起電力（逆起電力）V_{em} は，鉄心内の磁束を $\Phi(t)$ として

$$V_{\mathrm{em}} = -\frac{dN\Phi(t)}{dt} = -\mu\pi a^2\frac{N^2I_0}{2\pi b}i\omega\mathrm{e}^{i(\omega t+\phi)}$$

となる．また，電源の起電力 V に対しては $V_{\mathrm{em}} = -V = -V_0\mathrm{e}^{i\omega t}$ であるから

$$I_0 = \frac{2bV_0}{\mu\omega N^2 a^2}, \quad \phi = -\frac{\pi}{2}$$

を得る．つまり，電流 I は電圧 V に対して $\pi/2$ だけ遅れている．以上より，複素電力は

$$P_c = \frac{1}{2}VI^* = \frac{2bV_0^2}{\mu\omega N^2 a^2}\mathrm{e}^{i\pi/2} = i\frac{2bV_0^2}{\mu\omega N^2 a^2}$$

となる．複素電力は純虚数であり，有効電力は 0 である．虚部の無効電力は正であるから，このコイルは誘導性の負荷である．

(2) $a \ll b$ であるからドーナツ状磁性体の表面の電界は一様であるとみなし，これを半径 a の円周について電磁誘導の法則により求めると，

$$E = -\frac{1}{2\pi a}\frac{d\Phi}{dt} = \frac{V_{\mathrm{em}}}{2\pi aN}$$

となる．そこで，磁性体の表面から侵入する一周期当たりの平均電磁エネルギーは複素ポインティングベクトルを全表面にわたって面積分して求めると，

$$\begin{aligned}\int_S\left(\frac{1}{2}\boldsymbol{E}\times\boldsymbol{H}^*\right)\cdot(-d\boldsymbol{S}) &= -\frac{1}{2}EH^*\times 2\pi a\times 2\pi b\\ &= -\frac{1}{2}\frac{V_{\mathrm{em}}}{2\pi aN}\frac{NI^*}{2\pi b}\times 2\pi a\times 2\pi b\\ &= -\frac{1}{2}V_{\mathrm{em}}I^* = \frac{1}{2}VI^*\end{aligned}$$

を得る．ここで，S はドーナツ状鉄心の表面であり，面素は外向きにとっているので，上式は鉄心の表面から侵入する方向を正にしている．結果は，(1)の電源から供給される複素電力に一致する．

10.7 題意より $\partial/\partial x = \partial/\partial y = 0$ だから，(10.33)式より磁束密度は

$$(0,\ \mu H_y,\ 0) = \left(-\frac{\partial A_y}{\partial z},\ \frac{\partial A_x}{\partial z},\ 0\right)$$

となる．上式の x 成分の比較より $A_y =$ 一定となるので，ここでは $A_y = A_0$ としよう．次に y 成分の比較より

$$\begin{aligned}A_x(z) &= A_x(0) + \int_0^z \mu H_y(z)dz = \int_0^z \sqrt{\varepsilon\mu}E_{x0}\exp[i(\omega t - kz)]dz\\ &= A_x(0) - \frac{\sqrt{\varepsilon\mu}}{ik}E_{x0}\{\exp[i(\omega t - kz)] - \exp[i(\omega t)]\}\end{aligned}$$

となる．基準点 $(x,\ y,\ 0)$ における A_y の値を

$$A_x(0) = \frac{\sqrt{\varepsilon\mu}}{ik}E_{x0}\exp[i(\omega t)]$$

とおくと，

$$A_x(z) = -\frac{\sqrt{\varepsilon\mu}}{ik}E_{x0}\exp[i(\omega t - kz)] = -\frac{1}{i\omega}E_{x0}\exp[i(\omega t - kz)]$$

を得る．次に，(10.32)式より

$$\nabla\phi = -\boldsymbol{E} - \frac{\partial \boldsymbol{A}}{\partial t}$$

$$= -\boldsymbol{i}_x E_{x0}\exp[i(\omega t - kz)] - \frac{\partial}{\partial t}\left\{-\boldsymbol{i}_x \frac{1}{i\omega} E_{x0}\exp[i(\omega t - kz)]\right\} = 0$$

となる．$\phi=$一定であるから，ここでも $\phi = \phi_0$ としよう．

以上より電磁ポテンシャルは

$$\phi = \phi_0, \quad \boldsymbol{A} = \left(-\frac{1}{i\omega} E_{x0}\exp[i(\omega t - kz)],\ A_0,\ 0\right)$$

である．また，$\rho = 0$, $\boldsymbol{J} = 0$ であるから，(10.36)式と (10.37)式の y, z 成分が成り立つことは自明である．(10.37)式の x 成分についても，その左辺は

$$\left(\frac{\partial^2}{\partial z^2} - \frac{1}{c^2}\frac{\partial^2}{\partial t^2}\right) A_x(z) = \left[-k^2 - \frac{1}{c^2}(-\omega^2)\right] A_x(z) = 0$$

となる．以上より，$\rho = 0$, $\boldsymbol{J} = 0$ のとき，(10.36)式と(10.37)式は満たされていることが示された．

付録 A　ベクトル解析の公式

本書を理解するにはベクトル解析の知識が少し必要である．ここには，本書で利用するベクトルの演算やベクトル解析の公式をまとめる．ベクトル解析のより詳しく数学的な記述や公式の証明などについては，本シリーズの「17．ベクトル解析とフーリエ解析(枛川一弘，金谷晴一著)」を参照してほしい．

I．ベクトルと四則演算

i．ベクトルと流線

大きさと向きを併せ持つ量をベクトルと呼ぶ．これに対して大きさのみをもつ量をスカラと呼ぶ．直角座標系 または**デカルト座標系**（Cartesian coordinates）の空間の点 (x, y, z) におけるベクトル $\boldsymbol{A}$ を次のように書き表す．

$$\boldsymbol{A} = (A_x,\ A_y,\ A_z) \tag{付.1}$$

ここで，A_x，A_y，A_z は，それぞれ x，y，z 方向の大きさ成分である．また，ベクトルの大きさを $|A|$ で表し，

$$|A| = \sqrt{A_x{}^2 + A_y{}^2 + A_z{}^2} \tag{付.2}$$

で定義する．$\boldsymbol{i}$，$\boldsymbol{j}$，$\boldsymbol{k}$ をそれぞれ x，y，z 方向の成分をもつ大きさ 1 の単位ベクトルとすると，

$$\boldsymbol{A} = A_x\boldsymbol{i} + A_y\boldsymbol{j} + A_z\boldsymbol{k} \tag{付.3}$$

のようにも表記できる．

ベクトルは向きをもっているので，その向きを連ねていくと付図 1 のように 1 本の線を描くことができる．この線を流線あるいは力線と呼ぶ．通常，ベクトルの大きさは単位面積当たりの流線の本数で表す．例えば，水の流れは流れる速さと流れる向きをもったベクトル量であるが，流れる向きをたどっていくと一筋の水の流れ，流線が得られる．第 2 章で述べた電気力線は1Cの電荷に働く力の向き，すなわち電界ベクトル $\boldsymbol{E}$ の向きを連ねた力線である．

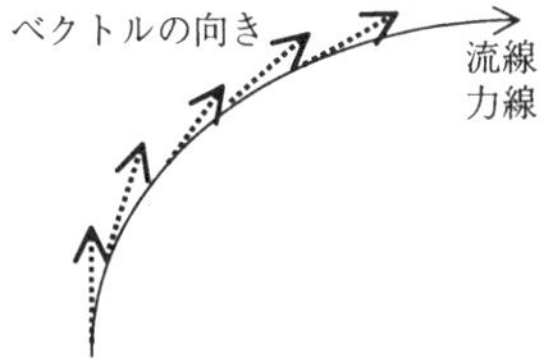

付図 1　流線あるいは力線

ii．四則演算

2つのベクトル $\boldsymbol{A}=(A_x,\ A_y,\ A_z)$ と $\boldsymbol{B}=(B_x,\ B_y,\ B_z)$ の和と差は，それぞれの成分の和と差で求められる．すなわち，

$$\boldsymbol{A}\pm\boldsymbol{B}=(A_x\pm B_x,\ A_y\pm B_y,\ A_z\pm B_z) \qquad (付.4)$$

ベクトル同士の積には，

$$\boldsymbol{A}\cdot\boldsymbol{B}=|A|\,|B|\cos\theta=(A_xB_x+A_yB_y+A_zB_z) \qquad (付.5)$$

で定義される**内積**（inner product）または**スカラ積**（scalar product）と，

$$\boldsymbol{A}\times\boldsymbol{B}=\begin{vmatrix}\boldsymbol{i} & \boldsymbol{j} & \boldsymbol{k}\\ A_x & A_y & A_z\\ B_x & B_y & B_z\end{vmatrix}$$

$$=(A_yB_z-A_zB_y,\ A_zB_x-A_xB_z,\ A_xB_y-A_yB_x) \qquad (付.6)$$

$$|\boldsymbol{A}\times\boldsymbol{B}|=|\boldsymbol{A}|\,|\boldsymbol{B}|\sin\theta \qquad (付.7)$$

で定義される**外積**（outer product）または**ベクトル積**（vector product）がある．（付.5）式と（付.7）式に現れる θ は，2つのベクトルのなす角度である．内積の結果はスカラとなり，外積の結果はベクトル量である．外積ベクトルの向きは，付図2のように，ベクトル $\boldsymbol{A}$ から $\boldsymbol{B}$ の方に右ねじを回したときに，ねじの進む方向に一致している．$\boldsymbol{A}$ と $\boldsymbol{B}$ の積の順を入れ替えると，ベクトル積の向きが逆転する．

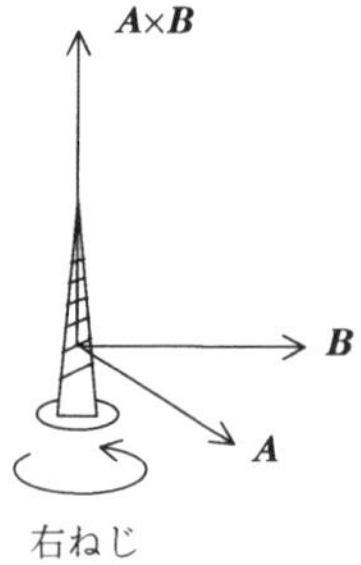

付図2　ベクトル積の向き

内積と外積を組み合わせると，

$$\boldsymbol{A}\cdot(\boldsymbol{B}\times\boldsymbol{C})=\boldsymbol{B}\cdot(\boldsymbol{C}\times\boldsymbol{A})=\boldsymbol{C}\cdot(\boldsymbol{A}\times\boldsymbol{B})=\begin{vmatrix}A_x & A_y & A_z\\ B_x & B_y & B_z\\ C_x & C_y & C_z\end{vmatrix} \qquad (付.8)$$

のスカラ3重積と，

$$\boldsymbol{A}\times(\boldsymbol{B}\times\boldsymbol{C})=(\boldsymbol{A}\cdot\boldsymbol{C})\,\boldsymbol{B}-(\boldsymbol{A}\cdot\boldsymbol{B})\,\boldsymbol{C} \qquad (付.9)$$

のベクトル3重積が得られる．

II．ベクトルの積分演算

i．線積分

付図3のように $(x,\ y,\ z)$ 空間の任意の曲線 C の上に，向きがその場所での曲線の接線方向を向いた長さ ds の微小線素ベクトル $d\boldsymbol{s}=(dx,\ dy,\ dz)$ を考える．このとき，曲線上のある点のベクトル $\boldsymbol{A}=(A_x,\ A_y,\ A_z)$ と線素ベクトル $d\boldsymbol{s}$ の内積を曲線上で

足し合わせた量を線積分という．すなわち，ベクトル $\boldsymbol{A}$ の曲線 C に沿っての線積分は，

$$\int_c \boldsymbol{A}\cdot d\boldsymbol{s}=\int_c A_x dx+\int_c A_y dy+\int_c A_z dz=\int_c |A|\cos\theta\, ds \qquad (付.10)$$

と表される．ここで，θ は $\boldsymbol{A}$ と $d\boldsymbol{s}$ のなす角度である．曲線 C が閉曲線であるとき，線積分は周回積分と呼ばれ，

$$\oint_c \boldsymbol{A}\cdot d\boldsymbol{s} \qquad (付.11)$$

のように表される．

具体的な例として付図3のように，物体に力 $\boldsymbol{A}$ を加えて，曲線 C に沿って物体を動かす場合を考えてみよう．このとき，$|A|\cos\theta$ は，図のように $\boldsymbol{A}$ の曲線 C の方向成分であるので，$\boldsymbol{A}\cdot ds=|A|\,|ds|\cos\theta$ は物体を，C に沿って微小距離 ds をもつ線素ベクトル $d\boldsymbol{s}$ だけ $\boldsymbol{A}$ の力で動かしたときの正味の仕事量を表している．線積分は ds だけ動かしたときの仕事量を曲線 C 上で足し合わせたものであるから，全仕事量を表すことになる．

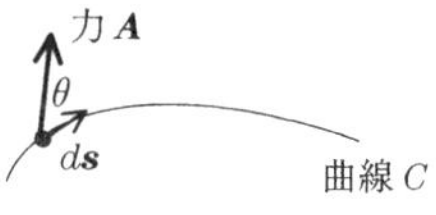

付図3　線積分

(2.26)式で電界に関する線積分で定義される電位は，電界 $\boldsymbol{E}$ を 1 C × $\boldsymbol{E}$ と考えれば，1 C の電荷に働く力である．2点間の電位は，電界中に置かれた 1 C の電荷を 2 点間で動かすときの仕事量に等しい．

ii．面積分

$(x,\ y,\ z)$ 空間の任意の曲面 $\boldsymbol{S}$ の上に，向きがその場所での曲面の垂直方向を向き，面積が dS の微小面素ベクトル $d\boldsymbol{S}=(dydz,\ dzdx,\ dxdy)$ を考える．このとき，曲面上のある点のベクトル $\boldsymbol{A}=(A_x,\ A_y,\ A_z)$ と面素ベクトル $d\boldsymbol{S}$ の内積を曲面上で足し合わせた量を面積分という．すなわち，ベクトル $\boldsymbol{A}$ の曲面 S にわたっての面積分は，

$$\int_S \boldsymbol{A}\cdot dS=\int_{S_x} A_x dydz+\int_{S_y} A_y dzdx+\int_{S_z} A_z dxdy=\int_S |A|\cos\theta\, dS \qquad (付.12)$$

と表される．ここで，θ は $\boldsymbol{A}$ と $d\boldsymbol{S}$ のなす角度である．また，S_x，S_y，S_zは，それぞれ $y-z$ 面，$z-x$ 面，$x-y$ 面への $d\boldsymbol{S}$ の投影である．

面積分の具体的な例として，付図4のようにベクトル $\boldsymbol{A}$ の向きをつなぎ合わせてできる流線がある空間の中に曲面 $\boldsymbol{S}$ を考える．曲面 $\boldsymbol{S}$ は，多数の微小な曲面 $d\boldsymbol{S}$ の集まりで表すことができる．面素ベクトル $d\boldsymbol{S}$ は大きさが微小曲面の面積 dS に等しく，向きは図のように面に垂直方向である．θ は $\boldsymbol{A}$ と $d\boldsymbol{S}$ のなす角度である．このとき，$dS\cos\theta$ は dS の面積を $\boldsymbol{A}$ に垂直な面に射影した面積に等しく，実効的に面 dS を通過する流線の量に等しい．すなわち，面積分は面 $\boldsymbol{S}$ を通過する流線の量を与える．

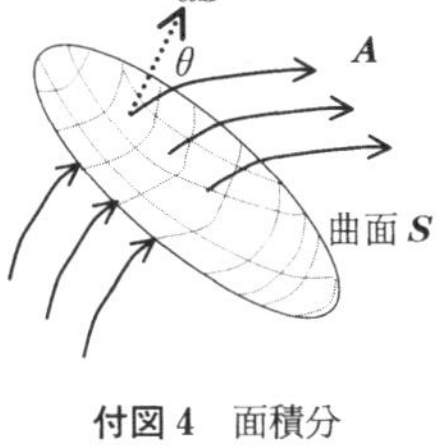

付図4　面積分

iii．体積分

$(x,\ y,\ z)$ 空間の任意の閉曲面で囲まれた空間 V の内部の体積 dV の微小な体積素 $dV = dxdydz$ を考える．このとき，曲面上のある点のベクトル $\boldsymbol{A} = (A_x,\ A_y,\ A_z)$ と体積素 dV の積を空間 V にわたって足し合わせた量を体積分という．すなわち，体積分は

$$\int_V \boldsymbol{A} dv = \left(\int_V A_x dxdydz,\ \int_V A_y dxdydz,\ \int_V A_z dxdydz\right) \qquad (付.13)$$

となる．

スカラー量 f に対する体積分は，

$$\int_V f dv = \int_V f dxdydz \qquad (付.14)$$

である．

III．ベクトルの微分演算

i．勾配

スカラ関数 $f(x,\ y,\ z)$ について，

$$\mathrm{grad} f = \nabla f = \left(\frac{\partial f}{\partial x},\ \frac{\partial f}{\partial y},\ \frac{\partial f}{\partial z}\right) \qquad (付.15)$$

で定義されるベクトルをスカラ関数 f の勾配または**グラディエント**（gradient）と呼ぶ．**勾配**（grad）は，関数 f の x 方向，y 方向，z 方向に沿った傾きを成分とするベクトルである．また，演算記号 ∇ はナブラと呼ばれ，成分

$$\nabla = \left(\frac{\partial}{\partial x},\ \frac{\partial}{\partial y},\ \frac{\partial}{\partial z}\right) \qquad (付.16)$$

を持つ，ベクトル的な微分演算子である．

場所により変化するスカラ関数となる物理量の例としては，(2.25) 式で定義された電位や温度などがある．日常的に知っている温度を例にとって勾配の性質を調べてみよう．点 $(x,\ y,\ z)$ の温度が $f(x,\ y,\ z)$ で表されるとき，x，y，z 方向にそれぞれ dx，dy，dz だけ移動した点の温度 $f(x + dx,\ y + dy,\ z + dz)$ を考える．2 点間の温度差 df は，

$$\begin{aligned} df &= f(x + dx,\ y + dy,\ z + dz) - f(x,\ y,\ z) \\ &= \frac{\partial f}{\partial x} dx + \frac{\partial f}{\partial y} dy + \frac{\partial f}{\partial z} dz \end{aligned} \qquad (付.17)$$

で与えられる．2 点間の位置のずれを表すベクトル $\boldsymbol{ds} = (dx,\ dy,\ dz)$ を導入すると，

$$\begin{aligned} df &= \left(\frac{\partial f}{\partial x},\ \frac{\partial f}{\partial y},\ \frac{\partial f}{\partial z}\right) \cdot (dx,\ dy,\ dz) \\ &= \mathrm{grad} f \cdot \boldsymbol{ds} = |\mathrm{grad} f|\, |\boldsymbol{ds}| \cos\theta \end{aligned} \qquad (付.18)$$

と表される．θ は勾配と $d\boldsymbol{s}$ のなす角度である．空間の中で温度が一定の点をすべてつなぐと，温度が一定になっている曲面（等温面）が得られる．この面に沿って $d\boldsymbol{s}$ をとると，当然温度が一定であるから $df = 0$ となる．$d\boldsymbol{s}$ が等温面上ではどちらを向いていても $df = 0$ となるのは $\cos\theta = 0$ のときであり，$\mathrm{grad}f$ の方向は，ds の方向，すなわち等温面に垂直になっていることがわかる．このことは，電位 ϕ の勾配である電界 $E = -\,\mathrm{grad}\,\phi$ が等電位面に直交していることに対応している．

また，(付.18)式より，

$$\frac{df}{ds} = |\mathrm{grad}f|\cos\theta \qquad (付.19)$$

であるから，$|\mathrm{grad}f|$ は $df\,/\,ds$ の最大値に等しいこともわかる．

ii．発散

任意のベクトル $\boldsymbol{A} = (A_x,\ A_y,\ A_z)$ に対して，微分演算

$$\mathrm{div}\boldsymbol{A} = \frac{\partial A_x}{\partial x} + \frac{\partial A_y}{\partial y} + \frac{\partial A_z}{\partial z} \qquad (付.20)$$

を発散または**ダイバージェンス**（divergence）と呼ぶ．**発散**（div）は，(付.16)式の ∇ 演算子のスカラ積を使うと，

$$\mathrm{div}\boldsymbol{A} = \frac{\partial A_x}{\partial x} + \frac{\partial A_y}{\partial y} + \frac{\partial A_z}{\partial z} = \left(\frac{\partial}{\partial x},\ \frac{\partial}{\partial y},\ \frac{\partial}{\partial z}\right)\cdot(A_x,\ A_y,\ A_z) = \nabla\cdot\boldsymbol{A} \qquad (付.21)$$

と表すことができる．発散は，(付.21)式からわかるようにスカラ関数である．

$\mathrm{div}\boldsymbol{A}$ の物理的な意味を考えるために，付図5のように点 $(x,\ y,\ z)$ を基点にして，x，y，z 方向に辺の長さがそれぞれ $\varDelta x$，$\varDelta y$，$\varDelta z$ の微小な直方体を考える．発散の式(付.20)を形式的に変形すると，

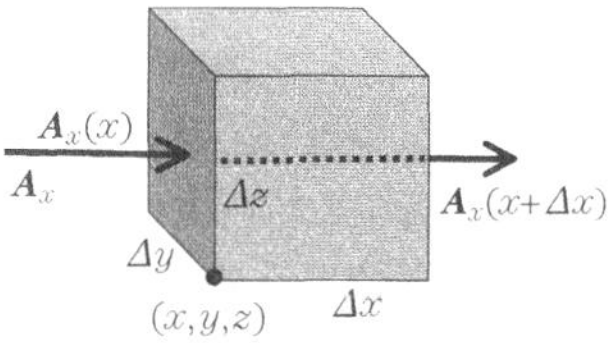

付図5　発散

$$\begin{aligned}\mathrm{div}\boldsymbol{A} &= \frac{\partial A_x}{\partial x} + \frac{\partial A_y}{\partial y} + \frac{\partial A_z}{\partial z}\\ &= \left[\left(\frac{\partial A_x}{\partial x}\varDelta x\right)\varDelta y\varDelta z + \left(\frac{\partial A_y}{\partial y}\varDelta y\right)\varDelta z\varDelta x + \left(\frac{\partial A_z}{\partial z}\varDelta z\right)\varDelta x\varDelta y\right](\varDelta x\varDelta y\varDelta z)^{-1}\end{aligned} \qquad (付.22)$$

と表せる．また，(付.22)式中の右辺第1項は

$$\left(\frac{\partial A_x}{\partial x}\varDelta x\right)\varDelta y\varDelta z = \left(A_x + \frac{\partial A_x}{\partial x}\varDelta x - A_x\right)\varDelta y\varDelta z \fallingdotseq [A_x(x+\varDelta x) - A_x(x)]\,\varDelta y\varDelta z \qquad (付.23)$$

と近似できる．これは，点 $(x,\ y,\ z)$ を通る大きさが $\varDelta y\varDelta z$ の面を通過する流線と，点 $(x + dx,\ y,\ z)$ を通る大きさが $\varDelta y\varDelta z$ の面を通過する流線の差である．同様に，右

辺の他の2項は，それぞれ2つの $\Delta z\Delta x$ 面を通過する流線の差と2つの $\Delta x\Delta y$ 面を通過する流線の差である．すべてまとめると，微小な直方体の面から流れ込んできた流線と流出した流線の差を表していることになる．すなわち，面積分の定義を利用すれば，Δx，Δy，Δz が微小な極限では，

$$\left[\left(\frac{\partial A_x}{\partial x}\Delta x\right)\Delta y\Delta z+\left(\frac{\partial A_y}{\partial y}\Delta y\right)\Delta z\Delta x+\left(\frac{\partial A_z}{\partial z}\Delta z\right)\Delta x\Delta y\right]=\int_{\Delta S}\boldsymbol{A}\cdot d\boldsymbol{S} \quad (付.24)$$

である．(付.22)，(付.24)式より，発散は Δx，Δy，Δz が微小な極限では，

$$\mathrm{div}\boldsymbol{A}=\lim_{\Delta x\Delta y\Delta z\to 0}\frac{\int_{\Delta S}\boldsymbol{A}\cdot d\boldsymbol{S}}{\Delta x\Delta y\Delta z} \quad (付.25)$$

と定義できる．

(付.24)あるいは(付.25)式より，流線がいたるところで連続であれば，任意の微小な閉じた領域を考えるとき，領域内に流入する流線と流出する流線の量は常に等しいので，

$$\int_{\Delta S}\boldsymbol{A}\cdot d\boldsymbol{S}=0 \quad (付.26)$$

となり，$\mathrm{div}\boldsymbol{A}=0$ となる．このようなベクトル界を**ソレノイダル** (solenoidal) 界と呼ぶ．ソレノイダル界では，流線はいたるところで連続であるから，流線には端がない，すなわち流線は閉じていなければならない．$\mathrm{div}\boldsymbol{B}=0$ である磁束密度 $\boldsymbol{B}$ は端のないソレノイド界であることに対応している．

一方，$\mathrm{div}\boldsymbol{A}\neq 0$ ならば，任意の微小な閉じた領域に流入する流線と流出する流線が等しくないことを意味している．すなわち，領域内で流線が発生したり，消滅したりしていることを意味している．このとき，(付.25)式を参照すれば，$\mathrm{div}\boldsymbol{A}$ は，単位体積当たりに発生あるいは消滅する流線の量を表していることになる．静電界において，正あるいは負の電荷は流線である電気力線の発生あるいは消滅源であり，第2章の(2.22)式がこれに対応している．

また，(付.25)式より，任意の閉曲面 $\boldsymbol{S}$ で囲まれた領域 V についても，多数の微小な領域 $\Delta x\Delta y\Delta z$ に分割したものの足し合わせであるから，

$$\lim_{\Delta V\to 0}\sum_{V}\mathrm{div}\boldsymbol{A}\Delta V=\lim_{\Delta S\to 0}\sum_{S}\int_{\Delta S}\boldsymbol{A}\cdot d\boldsymbol{S}$$

となり，

$$\int_V \mathrm{div}A dV=\int_V \nabla\cdot\boldsymbol{A}dV=\int_S\boldsymbol{A}\cdot d\boldsymbol{S} \quad (付.27)$$

となる．これは，ベクトル解析のガウスの定理と呼ばれている．任意の領域内の流線の発生の源は，その領域を囲む面から流出した流線の量に等しいことを示している．

iii．回転

発散はベクトル演算子 ∇ とベクトル $\boldsymbol{A}$ の内積として定義した．ベクトル演算子 ∇ と

ベクトル $\boldsymbol{A}$ との外積を**回転**（rot），あるいは**ローテイション**（rotation）と呼び，$\nabla \times \boldsymbol{A}$ または $\mathrm{rot}\boldsymbol{A}$ で表す．$\mathrm{curl}\boldsymbol{A}$（カール）と表すこともある．すなわち，回転は，直角座標系では次の微分演算で表される．

$$\nabla \times \boldsymbol{A} = \mathrm{rot}\boldsymbol{A} = \begin{vmatrix} \boldsymbol{i} & \boldsymbol{j} & \boldsymbol{k} \\ \dfrac{\partial}{\partial x} & \dfrac{\partial}{\partial y} & \dfrac{\partial}{\partial z} \\ A_x & A_y & A_z \end{vmatrix}$$

$$= \left(\frac{\partial A_z}{\partial y} - \frac{\partial A_y}{\partial z},\ \frac{\partial A_x}{\partial z} - \frac{\partial A_z}{\partial x},\ \frac{\partial A_y}{\partial x} - \frac{\partial A_x}{\partial y} \right) \qquad (付.28)$$

ここで，$\boldsymbol{i}$，$\boldsymbol{j}$，$\boldsymbol{k}$ は直角座標系の x，y，z 軸方向の単位ベクトルである．(付.28)式の定義から明らかなように，ベクトル $\boldsymbol{A}$ の回転はやはりベクトル量である．

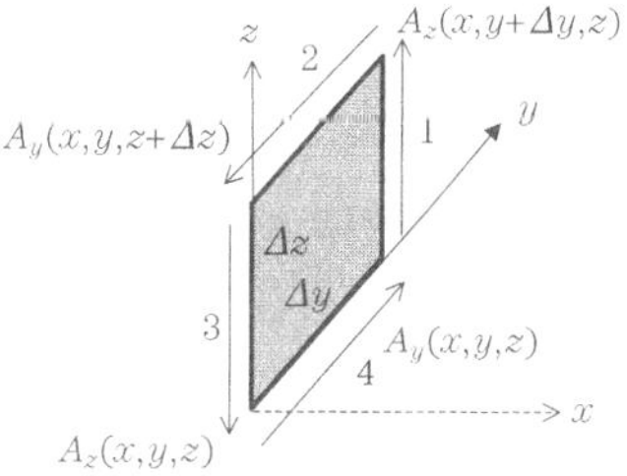

付図 6　回転

発散の場合と同様に回転の物理的意味について考察してみよう．回転はベクトル量であるので，発散の場合よりもさらに厄介である．そこで，回転の x 成分について考察する．付図 6 のように $y-z$ 平面内に辺の長さがそれぞれ Δy，Δz の微小矩形を考える．回転の x 成分を形式的に変形すると，

$$(\mathrm{rot}\boldsymbol{A})_x = \left(\frac{\partial A_z}{\partial y} \Delta y \Delta z - \frac{\partial A_y}{\partial z} \Delta y \Delta z \right) (\Delta y \Delta z)^{-1} \qquad (付.29)$$

となる．また，

$$\begin{aligned} &\frac{\partial A_z}{\partial y} \Delta y \Delta z - \frac{\partial A_y}{\partial z} \Delta y \Delta z \\ &\quad \cong [A_z(x,\ y+\Delta y,\ z) - A_z(x,\ y,\ z)]\,\Delta z \\ &\qquad - [A_y(x,\ y,\ z+\Delta z) - A_y(x,\ y,\ z)]\,\Delta y \end{aligned} \qquad (付.30)$$

と近似できる．右辺で Δz が掛かった項について，第 1 項は図の辺 1 に沿っての線積分に他ならない．第 2 項は z の負の方向に辺 3 に沿っての線積分に他ならない．同様に，Δy の掛かった項は，それぞれ図の辺 2 および 4 に沿っての線積分に他ならない．つまり，(付.30)式は Δy，Δz が微小な極限では，$y-z$ 面内の微小矩形 ΔC の辺に沿っての周回積分であるので，

$$\left(\frac{\partial A_z}{\partial y} \Delta y \Delta z - \frac{\partial A_y}{\partial z} \Delta y \Delta z \right) (\Delta y \Delta z)^{-1} = \lim_{\Delta y \Delta z \to 0} \frac{\oint_{\Delta C} \boldsymbol{A} \cdot d\boldsymbol{s}}{\Delta y \Delta z} = (\mathrm{rot}\boldsymbol{A})_x \qquad (付.31)$$

となる．矩形積分経路 ΔC で囲まれた微小面素 ΔS は，面素の定義により向きは $y-z$ 平面に垂直な x 方向である．$(\mathrm{rot}\boldsymbol{A})$ の x 成分は，ベクトル $\mathrm{rot}\boldsymbol{A}$ の考えている微小面に垂直方向の成分と言い換えてもよい．同様にして，$\mathrm{rot}\boldsymbol{A}$ の y および z 成分は，周回

積分経路を $z-x$ 面内および $x-y$ 面内の微小矩形の辺に沿ってとったときの値に等しい．すなわち，

$$(\mathrm{rot}\,\boldsymbol{A})_x = \lim_{\Delta y \Delta z \to 0} \frac{\oint_{\Delta C} \boldsymbol{A} \cdot d\boldsymbol{s}}{\Delta y \Delta z} \qquad (付.32)$$

$$(\mathrm{rot}\,\boldsymbol{A})_y = \lim_{\Delta z \Delta x \to 0} \frac{\oint_{\Delta C} \boldsymbol{A} \cdot d\boldsymbol{s}}{\Delta z \Delta x} \qquad (付.33)$$

$$(\mathrm{rot}\,\boldsymbol{A})_z = \lim_{\Delta x \Delta y \to 0} \frac{\oint_{\Delta C} \boldsymbol{A} \cdot d\boldsymbol{s}}{\Delta x \Delta y} \qquad (付.34)$$

具体的なベクトル界 $\boldsymbol{A}$ として重力により物体に働く力を考えてみよう．このとき，周回積分は重力の中で物体を閉じた経路に沿って1周したときの仕事量に等しい．このとき位置エネルギーに変化はないので，仕事量は常にゼロである．すなわち，重力界について $\mathrm{rot}\,\boldsymbol{A} = 0$ となる．$\mathrm{rot}\,\boldsymbol{A} = 0$ となるベクトル界を保存界と呼ぶ．静電界 $\boldsymbol{E}$ も $\mathrm{rot}\,\boldsymbol{E} = 0$ であり，保存界であることは第2章で述べた．

それでは $\mathrm{rot}\,\boldsymbol{A} \neq 0$ となるようなベクトル界はどのようなものだろうか．磁束密度 $\boldsymbol{B}$ は，閉じた経路が電流と鎖交するとき周回積分がゼロにならない．電流密度を $\boldsymbol{J}$ とすれば，

$$\mathrm{rot}\,\boldsymbol{B} = \mu_0 \boldsymbol{J}$$

の関係があるので，$\mathrm{rot}\,\boldsymbol{A} \neq 0$ となるようなベクトル界の例である．次のように考えると回転についてより具体的なイメージを浮かべるのに役立つかもしれない．重力が働いている空間内で(付.34)式の計算をする際，$x-y$ 平面の中に張り付いている厚さのない（高さのない）人を想像してみよう．この人が，$x-y$ 平面内の閉じたループを一周したとき，高さが変化していなければ周回積分はゼロになる．しかし，$x-y$ 平面自体が z 方向に渦巻き状になっていると，$x-y$ 平面で一周したとき高さが変化しているので周回積分はゼロにならない（$x-y$ 面内の人は面に張り付いていて高さが変わったことを認識できないとする）．回転の値が大きいのは，渦が強くて一周したときの高低差が大きいことを意味している．渦には向きがあるが，回転もベクトルで向きを持っており，周回積分の経路に沿って右ねじの関係にあるときを回転の正の方向と約束する．

さらに一般化して，空間に任意の閉曲線 C をとり，C を周辺とする曲面 S を考える．C が与えられたとき曲面の取り方はいろいろあるが，いずれにしても図のように $y-z$，$z-x$，$x-y$ 面内の微小な面素の和として表すことができる．このとき，面素の大きさがゼロの極限では，(付.32)～(付.34)式の辺々を合計して，

$$\lim_{\Delta y \Delta z \to 0} \sum_{\Delta y \Delta z} (\mathrm{rot}\,\boldsymbol{A})_x \Delta y \Delta z + \lim_{\Delta z \Delta x \to 0} \sum_{\Delta z \Delta x} (\mathrm{rot}\,\boldsymbol{A})_y \Delta z \Delta x + \lim_{\Delta x \Delta y \to 0} \sum_{\Delta x \Delta y} (\mathrm{rot}\,\boldsymbol{A})_z \Delta x \Delta y$$

$$= \lim_{\Delta y \Delta z \to 0} \sum_{\Delta C} \oint_{\Delta C y-z} \boldsymbol{A} \cdot d\boldsymbol{s} + \lim_{\Delta z \Delta x y \to 0} \sum_{\Delta C} \oint_{\Delta C z-x} \boldsymbol{A} \cdot d\boldsymbol{s} + \lim_{\Delta x \Delta y \to 0} \sum_{\Delta C} \oint_{\Delta C x-y} \boldsymbol{A} \cdot d\boldsymbol{s}$$

となり，

$$\int_S \mathrm{rot}\, \boldsymbol{A} \cdot d\boldsymbol{S} = \oint_C \boldsymbol{A} \cdot d\boldsymbol{s} \qquad (付.35)$$

となる．この関係式は，ベクトル解析のストークスの定理と呼ばれている．これは，空間内の閉曲線に沿った周回積分の値は，その閉曲線を縁とする曲面を貫いていく渦の流線の量に等しいことを表している．静電界は渦のない保存界である．磁束密度界は渦のある非保存界であり，電流の流れが渦の流線に対応している．

iv．ラプラシアン

ベクトル微分演算子 ∇ から作られる微分演算子

$$\nabla^2 = \Delta = \nabla \cdot \nabla \qquad (付.36)$$

を**ラプラシアン**（Laplacian）と呼ぶ．ラプラシアンはスカラにもベクトルにも作用する．スカラ関数 f に作用させた場合は，

$$\nabla^2 f = \frac{\partial^2 f}{\partial x^2} + \frac{\partial^2 f}{\partial y^2} + \frac{\partial^2 f}{\partial z^2} \qquad (付.37)$$

となる．$\nabla^2 f = 0$ はラプラス方程式と呼ばれている．ベクトル関数 $\boldsymbol{A}$ に作用させた場合は，

$$\nabla^2 \boldsymbol{A} = \left(\frac{\partial^2 A_x}{\partial x^2} + \frac{\partial^2 A_x}{\partial y^2} + \frac{\partial^2 A_x}{\partial z^2},\ \frac{\partial^2 A_y}{\partial x^2} + \frac{\partial^2 A_y}{\partial y^2} + \frac{\partial^2 A_y}{\partial z^2},\ \frac{\partial^2 A_z}{\partial x^2} + \frac{\partial^2 A_z}{\partial y^2} + \frac{\partial^2 A_z}{\partial z^2} \right) \qquad (付.38)$$

となる．

また，(付.9)式のベクトル3重積で，$\boldsymbol{A}$ と $\boldsymbol{B}$ を ∇，$\boldsymbol{C}$ を $\boldsymbol{A}$ と置けば，

$$\nabla^2 \boldsymbol{A} = \nabla(\nabla \cdot \boldsymbol{A}) - \nabla \times (\nabla \times \boldsymbol{A}) \qquad (付.39)$$

の関係があることがわかる．

v．その他の微分演算公式

本文で利用したその他の公式をまとめておく．

$$\nabla fg = g \nabla f + f \nabla g \qquad (付.40)$$

$$\nabla \cdot (f\boldsymbol{A}) = f \nabla \cdot \boldsymbol{A} + \nabla f \cdot \boldsymbol{A} \qquad (付.41)$$

$$\nabla \times (f\boldsymbol{A}) = f \nabla \times \boldsymbol{A} + \nabla f \times \boldsymbol{A} \qquad (付.42)$$

$$\nabla(\boldsymbol{A} \cdot \boldsymbol{B}) = (\boldsymbol{A} \cdot \nabla)\boldsymbol{B} + (\boldsymbol{B} \cdot \nabla)\boldsymbol{A} + \boldsymbol{A} \times (\nabla \times \boldsymbol{B}) + \boldsymbol{B} \times (\nabla \times \boldsymbol{A}) \qquad (付.43)$$

$$\nabla \cdot (\boldsymbol{A} \times \boldsymbol{B}) = \boldsymbol{B} \cdot (\nabla \times \boldsymbol{A}) - \boldsymbol{A} \cdot (\nabla \times \boldsymbol{B}) \qquad (付.44)$$

$$\nabla \times (\boldsymbol{A} \times \boldsymbol{B}) = \boldsymbol{A}(\nabla \cdot \boldsymbol{B}) - \boldsymbol{B}(\nabla \cdot \boldsymbol{A}) + (\boldsymbol{B} \cdot \nabla)\boldsymbol{A} - (\boldsymbol{A} \cdot \nabla)\boldsymbol{B} \qquad (付.45)$$

$$\nabla \times (\nabla f) = 0 \qquad (付.46)$$

$$\nabla \cdot (\nabla \times \boldsymbol{A}) = 0 \qquad (付.47)$$

Ⅳ. 円筒座標系と極座標系

付図7のように直角座標系$(x,\ y,\ z)$の点を，z軸からの距離r，x軸からの方位角度ϕ，z軸方向の座標zで表す**円筒座標系**（cylindrical coordinates）や，原点からの距離r，z軸からの角度θ，x軸からの方位角度ϕで表す**極座標系**（spherical coordinates）は，軸対称な空間配置や点対称な配置を表すのに便利であり，よく用いられる．しかし，円筒座標系や極座標系での微分演算は，これまで述べてきた直角座標系の計算と異なるので注意を要する．

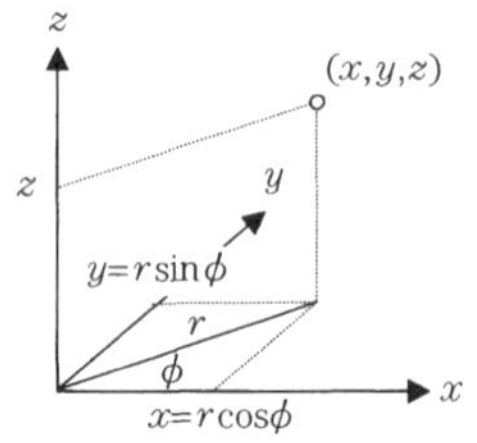

付図7　円筒座標

i．円筒座標系

直角座標系の点$(x,\ y,\ z)$と円筒座標系で表した同じ点の座標$(r,\ \phi,\ z)$の間には，図からわかるように，

$$x = r\cos\phi,\quad y = r\sin\phi,\quad z = z \tag{付.48}$$

の関係がある．また，各種の微分操作は次のようになる．

$$\nabla f = \left(\frac{\partial f}{\partial r},\ \frac{1}{r}\frac{\partial f}{\partial \phi},\ \frac{\partial f}{\partial z}\right) \tag{付.49}$$

$$\nabla\cdot\boldsymbol{A} = \frac{1}{r}\frac{\partial rA_r}{\partial r} + \frac{1}{r}\frac{\partial A_\phi}{\partial \phi} + \frac{\partial A_z}{\partial z} \tag{付.50}$$

$$\nabla\times\boldsymbol{A} = \left[\frac{1}{r}\frac{\partial A_z}{\partial \phi} - \frac{\partial A_\phi}{\partial z},\ \frac{\partial A_r}{\partial z} - \frac{\partial A_z}{\partial r},\ \frac{1}{r}\left(\frac{\partial rA_\phi}{\partial r} + \frac{\partial A_r}{\partial \phi}\right)\right] \tag{付.51}$$

$$\nabla^2 f = \frac{1}{r}\frac{\partial}{\partial r}\left(r\frac{\partial f}{\partial r}\right) + \frac{1}{r^2}\frac{\partial^2 f}{\partial \phi^2} + \frac{\partial^2 f}{\partial z^2} \tag{付.52}$$

ii．極座標系

直角座標系の点$(x,\ y,\ z)$と極座標系で表した同じ点の座標$(r,\ \phi,\ z)$の間には，付図8からわかるように，

$$x = r\sin\theta\cos\phi,$$
$$y = r\sin\theta\sin\phi,$$
$$z = r\cos\phi \tag{付.53}$$

の関係がある．また，各種の微分操作は次のようになる．

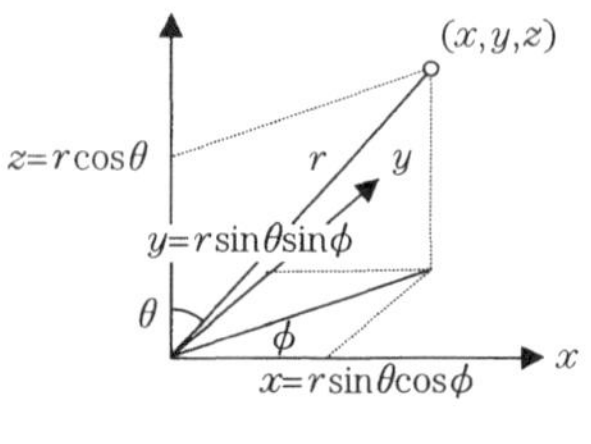

付図8　極座標

$$\nabla f = \left(\frac{\partial f}{\partial r},\ \frac{1}{r}\frac{\partial f}{\partial \theta},\ \frac{1}{r\sin\theta}\frac{\partial f}{\partial \phi}\right) \tag{付.54}$$

$$\nabla \cdot \boldsymbol{A} = \frac{1}{r^2}\frac{\partial r^2 A_r}{\partial r} + \frac{1}{r\sin\theta}\frac{\partial \sin\theta A_\theta}{\partial\theta} + \frac{1}{r\sin\theta}\frac{\partial A_\phi}{\partial\phi} \tag{付.55}$$

$$\nabla \times \boldsymbol{A} = \left[\frac{1}{r\sin\theta}\left(\frac{\partial \sin\theta A_\phi}{\partial\theta} - \frac{\partial A_\theta}{\partial\phi}\right),\ \frac{1}{r\sin\theta}\frac{\partial A_r}{\partial\phi} - \frac{1}{r}\frac{\partial r A_\phi}{\partial r},\right.$$

$$\left.\frac{1}{r}\left(\frac{\partial r A_\theta}{\partial r} - \frac{\partial A_r}{\partial\theta}\right)\right] \tag{付.56}$$

$$\nabla^2 f = \frac{1}{r^2}\frac{\partial}{\partial r}\left(r^2\frac{\partial f}{\partial r}\right) + \frac{1}{r^2\sin\theta}\frac{\partial}{\partial\theta}\left(\sin\theta\frac{\partial f}{\partial\theta}\right) + \frac{1}{r^2\sin^2\theta}\frac{\partial^2 f}{\partial\phi^2} \tag{付.57}$$

付録B　単　　位　　系

i．国際（SI）単位系の基本単位

付表1　基本単位

物理量	呼称	単位記号
長さ	メートル	m
重さ	キログラム	kg
時間	秒	s
電流	アンペア	A
温度	ケルビン	K
光度	カンデラ	cd
濃度	モル	mol

ii．人名を冠した電磁気量と単位

付表2　人名を冠した電磁気量

電磁気量	呼称	単位記号	基本単位表記
電気量	クーロン	C	$\mathrm{A\,s}$
電位，電圧	ボルト	V	$\mathrm{m^2\,kg\,s^{-3}\,A^{-1}}$
静電容量	ファラッド	F	$\mathrm{m^{-2}\,kg^{-1}\,s^4\,A^2}$
電気抵抗	オーム	Ω	$\mathrm{m^2\,kg\,s^{-3}\,A^{-2}}$
コンダクタンス	ジーメンス	S	$\mathrm{m^{-2}\,kg^{-1}\,s^3\,A^2}$
磁束	ウェーバ	Wb	$\mathrm{m^2\,kg\,s^{-2}\,A^{-1}}$
磁束密度	テスラ	$\mathrm{T\,(=Wb/m^2)}$	$\mathrm{kg\,s^{-2}\,A^{-1}}$
インダクタンス	ヘンリー	H	$\mathrm{m^2\,kg\,s^{-2}\,A^{-2}}$

iii．その他の電磁気量

付表3　人名にちなむ呼称をもたない電磁気量

電磁気量	呼称	単位記号	基本単位表記
電界	ボルト/メートル	V/m	$\mathrm{m\,kg\,s^{-3}\,A^{-1}}$
電束密度	クーロン/平方メートル	$\mathrm{C/m^2}$	$\mathrm{m^{-2}\,s\,A}$
磁界	アンペア/メートル	A/m	$\mathrm{m^{-1}\,A}$
誘電率	ファラッド/メートル	F/m	$\mathrm{m^{-3}\,kg^{-1}\,s^4\,A^2}$
透磁率	ヘンリー/メートル	H/m	$\mathrm{m\,kg\,s^{-2}\,A^{-2}}$
抵抗率	オーム・メートル	Ωm	$\mathrm{m^3\,kg\,s^{-3}\,A^{-2}}$
導電率	ジーメンス/メートル	S/m	$\mathrm{m^{-3}\,kg^{-1}\,s^3\,A^2}$

索　引

タ　行

ナ　行

ハ　行

マ 行

ヤ 行

ラ 行

著者略歴

おかだたつお
岡田龍雄

1952年　山口県に生まれる
1979年　九州大学大学院工学研究科博士課程修了
現　在　九州大学大学院システム情報科学研究院
　　　　教授，工学博士

ふなきかずお
船木和夫

1948年　福岡県に生まれる
1973年　九州大学大学院工学研究科修士課程修了
現　在　九州大学大学院システム情報科学研究院
　　　　教授，工学博士

電気電子工学シリーズ1
電　磁　気　学　　定価はカバーに表示

2008年9月20日　初版第1刷
2020年1月15日　第8刷

著　者　岡　田　龍　雄
　　　　船　木　和　夫
発行者　朝　倉　誠　造
発行所　株式会社　朝　倉　書　店
東京都新宿区新小川町6-29
郵便番号　162-8707
電　話　03(3260)0141
FAX　03(3260)0180
http://www.asakura.co.jp

〈検印省略〉

ISBN 978-4-254-22896-0 C 3354